智能制造 31 例

河南省工业和信息化厅　组编

主审　李　涛

主编　郝敬红　李凯钊　朱恺真

参编　刘　莹　游　冰　关俊涛　孙　朋　何　冉
　　　李　远　宋晓辉

机械工业出版社

本书汇集了高端装备、智能终端及信息技术、数控机床与机器人、航空航天装备、节能与新能源汽车、节能环保与新能源装备、冶金新型材料、现代化工材料、新型绿色建材、生物医药、现代家居、轻纺、造纸印刷、冷链与休闲食品14个领域31家企业成功实现智能制造项目的真实案例，详细介绍了智能制造项目实施的解决方案，包括项目规划、框架搭建、技术路线、多种系统与平台的建设、数字化产品设计、数字化工艺规划、智能化生产制造等丰富内容，对智能制造的实施与推广起到了示范作用。

　　本书可供企事业单位建设智能制造项目借鉴，也可作为政府部门制定智能制造建设规划的参考，还可供高校相关专业师生学习。

图书在版编目（CIP）数据

智能制造31例/河南省工业和信息化厅组编；郝敬红，李凯钊，朱恺真主编. —北京：机械工业出版社，2020.4（2022.2重印）
ISBN 978-7-111-64961-8

Ⅰ.①智… Ⅱ.①河…②郝…③李…④朱 Ⅲ.①智能制造系统
Ⅳ.①TH166

中国版本图书馆CIP数据核字（2020）第052825号

机械工业出版社（北京市百万庄大街22号　邮政编码100037）
策划编辑：孔　劲　责任编辑：孔　劲　刘　静
责任校对：樊钟英　封面设计：张　静
责任印制：李　昂
北京捷迅佳彩印刷有限公司印刷
2022年2月第1版第3次印刷
184mm×260mm·23印张·566千字
标准书号：ISBN 978-7-111-64961-8
定价：89.00元

电话服务　　　　　　　　网络服务
客服电话：010-88361066　　机 工 官 网：www.cmpbook.com
　　　　　010-88379833　　机 工 官 博：weibo.com/cmp1952
　　　　　010-68326294　　金 书 网：www.golden-book.com
封底无防伪标均为盗版　机工教育服务网：www.cmpedu.com

编委会

序

制造业是国民经济的主导力量，是实施创新驱动战略的核心领域。当前，全球新一轮科技革命和产业变革正在形成历史交汇期。智能制造作为新一轮科技革命的核心，正成为全球制造业变革和科技创新的制高点。大力推进智能制造，不仅是加快我国制造强国建设的战略选择，更是实现我国制造业高质量发展的必由之路。面对全球制造业发展的激烈竞争态势和加快我国制造业高质量发展的迫切要求，必须进一步深化认识，审时度势，切实把智能制造作为主攻方向，推动其在更大范围、更高层次的应用，促进我国制造业的快速提升。

河南省认真贯彻落实《中国制造2025》，出台了《中国制造2025河南行动纲要》《河南省智能制造和工业互联网发展三年行动计划（2018—2020年）》《河南省推进工业智能化改造攻坚方案》等一系列政策措施，积极推动工业化和信息化深度融合，打造先进制造业强省。河南省智能制造发展初见成效，国家智能制造项目不断涌现，省内工业智能化改造加快推进，智能制造示范效果明显。

本书的案例是从河南省智能终端及信息技术产业、高端装备和节能与新能源汽车等多个领域遴选的可参考案例，全面展示了不同行业开展智能制造探索与实践的具体做法和取得的成效，以期为广大企业推进智能制造提供有益参考和借鉴。然而，因不同企业所处的环境和自身情况有很大差异，发展阶段和实际痛点也有所不同，故各企业的成功经验和模式难以快速复制，因此，发展智能制造要结合企业发展需要，实事求是地探索适合企业实际的实施路径。

希望广大企业互学互鉴、锐意创新，争当智能制造之先锋，为我国制造业高质量发展做出实实在在的贡献。

前　言

　　制造业是立国之本、兴国之器、强国之基，也是实体经济的主体。当前，新一代信息技术与制造业加速融合，以智能制造为代表、工业互联网为支撑的新一轮产业变革蓬勃兴起，正在引起一场"制造革命"。党的十九大报告指出，要加快建设制造强国，加快发展先进制造业，推动互联网、大数据、人工智能和实体经济深度融合。河南省深入贯彻落实党的十九大精神，把发展智能制造作为制造业转型升级的主攻方向，以推进制造业数字化、网络化、智能化为主线，坚持传统产业智能化改造、新兴智能制造产业培育同步发力，坚持示范引领、点面结合、系统推进的工作思路，突出智能制造在"三大改造"中的引领作用，推动全省制造业高质量发展。

　　为总结并推广河南省制造业企业在智能制造探索实践中形成的先进经验和模式，充分发挥领先企业的示范引领作用，给广大制造业企业提供借鉴，河南省工业和信息化厅组织相关单位系统梳理了全省制造业企业关于智能制造的典型做法，共选出并收录高端装备、智能终端及信息技术、数控机床与机器人、航空航天装备、节能与新能源汽车、节能环保与新能源装备、冶金新型材料、现代化工材料、生物医药、现代家居、冷链与休闲食品等14个领域的31家企业智能制造实践案例，编写了本书。本书系统总结了河南省典型行业领先企业在智能制造方面的先进做法和成功经验，主要从案例特点、项目总体规划、建设内容、实施途径、实施效果及复制推广等方面进行介绍，为企业开展智能制造建设提供借鉴和参考。

　　本书可为政府部门、制造业企业、系统解决方案供应商和研究机构中从事智能制造政策制定、管理决策、项目实施和咨询研究的人员提供参考，也可供高等院校相关专业师生和其他对智能制造理论研究与实践感兴趣的人员阅读。

目 录

高端装备篇

第 1 例
焦作科瑞森重装股份有限公司 散料连续输送装备智能工厂

1.1 简介

1.1.1 企业简介

焦作科瑞森重装股份有限公司（以下简称科瑞森）成立于 2003 年，是一家集机械装备研发设计、加工制造、海内外营销、工程总包、远程运维服务为一体的国家高新技术企业。产品涉及轨道交通、港口码头、矿山、冶金、粮食等多个领域，迄今已在全球 32 个国家实施了 EPC 总包工程，在国家"一带一路"倡议的推动下实现了带式输送机产品和服务的全球供应。

近年来，公司秉承科技创新引领企业发展的理念，积极对接"中国制造 2025"，坚持"创新驱动、质量为先、绿色发展、结构优化、人才为本"的发展思路，以匠心精工打造行业精品，以其强大的研发团队和独有的多元化设计平台，一直走在物料连续输送装备制造技术的前沿。通过在技术、市场、管理等方面的持续发力，陆续研制了"C 型高倾角压带式输送机""隧道掘进连续出渣成套输送装备""履带轮胎组合移动式皮带机"等具有自主知识产权、可替代进口产品的新型装备，突破了多项由外资品牌长期垄断的核心技术，完全具备了与国际行业巨头同台竞技的实力，成为我国散料连续输送装备制造行业的领军企业。

1.1.2 案例特点

项目属于散料连续输送装备制造领域，有下列特点：①通过数字化设计、智能制造、远程运维服务，形成了散料输送行业一体化离散型智能制造新模式；②通过网络协同制造、大规模个性化定制和远程运维服务模式的应用，实现了设备全生命周期的管理；③通过生产设备网络化、生产数据可视化、生产文档无纸化、生产过程透明化等先进技术应用，做到了工厂各关键环节的互联互通与集成，实现了优质、高效、低耗、绿色、灵活生产。

在项目实施过程中，重点解决下列关键技术难题：

1）将视觉传感器成功应用在搬运机器人上，实现机器人搬运不再依靠定位码垛的新突破。科瑞森 2017 年引进的"横梁喷漆线自动上下件系统"采用视觉传感器对摆放杂乱无章的托辊横梁进行拍照并获取位置数据，将数据传输给机器人进行计算并精准地抓取工件。此项技术的突破在国内同行业尚属首例，解决了搬运工件需重复定位码垛带来的许多技术难题，优化了生产线工序、降低了生产成本、提高了生产效率。

2）建立离散型非标生产信息化平台。受限于工序流转零散无规律、产品规格尺寸非标、单件小批量新产品较多等刚性问题，离散型非标产品的生产信息化管理是制约离散型智能制造的共性问题。通过"科瑞森智能管控平台"持续升级，最终实现了基于产品物料清单（BOM）数据在管控平台中进行全生命周期管理的新模式，做到了从工艺设计、工时工序设置、生成生产计划、派报工管理、数据收集分析等环节的全平台控制。

1.2　项目实施情况

1.2.1　项目总体规划

按照"数字化、信息化、智能化"的设计理念，充分利用互联网、智能生产管理系统、信息物理系统（CPS）平台、大数据等先进技术，定制高档数控机床与工业机器人设备、智能物流与仓储设备、智能传感与控制设备等先进智能制造设备，以及产品数据管理（PDM）、客户关系管理（CRM）、企业资源计划（ERP）、制造执行系统（MES）、仓库管理系统（WMS）和运输管理系统（TMS）等智能化软件系统形成企业智能管控闭环，推进科瑞森数字化设计、智能生产、智能物流、智能运维以及产品全生命周期管理等方面的快速提升，达到提质、降本、增效、节能、绿色生产的目标，建成散料连续输送装备智能制造工厂。项目总体技术架构如图1-1所示。

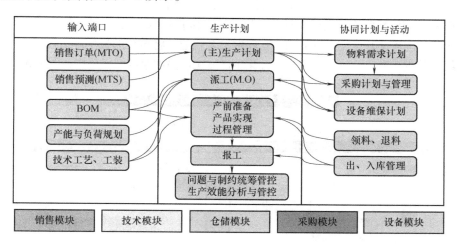

图 1-1　项目总体技术架构

1.2.2　建设内容

1.2.2.1　智能设计

科瑞森大都是针对项目的非标产品，因此研发设计的任务量大、时效性强。项目引入数字化三维设计、PDM 等智能化软件，以及基于 EDEM 的物料仿真工艺设计软件等，实现工艺和产品的大数据仿真模拟与集成管理，并实现计算机辅助设计（CAD）、计算机辅助工程（CAE）、计算机辅助工艺过程设计（CAPP）及 PDM、试验数据管理（TDM）和 ERP 各管理系统之间的协同。建立集成高效的数字化研发设计管理平台，为设备全生命周期管理储存重要的前端数据信息，项目数字化研发平台架构如图 1-2 所示。

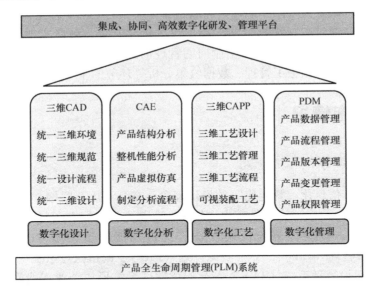

图 1-2　项目数字化研发平台架构

1.2.2.2　智能生产

对工厂进行数字化改造，建设自动焊接生产线、自动涂装生产线；深化产品生命周期管理（PLM）、ERP、MES 等系统的集成；打通人机互联、机物互联、机机互联的信息通道，满足人、机器、生产线的随需交互，实现物联网、互联网融合相通。将传统的长生产线改造为高度自动化的短生产线，并进行数字化排产，实现柔性化生产。工厂内部通信网络架构如图 1-3 所示。

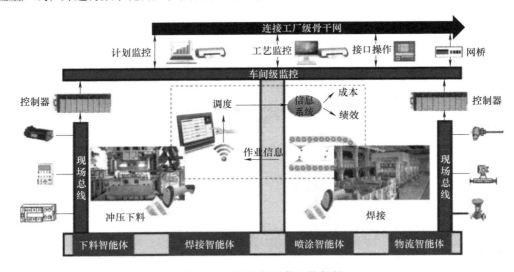

图 1-3　工厂内部通信网络架构

通过工业以太网将现场层（包括设备、工件、人员等）与执行层 MES 进行集成，MES 获取订单拆分为工单，实现工单生产加工、工件智能转运、看板监控、统计分析等信息化管理，企业信息化管理系统架构如图 1-4 所示。

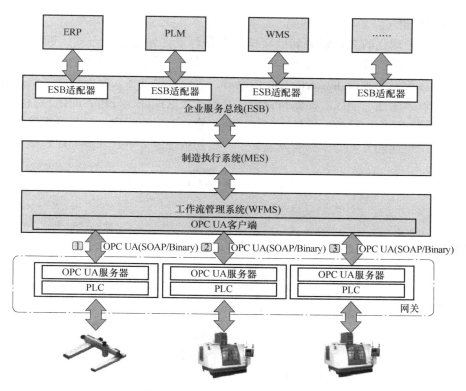

图 1-4　企业信息化管理系统架构

通过 ERP 管理系统全面升级，实现对企业资源和车间智能生产信息及运维服务信息等有效的互联互通与集成，解决企业运营过程中出现的信息流问题，减少信息孤岛行为，ERP 管理系统架构如图 1-5 所示。

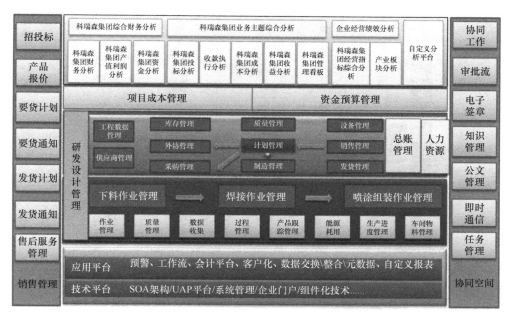

图 1-5　ERP 管理系统架构

1.2.2.3 智能运维

鉴于科瑞森全球化的客户资源和散料输送装备行业多站点、分布式、远程化的使用特点，需要打造面向散料输送装备的智能化远程运维管控平台，平台总体架构如图 1-6 所示。通过预留的开放数据库接口和嵌入的智能传感器，散料输送装备实时上传数据给远程运维服务系统，进行有效筛选、梳理、存储与管理，并通过数据挖掘、分析，向用户提供日常运行维护、在线检测、预测性维护、故障预警、诊断与修复、运行优化、远程升级等服务，实现科瑞森产品全生命周期管理的数据集成及共享。远程运维服务平台功能模块如图 1-7 所示。

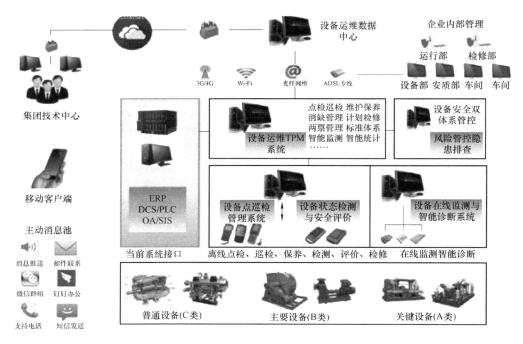

图 1-6 远程运维服务平台总体架构

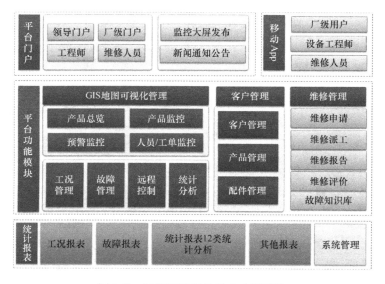

图 1-7 远程运维服务平台功能模块

1.2.3　实施途径

该项目分三个阶段逐步推进，第一阶段在 2016 年，第二阶段在 2017 年，第三阶段在 2018 年，各阶段已实施的重点内容如下：

1.2.3.1　第一阶段

1. 项目规划

与智能制造系统解决方案服务商合作，根据科瑞森的现状和未来的发展规划，以及生产特点，制定了针对散料输送装备制造行业的离散型智能制造总体建设方案。

2. 智能设计

引进 PDM 和 CAE 设计软件，并对 CAD 等软件进行了升级，制定了智能化研发设计发展规划并正式实施。

3. 智能生产

购置工业机器人 8 台，大型数控设备 5 台，智能化管控软件 3 套，对 ERP 及企业智能化管控平台进行了升级。通过智能化改造升级逐步淘汰传统老旧设备，建成了智能焊接、智能喷涂、智能上下件等数字化生产线。

4. 智能运维

根据企业智能化发展规划和客户需求打造远程服务平台，成立运维事业部。针对设备全生命周期管理、远程控制等前沿技术，制定了远程服务平台的发展规划。

1.2.3.2　第二阶段

1. 智能设计

引进 SolidWorks 三维设计软件，建立三维产品模型库，实现产品三维设计系列化、参数化。搭建了虚拟仿真平台，初步实现高端输送机产品的虚拟仿真，改变传统的"先样机、再生产"的制造模式，降低新产品研发试制成本，缩短产品研发生产周期。

引进基于 EDEM 的物料仿真工艺设计软件，建立了基于离散元技术的散料性质数据库，研究物料输送动态特性，在设计阶段识别潜在的问题，如堵塞、设备磨损、撒料、跑偏、扬尘等。

通过对 CAD/CAE 等相关数字化三维设计与工艺设计软件的升级与集成，可进行产品、工艺设计与仿真，并可以通过物理检测与试验进行验证和优化，实现了产品设计、工艺数据的集成管理和产品试验、测试、在线检测数据的管理，有效缩短了产品开发周期，实现了产品结构和文档的可视化管理，以及产品各类数据快速检索和重用，可进行快速变型设计。

2. 智能生产

1）购置大量智能化生产设备，建立了车间级工业通信网络。根据项目规划，公司进一步加大对工厂智能化改造升级的投入，先后实施了高精度托辊智能制造车间、横梁自动化焊接工作站、等离子坡口切割机器人系统、全自动 Z 型钢加工生产线等 15 个智能化改造项目。定制了 30 台（套）智能化工业机器人以及数控弯管机、数控等离子切割机、数控折弯机、双工作台龙门移动式数控平面钻床、数控光纤激光切割机等 19 台高档数控机床和 76 套用于研发设计、生产管理、远程运维的智能化软件，数控设备占比 80% 以上。

2）应用了人机界面（HMI）以及工业平板等移动终端，实现了生产过程无纸化。在人工操作工位建立了防差错系统，可适时给予智能提示，同时建立了安灯系统（Andon），实现了工序间的协作。在生产现场采用看板管理，实现在"柔性生产模式"下保证计划的刚性。由 ERP 系统制订一周生产计划，采购（外协）、车间、物流根据计划安排外协、生产、配送等准备工作，生产现场根据"周计划"实行电子看板管理，看板显示计划任务、计划开完工日期、配套和缺料信息等，看板还可以与条码系统集成，操作员根据完工情况，扫描条码提交数据，看板直接显示实际完工情况。现场人员可以在一周范围内根据看板内半成品配套情况自行调节生产，这样就可以减少由于不配套导致计划无法完成的情况，从而有效控制了现场在制品的积压现象，提高了生产效率，缩短了生产周期。

3）建立了生产过程数据采集和分析系统。生产线关键设备可以通过通信总线进行远程控制，提交必要的数据信息给上位软件系统，包括状态信息、生产信息、工艺信息、能耗信息等。硬件通信协议以 RJ45 接口为主。使用以太网通信，通信链路可以链接到交换机。软件通信协议使用了通用开放的总线协议，方便上位软件进行控制。

4）建立了 MES。科瑞森通过 MES 的应用，实现了从订单下达到生产完工全过程的透明化管理，包括生产计划、加工过程、质量管理和设备管理等，规范生产过程，优化各项制造资源，实现生产效率的有效提升。

5）建立了 ERP、SCM、CRM 管理系统。科瑞森先后建立了资源计划系统（ERP）、供应链管理系统（SCM）、客户管理系统（CRM），通过各系统的支持，建立了"科瑞森智能管控平台"，2017 年经全面升级后，进一步增强了质量和成本分析的功能。

6）智能化管控系统集成应用。科瑞森充分利用工业物联网技术，基于"数字化、信息化、智能化"的设计理念，搭建了完善的智能化内部网络架构，实现生产设备、监控设备、控制系统与定制的智能管控平台等系统的互联互通，对公司智能工业机器人、智能物流与控制设备等提供了技术支持和保证。

3. 智能运维

1）智能装备的数据采集、通信和远程控制功能升级。科瑞森远程运维服务的所有装备均配置开放的数据库接口和嵌入式智能传感器，具备数据采集、通信和远程控制等功能。同时配备 SDC 智能数据采集器，对设备状态、运行参数等情况进行采集和上传；数据采集器可以自动判断装备起停状态，触发停车采集模式、主动采集模式（默认等间隔采集，变化率超限后自动切换到高频采集模式），数据上传间隔时间可调（2～3s/10min/2h）。同时具有本地储存功能，断网后数据自动保存在本地，重连后可续传；可采集设备运行参数和工艺类参数，包括电流、电动机功率、轴功率、机身温度、进气压力、排气压力、供气量等。焦作总部的控制中心或管理人员利用手机 App，可以对远程数据进行分析研究，通过云平台管控系统对设备的运行参数进行远程设置和调控。

2）远程运维服务平台功能升级。功能包括：①远程监测：服务项目设备的远程状态监测有助于掌握整体设备状态、操作作业和环境情况数据；②远程调控：通过远程管理系统的数据监测，有利于项目实施过程的远程调测和运行故障分析；③远程监测告警：对于被监测设备发生的各级别的告警和紧急操作，系统做完整记录和警示，维护人员通过历史告警数据可以对系统设备的运行状态做相应分析；④远程诊断分析：对于监测到异常项目，可以通过历史数据以及相关数据的趋势分析和参数对比，辅助判断分析异常项目的故障因素。

同时，科瑞森远程运维管理系统内置了研发设计、加工制造、合格检验、出厂时间、安装调试以及上线运行时间、维修记录等档案信息，可准确记录储存设备运行的起始时间、总时间等数据，得出设备使用的生命周期。系统设计时预留了备件、库存、日常维护等内容的端口，方便对行业内不同群体对备件需求的情况进行记录、存储、查询，方便设计人员掌握设备配件的生命周期、配件质量等内容，还可以为科瑞森对设备备件的供应商管理提供可靠参数依据。远程运维服务系统从装备的研发设计、加工制造，到现场安装调试，以及后期的运维服务，建立了装备的全生命周期健康运维管理集成方案，并与用户实现了信息共享。

　　3）建立了专家库和专家咨询系统。科瑞森远程运维服务系统设有专门的专家咨询系统功能模块，公司整合包括美国、马来西亚、印度尼西亚在内的国内外优势技术资源，组建了13人的专家团队，其中教授级高工5人，博士8人。同时，与东北大学、华中科技大学、河南理工大学、郑州大学、北京大学建立了产学研和专家协作模式，建立了科学、有效的远程运维专家库，主要为装备的远程诊断提供智能化决策支持，并为用户提供科学的运行维护解决方案。

4. 信息安全

建立了完善的信息安全技术防护体系，具备网络防护、应急响应等信息安全保障能力，先后实施部署了防火墙、安网核心路由器、华三核心交换机及层级交换机、高性能服务器，并建设了专业机房，通过 100Mbit/s 带宽光纤与联通骨干网相连接。并与专业网络安全公司合作，做好安全策略，拒绝外来的恶意攻击。关键软件均建有安全保护系统，采用了全生命周期的方法可有效避免系统失效。同时，公司建立了完善的工业信息安全保密管理制度，实行信息安全保密责任制，公司系统信息内容更新全部由专业工作人员完成，确保使用网络和提供信息服务的安全。

1.2.3.3　第三阶段

对第二阶段实施的项目内容进一步完善、提升、固化，总结经验、建立标准、申报专利、示范推广；认真贯彻落实河南省政府"三大改造"政策和省工业和信息化委员会关于《河南省"企业上云"行动计划（2018—2020年）》，与第三方合作，结合科瑞森实际情况推进工业互联网平台建设和企业上云工作。

1.2.3.4　后续实施计划

计划每年新增投入 300 万~500 万元，用于项目智能化水平的持续改进和软硬件升级；通过持续改进，实现设计、工艺、制造、管理、物流等环节的产品全生命周期闭环动态优化；推进企业数字化设计、装备智能化升级、工艺流程化、可视化管理、质量控制与追溯、智能物流等方面的快速提升；通过持续改进，建立高效安全的远程智能服务系统，大幅度提升嵌入式系统、移动互联网、大数据分析、智能决策支持系统的集成应用水平。

1.3　实施效果

1.3.1　数字化设计使企业创新能力快速提升

通过数字化三维设计与工艺仿真设计软件的应用，装备数字化仿真设计已成为科瑞森创新的助推器。在传统的装备研发流程下，对于非标产品过度依赖于样机的测试，研发团队是比较痛苦的，需要不断做结构设计、样机测试验证，通过样机的不断迭代最后实现开发目标。而这就往往导致产品研发周期较长，成本较高，且难以精确定位装备在项目施工中的需求。而装备的数字化仿真设计则是通过数字样机和数字化仿真试验循环优化产品设计，让样机变成最终方案的验证。图 1-8 展示了仿真模型与实际装备的对比。

图 1-8 仿真模型与实际装备的对比

通过仿真分析，拓展了工程师的设计思路，提高了产品创新的速度，提升了整体设计水平和产品质量，可避免装备运行过程中的堵料现象，降低停机风险，延长设备的运行周期；可精确计算磨损，合适布置衬板；可从源头上降低扬尘，节省后续的除尘设施；能避免撒料导致的人员安全问题和环境污染问题；可有效避免跑偏，减少传送带磨损撕裂的风险，提高运输设备的使用寿命；可避免超标设计和低能力设计带来的能耗浪费和运量不足等。图 1-9为 EDEM 仿真分析软件的应用实例。

 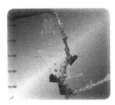 

图 1-9 EDEM 仿真分析软件的应用实例

经统计，数字化仿真设计让科瑞森装备研发周期缩短 50%，研发费用下降 50%，数字化产品设计与科瑞森在美国、马来西亚、印度尼西亚研发中心的数据实现共享，让全球化协同开发成为可能，可更好地挖掘装备的改善潜力。数字化仿真设计未来能够让装备的设计达到最优化，能够更高效地利用研发资源，使产品创新速度得以提高，使科瑞森与用户的交流更直观、更高效。

1.3.2 智能制造实现了降本、提质、增效

科瑞森倾力打造的散料输送装备智能制造工厂普遍应用自动化、数字化、智能化生产装备，高精度托辊智能制造车间、机器人焊接生产线、360°数字化喷涂生产线、大型数控加工设备如图 1-10 ~ 图 1-13 所示。引入多套智能化管控软件，使先进的数控等离子切割机、数控激光切割机、数控锻压机、数控弯管机等各类数控设备以及自动上下料机械手、机器人工作站等互联互通，实现了生产的自动化、可视化。同时，引入的分布式数控（DNC）智能

监控网络系统具有强大的机床工况数据采集与分析功能，能够动态获取机床利用率，提升机台稼动率。

图 1-10　高精度托辊智能制造车间

图 1-11　机器人焊接生产线

图 1-12　360°数字化喷涂生产线

通过引进 WinCC 设备监测管理软件，实现设备运行数字化管理，可详细掌握各关联设备（工位）的生产运行情况，并将实际运行数据反馈给计算机终端，对设备的加工记录及数据进行采集统计，可及时给出改善和调配措施，如图 1-14 所示。目前，车间各工序数据自动采集比率已达 95% 以上。

所建设的生产经营智能管控系统将传统依靠计划人员、统计人员、技术工人通过日常口

图 1-13 大型数控加工设备

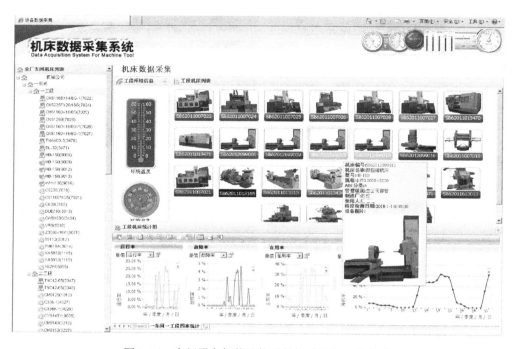

图 1-14 车间设备智能监控及数据采集系统示意图

头沟通、纸单传达统计的生产制造模式，变革为以智能管控平台统一协同管理数据、自动化设备自动传输统计、信息化系统集成分配资源的现代智能制造模式。销售订单录入系统后，各协同部门自动接收信息和任务，开发设计人员通过协同创新设计平台进行产品设计及PDM 数据库建立，工艺人员通过 PDM 数据库提取产品 BOM 数据并进行工艺计划的自动生成，生产计划部门根据工艺计划进行各生产车间及工序的自动排产，车间将排产计划下发至各工位及自动化生产线进行生产制造。生产结束后进行自动报工管理，并通过仓储物流系统进行入库和发运计划的自动排程；通过该智能化管控平台，让所有流程和信息流实现在线管控，使生产经营所有关键环节实现无纸化办公。

与传统制造模式相比，生产效率提高了 50%，资源综合利用率提高 20% 以上，综合运营成本降低了 40%，产品不良品率下降了 17%，物流运作效率提高 35% 以上。

1.3.3 远程运维助力企业服务型制造转型升级

项目通过对科瑞森远程运维服务系统计费模式以及远程控制、在线监测、专家库等功能上的探索和创新，改变了传统的维护保养一次按配件和工时计费，以及功能不全的问题。通过智能化远程运维平台的升级，实现了对用户装备进行全生命周期的售后服务，按系统服务时间计算日常运维服务费，对需要更换的配件则按正常销售流程执行，可实时监测、诊断用户装备的运行指标是否正常，并及时给予专业化指导，确保设备的正常运行，并延长设备使用寿命。科瑞森远程运维服务部分案例（缅甸、巴基斯坦、中国烟台港）如图 1-15 所示。

图 1-15　远程运维服务部分案例（缅甸、巴基斯坦、中国烟台港）

远程运维服务平台的建立和不断升级进一步提高了公司产品的售后服务水平和品牌形象，使可远程跟踪追溯的设备达到 90% 以上，异常事件响应时间缩短了 70%，总装质量问题可达到 100% 的追溯。不仅增强了同原有客户的黏合度，而且使企业每年服务型收入占比提高到了 40% 以上，进一步提升了科瑞森在售后服务环节上高效、贴心的形象。

1.4　总结

项目形成了散料连续输送装备制造行业可复制、可推广，能实现"自动焊接、自动装配、自动上下料，多工序自动流转"的离散型智能化工厂解决方案，以及散料输送装备"远程控制、故障预警、诊断修复、在线检测及设备全生命周期"的智能化远程运维解决方案。

建议企业在智能化改造升级过程中：①建设自己的 PDM 平台，实现企业设计研发过程的信息化管理，提高设计研发的效率和质量，推进产品开发的标准化程度；②对智能制造车间进行软硬件改造，在执行设备层引入工业机器人、数控机床等智能制造设备；③在数据采集层、网络层部署智能传感器、网络设备等物联网基础节点；④在控制层、管理层引入管理和控制系统，如 MES、ERP、PLM 等，实现设备之间的互联互通与集成；⑤搭建各种开放信息服务平台，共享数据资源，不断夯实智能制造的数据基础。企业可根据实际需求和产品及市场特性，考虑开发远程运维服务系统，通过创新售后服务模式，提高服务质量，提升客户满意度，增强客户对企业品牌的忠诚度。

第2例

中国一拖集团有限公司 新型轮式拖拉机智能工厂

2.1 简介

2.1.1 企业简介

中国一拖集团有限公司（以下简称中国一拖）的前身是第一拖拉机制造厂，创建于1955年，是我国"一五"时期156项工程之一。第一拖拉机股份有限公司是中国一拖最大的控股子公司，分别在香港联交所和上海证交所上市，是唯一拥有"A＋H"上市平台的农机企业。中国一拖由单一的履带拖拉机起步，逐步构建以农业装备为核心，动力机械、工程机械、车辆以及关键零部件制造协同发展的相关多元化发展格局，具有国内最完整的拖拉机产品系列（17～400马力$^\ominus$），拥有中国领先、具有自主知识产权的产品技术，已形成啮合套、同步器、动力换向、动力换档四种产品技术平台。经过60多年的发展，中国一拖已累计向社会提供了360万台拖拉机和260万台动力机械。

中国一拖建有拖拉机动力系统国家重点实验室、国家级企业技术中心、博士后工作站、河南省农业装备工程技术研究中心、河南省拖拉机关键技术重点实验室、农机铸件快速成型技术河南省工程实验室等多个平台。参与制订和修订国家标准、行业标准280余项，拥有有效专利700余项、技术人员2000余人。

2.1.2 案例特点

中国一拖围绕新型轮式拖拉机产品的多样性、制造复杂性、低效生产等现状，在国家领导人及工信部等相关部委的鼓励、支持下，加快结构调整和战略转型的步伐。重点开展新型轮式拖拉机多品种定制化混流型生产的智能制造体系技术研发与应用；推进制造过程智能化，实现机械加工车间和装配车间数字化建设，以及箱体加工、传动系装配、质量过程检测等关键工序智能化；上料、打磨、物流运输等岗位由机器人替代；对 MES/ERP/PLM/MDC 异构系统的高效集成应用，促进农机装备生产过程智能优化控制。实现了大型、重型动力换档、无级变速拖拉机等高端装备的创新突破，提升

$\ominus$ 1 马力 = 735.5W。

了我国农机装备国际竞争力，满足了客户对高端农机装备的需求，推动了企业的转型升级。

项目突破了智能化工厂三维数字化模型的参数化设计，智能制造中的机床-工艺交互预测、监测及控制管理，基于大数据的在线故障诊断与分析，管理信息数据融合、异构数控系统高效协同集成，智能制造装备组建工艺优化与加工仿真，智能制造生产线的刀具管理，基于虚拟现实技术的智能制造与优化等技术问题。

2.2　项目实施情况

2.2.1　项目总体规划

2.2.1.1　新型轮式拖拉机智能工厂总体架构

智能工厂总体架构如图 2-1 所示，包括智能化制造体系、智能化生产控制中心、智能化生产执行过程管理、智能化仓储与物流。通过智能装备、智能技术与管理手段的引入，实现生产资源最优化配置、生产任务和物流实时优化调度、生产过程精细化管理和科学管理决策。

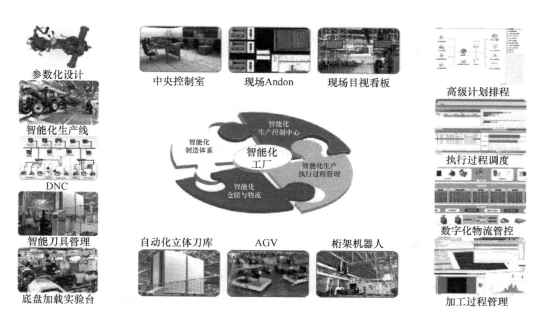

图 2-1　智能工厂总体架构

2.2.1.2　新型轮式拖拉机智能工厂信息化平台架构

运用工业互联网、物联网等现代信息技术，构建覆盖设备层到管理决策层，从研发、制造、营销服务到上下游供应链的信息化平台，如图 2-2 所示。通过信息化系统集成应用，实现产品、设备、软件之间的相互通信，实现对设备状态、产品质量变化、生产系统性能等的预测及应对。

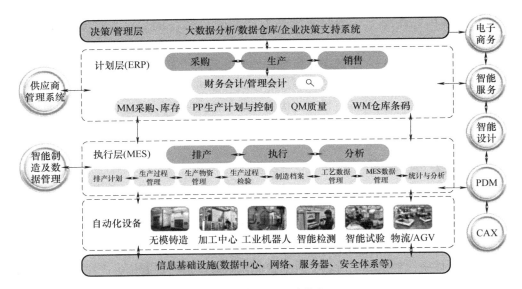

图 2-2　信息化平台构架

2.2.2　建设内容

2.2.2.1　参数化三维数字设计与分析

1. 数字化产品设计

在产品研发设计阶段实现产品参数化设计和管理。通过三维参数化设计软件进行产品设计，产品数据由 PDM 系统管理。通过构建产品参数化设计系统集成应用平台，统一管理产品设计过程中的产品数据信息，建立产品零部件参数化三维实体模型以及三维设计资料库、参数库，保证产品开发周期过程中产品数据的统一性、一致性。提高研发创新能力，缩短产品开发周期，降低产品开发成本，提升产品研发核心竞争力。本项目产品参数化设计系统应用框架如图 2-3 所示。

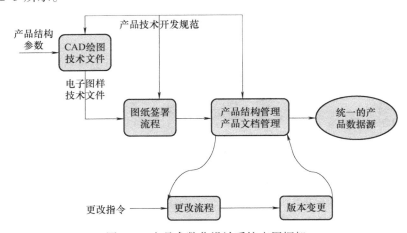

图 2-3　产品参数化设计系统应用框架

产品设计利用三维软件的参数化技术、直接建模技术和三维可视化技术，针对不同的任务需求，从根本上实现零部件三维参数化数模设计、产品装配设计、干涉检查、虚拟样机、可视化造型设计、基于三维模型的二维工程图应用等设计任务。在拖拉机关键零部件设计过程中，利用 CAE 分析工具对其进行机械强度、相关结合面密封性、传动系效率及齿轮强度校核等方面的分析及优化，解决材料开裂、结合面漏油、齿轮断齿等方面的问题，为产品的优化设计提供仿真依据。

2. PDM 协同设计

为了有效对产品数据进行管理，建立 PDM 管理系统。以授权控制为基础，管理从产品概念设计、产品图设计到生产制造各个阶段产生的各类数据。通过把数据管理集成到设计过程当中，极大地推进设计人员之间的信息共享与协作水平；同时采取数据集中存储、集中管理的方式，最大限度地保障数据安全。

2.2.2.2　数字化工艺规划

1. 工厂布局可视化

轮式拖拉机加工及装配过程复杂，目前的两维仿真难以真实、直观地呈现，产品的工艺评审不直观，容易出现差错。构建生产线三维设计平台，建立新型轮式拖拉机工厂设计仿真系统和工厂布局可视化分析系统；采用计算机仿真与虚拟现实技术对制造过程进行建模，生成逼真的三维虚拟环境，实现产品的工艺规划与仿真验证。在虚拟制造环境中进行可行性评估，增强制造过程概念阶段的决策与控制能力，减少工艺规划的盲目性、缩短投产周期、降低制造成本。

2. 数字化三维车间建模

工艺规划完成后，利用搭建的数字化工厂仿真系统中的数字化工厂软件对整个工厂制造工艺设备进行并行工程设计，以生产大纲为基础，迅速简便地建立、分析和展示可视化的工厂模型。在构建的虚拟生产线平台基础上，将设备三维布局、生产物流路径及物料管理数据集成，生成有关节拍、品种、物流、设备、人员和安全的图表，提供数字化仿真分析报告，科学判断分析各种方案的优劣势，便于多方会签和评审确定优化方案。

3. 建立数字化车间物流仿真优化

利用工厂物流仿真软件对加工车间进行可视化仿真优化，构建加工车间的物流仿真分析模型，优化车间所需转运车数量、成品缓存区的大小等内容。

依据对车间物流仿真分析的结果，对车间的物流、缓存区现状进行评估，并结合产量、零件输送方式、车间的设备布局等各方面因素，对车间的物流输送提供优化建议。建立数字化车间物流仿真模型，实现一次建模就可在产品的全生命周期中使用，不仅在新建工厂时可以仿真优化，投产以后随着产品产能和品种的改变，只要导入改变的数据，对原建模型进行仿真分析，即可得出优化的数字化工厂方案，以最短的时间，科学高效地指导技改和生产。

2.2.2.3　高档数控机床与机器人

1. 机械加工中的应用

异构壳体件加工的柔性制造系统（FMS）加工线及用于大型复杂箱体件加工的六托盘五轴加工中心等高档数控装备，具备高精度、高速度、高效率的特点，实现多品种、可定制生产的新型轮式拖拉机零件加工，解决了机械制造的高自动化与高柔性化之间的矛盾。柔性制造系统的检验、装夹和维护工作可在第一、第二班完成，第三班可在无人照看下正常生产，实现 8 小时无人值守自动工作。

2. 柔性装配中的应用

装配线采用电动拧紧机、装配机械手、发动机与底盘遥控机动对接台等智能化装配设备，保证装配精度，提高装配质量。

3. 快速铸造中的应用

在新产品试制阶段，应用激光选区烧结成形、无模铸型（微滴喷射成形）等非金属增材制造装备直接进行铸型芯/零件原型的制作，省去模具的设计、制作的时间及费用，实现数字化设计与制造技术的无缝衔接。该技术在产品设计改动时能够做出快速响应，大大缩短了产品的制作和投放市场的时间，从而解决我国农业机械化快速发展的多样化需求，以及农机产品关键零部件自主化开发过程中存在的试制周期长、成本高、精度低等问题。

2.2.2.4 智能传感与控制装备

1. 零件生产进度识别与跟踪

根据现场具体位置及需要激光打标工件的大小结构、打标位置等方面，制定打标设备技术方案，在加工线线头设置激光打标设备，在线头、线尾及抽检台设置二维码扫描设备。通过在零件生产制造的关键环节设置的扫描设备，识别零件身份，并将零件的制造过程、质量信息、人员操作信息记录下来。系统通过记录生产中的详细信息来为数据追溯提供支持。通过二维码扫描枪可快速获取零件相关信息，包括零件号、加工时间、零件序号等。

零件生产进度跟踪系统通过与全厂 MES 和 ERP 系统联网，向各系统提供零件生产进度信息，提供报表查询功能。打标设备与 ERP 通信，读取零件需要的二维码打标内容。打标设备与 DNC、MES 通信，使 DNC、MES 系统及时得到零件二维码信息，便于在生产信息的采集过程中及时掌握零件的加工进度。

2. 数控机床加工信息的采集与控制

以数控机床联网技术为基础，利用网口通信采集、串口通信采集、硬件采集和可编程逻辑控制器（PLC）数据读取等多种方式，完成对现场多种异构类型接口工业设备的联网互通。以解决异构设备的合成通信、生产过程数据采集、加工程序与相关文件管理、采集数据统计分析等问题为核心，进行生产过程采集与分析系统建设，通过设备监控和生产过程中的数据采集、动态更新，实时跟踪生产进度执行情况，实现数控机床、自动化输送、信息技术以及统计分析技术有效集成。

对自动化加工线及通信接口的数控加工机床、对刀仪、刀具系统、自动物流设备、在线数控检测设备等进行集中跟踪及生产监控，配备电子大屏幕实时显示车间生产状态、设备状态、生产线统计过程控制（SPC）质量分析情况等信息及报表。

2.2.2.5 智能检测与装配装备

1. 智能检测

差速器轴承座线配备综合测量机及 SPC 计算机；在线测量仪器的内外径测量，采用无线或有线便携式电子卡规及塞规。对大于 12mm 的内孔，其直径测量采用无线便携式电子塞规、卡规方式，数据可以通过无线方式传输到现场的计算机中进行数据的存储和 SPC 分析；小于 12mm 的内孔，采用有线电子塞规测量直径，数据传输到现场的计算机中进行存储和 SPC 分析。SPC 检测工作站可以提供测量数据联网功能，通过局域网远程访问已经测量的数据。另外，采用三坐标数字化测量机测量箱体、壳体等形状与位置精度。

研发应用底盘加载试验台对装配完成的底盘 100% 进行加载试验，以最大限度地将产品的缺陷及早暴露，并针对暴露出来的问题及时进行整改，从而降低人工修理成本和整机故障风险，提高传动系一次下线合格率。底盘加载试验台研发应用填补了国内轮式拖拉机传动系带负荷试验的空白，对提高拖拉机传动系的工作可靠性提供了有力保障。

2. 可视化柔性装配

在装配线操作终端触摸屏上实现以二维装配作业指导操作的装配过程可视化，后期将三维可视化装配作业指导应用到装配线，替代传统的不直观、易出错的二维装配工艺文件，进一步提高装配质量和效率。

3. 开发基于大数据的在线故障诊断与分析系统

该系统提供以下服务：基于 B/S 架构实现机床监测数据的现场采集系统；多源监测信息的远程传播和共享；监测数据智能处理和信息挖掘；诊断系统软硬件联调和完善等。

2.2.2.6 智能物流与仓储装备

为合理组织车间装配作业，提高自动化运输水平，主要部件的装配和总装配采用流水生产线，其他部件和总成的装配采用固定式作业。零部件在装配线之间的转运广泛采用程控自行小车等机械化运输设备。拖拉机传动系总成与发动机合装后，采用自动导引车（AGV）把合装好的总成运往总装线。

2.2.2.7 软件及网络设备

新型轮式拖拉机项目通过 MES、PLM、ERP 等信息系统的建设与融合如图 2-4 所示，完成研、产、人、财、物等核心业务流程的优化重组，从传统的人工化、自由化向系统化、流程化、制度化转变，进一步加快企业两化融合速度，发挥信息化集成系统对生产组织、质量改进、采购管理等管理系统的支撑作用，为业务发展策略的落地提供支撑。

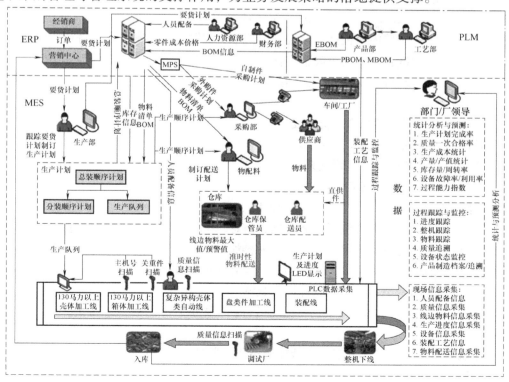

图 2-4 新型轮式拖拉机 MES、PLM、ERP 信息化平台

2.2.3　实施途径

中国一拖新型轮式拖拉机智能制造新模式应用的实施，共分三个阶段，总实施周期为五年，从 2014 年 1 月至 2018 年 12 月，通过每阶段重点内容的建设，形成面向农机行业的智能制造技术体系和产业化产品，带动我国农机行业智能制造水平的整体提升。

2.2.3.1　第一阶段（2014 年 1 月至 2015 年 12 月）

第一阶段建设的主要内容包括：关键制造技术、关键工艺设备研究及装配车间数字化装备设施应用；在已有 CAD/CAE/ERP 等数字化应用的基础上，从产品设计源头起，研究应用先进的制造工艺与物流技术等，策划智能化加工车间及装配车间数字化装备设施的应用。已经实施的内容如下：

1）项目总体规划设计方案。

2）完成车间加工线的物流仿真分析，完成两条生产线的三维可视化建模及渲染仿真。

3）智能装备的实施，包括虚拟现实平台搭建、加工中心等加工设备、在线测量仪器、数字化无模铸造精密成形设备、ERP、MES、刀具管理软件、配件电子商务平台构建等。

4）完成装配车间网络布线，集成软件开发，设备与软件进行联调。

5）完成五条生产线的三维可视化建模及渲染仿真。

6）数字化机械加工车间进行设备安装。

2.2.3.2　第二阶段（2016 年 1 月至 2017 年 6 月）

第二阶段建设的主要内容包括：关键制造技术、关键工艺设备研究取得初步突破，智能化加工车间生产技术准备、装配车间数字化装备设施完善。已经实施的内容如下：

1）机械加工车间现场设备与生产管理系统（ERP、MES、PLM）等集成方案设计报告。

2）机床运行状态动态监测系统开发。

3）智能刀具系统总体框架搭建及功能模块开发。

4）智能制造生产线的刀具管理系统。

5）机械加工车间设备安装、调试。

2.2.3.3　第三阶段（2017 年 7 月至 2018 年 12 月）

第三阶段建设的主要内容包括：智能化、信息化整体方案策划与实施；新型轮式拖拉机智能制造生产示范线建成、使用。已实施的内容如下：

1）完成机械加工车间 MES、PLM、ERP 等信息化系统硬件设备采购安装、网络布线，集成软件开发和联网调试，设备与软件进行联调。

2）完成 MES、PLM、ERP、电子商务、智能化服务平台等信息系统的集成方案实施、联网调试。

3）完成中国一拖新型轮式拖拉机智能制造工厂整体调试、试运行。

4）完成批量生产验证并运行。

2.3　实施效果

2.3.1　效益分析

应用 ERP 提高采购计划的准确性，大幅减少采购缺件影响生产或存货积压现象，从源头上遏制缓动存货的形成，存货资金占用降低 29% ~ 50%，存货周转率提高 7 次，毛利率增加 4%。通过 ERP、MES、条码系统的有效集成，实现企业生产业务环节的有效衔接，实时追踪产品生产数据，计划准确率提升 90%；通过条码技术与物联网技术应用，实现质量问题源头追溯。

通过智能制造实现系统集成和联动，降低材料损耗及库存，物力成本节约 10% ~ 30%。通过数据实时反馈和资源管理直接和间接改善劳动效益，节约 15% ~ 20% 的人力成本。通过较好地利用设备，实现物料配送协调和生产能力改善，资金开支节约 10% ~ 50%。通过完善的生产准备满足客户订单，加快响应速度和准确及时的状态信息反馈，客户服务水平提升 25%。

2.3.2　建设成果

2.3.2.1　实现产品的数字化研发设计

中国一拖数字化产品设计主要突破了五项技术难点：①实现了三维 CAD 与 PDM 系统无缝集成；②实现了复杂的产品数字化装配及干涉检查；③实现了基于三维模型的二维工程图技术应用；④建立了复合国家与企业标准的标准件库与通用件库；⑤实现了基于 PDM 系统的产品设计文档审签与更改流程。

1. 产品参数化三维设计

在产品研发设计阶段实现了产品参数化设计和管理。产品设计利用三维软件的参数化技术、直接建模技术和三维可视化技术，针对不同的任务需求，从根本上实现了零部件三维参数化数模设计、产品装配设计、干涉检查、虚拟样机、可视化造型设计、基于三维模型的二维工程图应用等方面的设计任务，如图 2-5 所示。

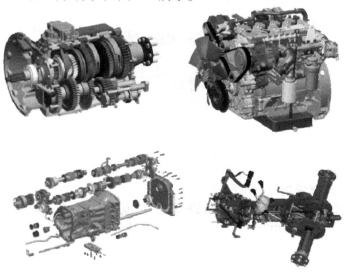

图 2-5　产品参数化三维数字设计

2. 数字化仿真分析

在拖拉机整车、发动机及零部件等方面，运用 CAE 技术进行优化设计、故障诊断和性能提升，成功地解决了箱体开裂、结合面漏油、齿轮断齿、动力输出轴（PTO 轴）断裂等问题，为设计人员提供了设计依据和优化意见。拖拉机舱内热管理及整车噪声分析如图 2-6 所示。

图 2-6　拖拉机舱内热管理及整车噪声分析

3. PLM/PDM 的集成应用

通过 PLM 实现产品、工艺数据的交换和共享，借助协同办公完成技术文件的编制、审批、发放的流程化管理，达到对系统中技术、工艺文件、工艺更改通知的追溯可控。目前，已经实现的主要功能：BOM 管理及转换、工艺卡片编制和管理、产品图文档管理、产品和工艺数据更改管理、工作流程管理、报表管理、权限管理等。BOM 清单导入 ERP 系统示意图如图 2-7 所示。

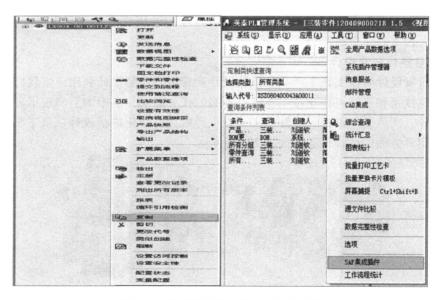

图 2-7　BOM 清单导入 ERP 系统示意图

4. 智能化工厂三维模型建立及应用

数字化车间实景仿真采用参数化三维设计、工艺仿真技术与物流仿真分析、三维可视化虚拟仿真分析等技术，完成机械加工与装配车间总体设计、工艺流程、布局规划及优化分析。利用虚拟仿真可视化技术有效地提高设计效率，缩短设计周期，保证设计输入的正确性。融合物流仿真数据，在虚拟环境下再现物流过程，可以及早发现物流瓶颈等问题，优化物流过程。融合产品加工及装配工艺，在虚拟环境下展现产品加工及装配工艺动作过程。机械加工车间三维工艺布局示意图如图 2-8 所示。

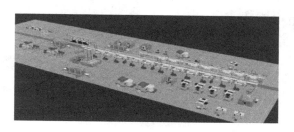

图 2-8　机械加工车间三维工艺布局示意图

工艺仿真实现了虚拟试生产，突出方案设计的可视化和可量化，深度优化生产线工艺和物流方案，通过不断完善和修正仿真模型、边界条件参数、输入参数等，使仿真平台更真实地反映重拖装配线的真实生产情况，结合精益思想和柔性制造模式，个性化定制仿真模块和逻辑算法，提高仿真预测的置信度，为生产现场提供数据和技术的支撑。机械加工生产线仿真分析可视化示意图如图 2-9 所示。

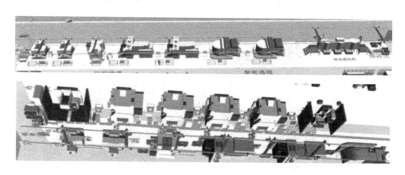

图 2-9　机械加工生产线仿真分析可视化示意图

2.3.2.2　智能化生产制造

1. 智能化生产装备及生产线应用

1）高档数控机床应用。高档数控机床应用在 FMS 线、制动器活塞桁架自动化生产线、差速器轴承座桁架自动化生产线、前托架生产线、1404-1504 系列以上两箱壳体多托盘柔性加工线、1004-1304 系列前传动箱壳体柔性加工线、1004-1304 系列后传动箱壳体柔性加工线、减速器壳体桁架自动化生产线、传动箱壳体桁架自动化生产线 9 条生产线，并实现了可视化数据采集。FMS 线及制动器活塞桁架自动化生产线仿真及现场照片如图 2-10 所示。

2）工业机器人应用。在自动桁架加工线配备机器人，具体位置为 80 减速器壳体桁架加工线下料口、80 传动箱壳体桁架加工线下料口、制动器活塞桁架加工线上料口。传动箱壳体去毛刺及制动器活塞桁架自动化生产线上料机器人如图 2-11 所示。

3）智能化物流装备。多种智能化物流装备如图 2-12 所示。

4）智能刀具管理系统。开发完成了涵盖库存、位置、成本信息的数字化车间智能刀具管理系统。智能刀具管理系统的研究与应用根据现有生产线的管理模式和运行状况，围绕现场对刀具的管理进行刀具管理需求分析，实现刀具的科学、高效管理。

图 2-10　FMS 线及制动器活塞桁架自动化生产线仿真及现场照片

图 2-11　传动箱壳体去毛刺及制动器活塞桁架自动化生产线上料机器人

图 2-12　智能化物流装备

2. 零件识别与跟踪

现场采用的扫码枪为无线扫码枪，扫码枪基座与现场工控机直接通过通信线连接，现场工控机与总控室戴尔服务器采用无线通信，可以确保扫码枪现场读取到的零件信息准确无误地传递到总控室零件识别跟踪系统，用于工程师工作站（Engineering Working Station，EWS）系统的零件识别与跟踪。

3. 基于大数据的在线故障诊断分析

开发了大数据在线故障诊断系统，其功能在于：①无人值守下的数据自动重分割，形成与工艺同步的制造大数据；②频谱特征的自适应分析辨识；③基于动态特征形态学的加工颤振自适应识别。所研发的技术在车间具有调度灵活、部署速度快、对专家经验依赖小的应用优势，对现场数据采集系统（MDC⊖）的低采样率工况型数据集形成有效的补充，有效地提升了数字化车间的设备智能运维的能力，有效提升了轮式拖拉机零部件制造质量管理的水平。

4. 生产过程数据采集与分析监控系统

生产过程数据采集与分析监控系统包括产品/零件信息、工艺信息、数控程序信息、刀具参数信息、数控机床参数信息、数控机床状态信息、图文档信息、人员信息等。中国一拖数字化工厂智能管理系统包括：产品的质量、计划、完成数据雷达图；生产任务制定和生产进度数据图表；数控程序信息、数控机床参数和状态信息；刀具管理、车间实时监控、制造执行相关数据；机床效率数据。如此将 ERP/MES/MDC 等多个数据源汇总形成一个单一数据源进行统一管理，实现信息的集成、共享。

5. MES 实施

MES 功能涵盖计划管理、调度管理、生产管理、质量管理、Andon 管理、库存管理、基础数据管理、SPC 分析等功能模块。系统包含界面 100 多个、表结构 80 多个、存储过程 90 多个。MES 作为智能工厂中间执行层的核心，通过开放的信息系统接口与企业 ERP 系统、PLM 系统、EAM 系统、刀具管理系统、MDC/DNC 系统、其他车间 MES 等系统连接，通过统一的设备接口和底层控制系统连接，实现制造过程横向到边、纵向到底的集成。MES 覆盖示意图如图 2-13 所示。

2.3.2.3 经营管理

1. 精益供应链管理系统应用

建立供应商关系管理（SRM）平台，并与 ERP 系统紧密集成，实现与供应商业务协同，打造中国一拖与供应商高效、透明的合作机制。通过 SRM 平台控制优化双方之间的信息流、物流和资金流，降低采购成本和服务成本，增加客户的价值以及提高公司的利润率，面向供应链前端，改善与上游供应商关系，建立起共赢的战略合作伙伴关系。

深化采购管控系统应用，加强供应商管控能力。实现采购、营销系统与物流信息系统集成，提升全程透明可视化管理能力，增强面向供应链协同需求的物流响应能力，支撑物流和供应链服务。加强采购监督管理，供应商业绩台账每天定时上报，方便采购监管部门随时掌控供应商供货信息。采购合规监管示意图如图 2-14 所示。

⊖ MDC（Manufacturing Data Collection & Status Management）是一套用来实时采集并报表化和图表化车间的详细制造数据和过程的软硬件解决方案。

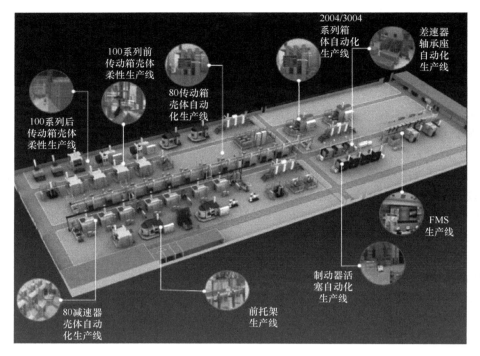

图 2-13 MES 覆盖示意图

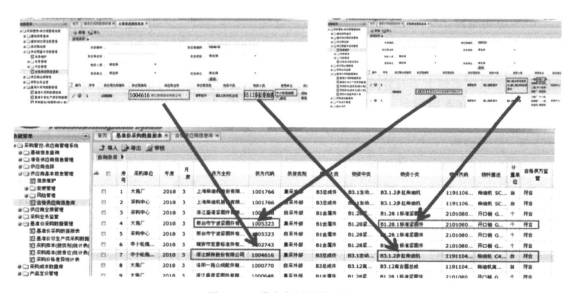

图 2-14 采购合规监管示意图

2. 通过 ERP 的深化应用对企业业务进行全方位管控

中国一拖 ERP 系统覆盖主营业务价值链，从零件到总装，从采购、库存、生产到销售、成本核算等环节，夯实基础管理、优化业务流程，为构建卓越运营体系发挥"赋能器"的作用。

3. 创新电子商务，打造农业生态圈

建立农业装备行业示范性电子商务平台，并努力向产品后市场和全供应链服务发展。深入研究主机销售后市场，建立智能农机物联网平台，搭建"东方红"二手车交易平台，建设"东方红"示范基地，以全程农业机械服务为核心，延展农艺咨询、种子推荐和农资销售。聚焦于农机产品打造平台优势，集合产业链上下游的多方用户，推动上下游深化合作，形成电子商务综合生态圈。打造农机行业生态圈，积极发展服务型制造。其中，备配件电子商务系统应用示意图如图 2-15 所示。

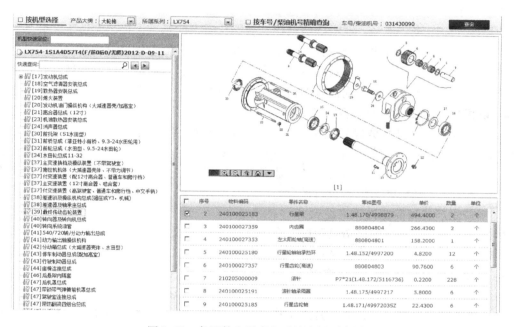

图 2-15　备配件电子商务系统应用示意图

2.3.2.4　系统集成

1. 工厂工业通信网络搭建

计算机网络采用通用的 TCP/IP 和星形标准网络结构，实现互联网、局域网、私有云和混合云的应用。

工厂网络以千兆为主干，千兆到桌面，结合企业级无线网络技术、虚拟专用网（VPN）技术，通过网络软件平台（准入系统、网络监控系统）远程控制调整每个网络设备，实现数字化工厂跨厂房、跨地域的网络全覆盖及稳定运行。

2. 系统的高效协同集成管控

利用异构协同联网，实现异构设备的合成通信、生产过程数据采集与统计分析；集成MES、PLM、ERP 等信息技术进行智能工厂制造过程的控制与管理，实现七大系列、800 多种机型拖拉机的精益生产。

2.3.2.5　信息安全

智能工厂智能化系统具有良好的安全性，能够有效防止遭受其他非法方的侵入与破坏，同时具有系统的数据快速恢复功能；系统能提供可靠的安全管理机制，可灵活配置权限，可防止系统外部成员的非法侵入以及内部操作人员的越级操作；具备完善的网络安全规划，综合考虑工业网络安全、工业网与办公网的隔离、企业网络安全等要求；对于数据库的访问具有安全规划，保障数据的安全性。

2.4 总结

1. 统一规划，分步实施

新建技术改造项目是智能制造实施的最佳时机，便于统筹规划、高起点实施，以点带面、逐步开展，充分发挥新建项目的示范带动作用。

项目设计阶段统一规划，在明确信息化、智能化需求的基础上提出制造工艺装备技术要求和接口要求，明确信息化投资概算，改变过去技术改造与信息化建设相对分离的情况，使其在整体系统中，各司其职，有效、协调地完成各自任务，从而使工厂的整体运行达到智能制造的水平。近三年，中国一拖投入的信息化升级及改造费用约 1.5 亿元。

2. 以信息化为主线，统筹各系统的衔接

对于智能工厂，MES 是智能化制造系统的神经中枢，按照信息化建设规划，并对各子系统进行功能需求梳理，统一制定并明确 MES、ERP、PLM、CRM 等系统之间的接口要求，从研发、营销到计划与生产、售后服务等业务形成顺畅的信息流。同时，大幅降低接口开发的时间和费用，提高整体系统的执行效率。

3. 精益生产与智能制造深度结合

精益生产是方向，智能制造是手段。在智能工厂规划设计中充分体现精益生产的思想，并利用智能制造的技术手段推进精益生产方式的实施。

4. 强化过程管理，保证实施进度

为确保项目按期完成，项目按照"统筹推进、适度从紧"的原则倒排项目时间表，形成了项目整体网络进度节点计划、月度工作计划及周工作计划，各项目单位严格按照计划系统稳妥开展各项工作；为了进一步跟踪落实项目建设情况建立季度推进协调会制度，协调项目中存在的问题，每个季度召集由项目各单位主要负责人参加的汇报协调会。

第3例

许继集团有限公司 工业互联网带动电力装备制造转型升级

3.1 简介

3.1.1 企业简介

许继集团有限公司（以下简称许继集团）是国家电网公司直属产业单位，是专注于电力、自动化和智能制造的高科技现代产业集团，拥有国家级企业技术中心、国家高压直流输变电设备工程技术研究中心、世界上最先进的特高压绝缘试验中心、国家能源主动配电网技术研发中心，以及国家电工仪器仪表质量监督检验中心等科研平台，是 IEC/TC85 技术委员会秘书处和全国电工仪器仪表标准化技术委员会秘书处承担单位。

许继集团作为国内装备制造业的领先企业，积极履行大型国有企业的社会责任，致力于为国民经济和社会发展提供高端能源和电力技术装备，为清洁能源生产、传输、配送以及高效使用提供全面的技术和服务支撑。许继集团聚焦特高压、智能电网、新能源、电动汽车、轨道交通及工业智能化五大核心业务，拓展节能环保、智慧城市、智能制造、先进储能、军工全电化五类新兴业务，产品可广泛应用于电力系统各环节。

3.1.2 案例特点

电力行业是关系国计民生的支柱产业，能源电力装备是实现电力安全稳定供给和国民经济持续健康发展的基础。建设能源电力装备工业互联网是提高电力装备生产效率、降低生产成本、提高产品质量的有效工具，是支撑产业向"制造 + 平台 + 服务"转型升级的关键抓手，是抢占工业大数据入口主导权、提升用户黏性、构建基于平台的电力装备产业生态体系的必要手段。

许继集团所属的电力装备行业面临人工成本、生产成本、物流成本、财务成本等持续提升，竞争压力持续增大等问题，通过部署电力装备工业互联网平台，能够解决智能化生产、经营模式创新、资源优化配置等突出问题，带动电力装备产业"走出去"，实现企业高质量发展。帮助企业实现智能化生产和管理，利于企业实现生产方式和商业模式创新及高质量发展。

3.2 项目实施情况

3.2.1 项目总体规划

3.2.1.1 项目总体技术架构

　　许继集团能源电力装备工业互联网平台充分借鉴国内外典型工业互联网平台设计理念及实现方式，基于新一代信息通信技术（工业互联网、工业大数据、云计算、物联网等）与先进制造技术深度融合，以实现"制造＋平台＋服务"转型升级为目的，聚焦车间管理与生产过程优化、企业资源配置与协同优化、集团运营与决策优化等业务场景，突破多驱动多协议数据采集技术、工业大数据存储及处理技术、工业数据建模和分析技术、应用开发和微服务技术、工业互联网平台安全技术等关键技术瓶颈，以智能电表、智能充电桩、保护屏柜、预制舱变电站等产品智能化生产为数据基础和验证环境，构建覆盖智能电表、充电桩、保护屏柜、预制舱变电站、环网柜、开关柜、变压器、智能组合电器等能源电力装备生产的现代能源电力装备产业生态体系，为装备制造方、用户方、合作方、监管方提供有价值的工业微应用服务。通过该平台实现能源电力装备生产硬件资源、软件资源、业务资源、服务资源等相关生产资源的合理配置，推动河南省能源电力装备制造产业升级，带动河南省及国家能源电力装备产业发展。能源电力装备工业互联网平台总体架构如图 3-1 所示。

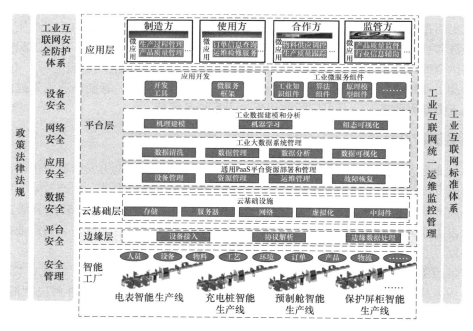

图 3-1　能源电力装备工业互联网平台总体架构

　　平台框架采用企业框架理轮和新型服务计算两种方法论，并集成当前互联网的主流框架。框架采用"五横五纵"，纵向包括智能工厂、边缘层、云基础层、平台层、应用层，横向涵盖平台主体、安全、标准、法规和运维，平台架构设计理念先进，功能结构清晰。

1）边缘层通过大范围、深层次的数据采集，以及异构数据的协议转换与边缘处理，构建工业互联网平台的数据基础。一是通过各类通信手段接入不同设备、系统和产品，采集海量数据；二是依托协议转换技术实现多源异构数据的归一化和边缘集成；三是利用边缘计算设备实现底层数据的汇聚处理，并实现数据向云端平台的集成。

2）云基础层 IaaS[⊖] 主要实现集中管理云中所有服务器、存储、网络、数据库等资源。通过模板配置和动态调整等功能为用户快速提供整合的、高可用的、可快速部署的 IT 基础设施服务。

3）平台层基于通用 PaaS[⊖]叠加大数据处理、工业数据分析、工业微服务等创新功能，构建可扩展的开放式云操作系统。工业大数据平台为各类应用提供数据接入、数据清洗、数据存储、数据整合、数据计算、数据分析、数据交换等服务，方便上层应用和服务快速利用大数据存储、计算等资源。一是提供工业数据管理能力，将数据科学与工业机理结合，帮助制造企业构建工业数据分析能力，实现数据价值挖掘；二是把技术、知识、经验等资源固化为可移植、可复用的工业微服务组件库，供开发者调用；三是构建应用开发环境，借助微服务组件和工业应用开发工具，帮助用户快速构建定制化的工业 App。

4）应用层形成满足不同行业、不同场景的工业 SaaS 和工业 App，形成工业互联网平台的最终价值。一是提供了设计、生产、管理、服务等一系列创新性业务应用。二是构建良好的工业 App 创新环境，使开发者基于平台数据及微服务功能实现应用创新。

平台安全管理面向云平台实现从态势感知到网络、主机、应用、数据多层纵深防护，在开发、运行和维护过程中采用一系列信息安全措施，确保整个平台安全。

3.2.1.2　项目技术路线

项目技术路线包括能源电力装备工业互联网平台关键技术研究，能源电力装备工业互联网平台开发，能源电力装备工业互联网平台应用，能源电力装备工业互联网平台运营管理四个主要部分。

1. 能源电力装备工业互联网平台关键技术研究

通过对数据集成和边缘处理、工业互联网数据建模、数据分析与处理、应用开发和微服务、平台安全防护等关键技术研究，为能源电力装备工业互联网平台建设提供技术支撑。细任务说明如下：①研究数据集成和边缘处理技术，实现边缘层的数据统一解决和处理；②研究工业互联网数据建模，通过综合应用虚拟现实与仿真等技术实现制造过程全要素建模；③研究应用开发和微服务技术，为开发者提供便捷、快速的开发服务；④研究平台安全防护技术，建立完整的安全防护体系，保障平台的运行安全可靠。

2. 能源电力装备工业互联网平台开发

能源电力装备工业互联网平台开发包括平台框架、平台设备及系统接入和应用功能等，主要任务分解包括以下四项：

1）平台框架研究及搭建。在平台关键技术研究的基础上，借鉴国内外工业互联网平台架构经验，研发适合许继集团电力装备业务的平台框架，搭建云基础设施、部署工业云

⊖　IaaS 为 Infrastructure as a Service，译为基础设施即服务。

⊖　PaaS 为 Platform as a Service，译为平台即服务。

平台。

2）平台设备及系统接入研究及开发。在搭建系统平台的基础上，研究接入智能电表、智能充电桩生产现场环境，连接设计、生产、物流等相关数据，集成 ERP、PLM、MES 等相关信息系统。

3）平台应用功能研究及开发，建立工业机理模型、工业微服务组建模型，开发基于关键业务场景的工业 App 应用，实现生产调度管理、质量全生命周期追溯等功能。

4）平台整合、测试及完善。根据平台在生产现场的验证结果，完善系统功能，优化系统性能。

3. 能源电力装备工业互联网平台应用

许继集团能源电力装备工业互联网平台通过接入智能电表、智能充电桩两个智能工厂及其供应商，验证平台使用效果，实现智能电表、充电桩数字化、网络化、智能化生产，主要任务如下：

1）智能电表和智能充电桩生产线设备及相关系统接入。主要接入生产线设备、测试设备及生产管理系统、设计系统。

2）智能电表和智能充电桩生产机理研究和模型构建。根据电力装备生产实际业务需求，不断完善和丰富生产机理模型。

3）智能电表和智能充电桩智能工厂功能实现。发挥电力装备工业互联网平台连接生产、用户、供应商等环节的价值，不断提升智能电表、充电桩智能工厂建设水平。

4. 能源电力装备工业互联网平台运营管理

研究能源电力装备工业互联网平台运营管理模式，保证能源电力装备工业互联网平台的运行维护及市场拓展。

3.2.2 建设内容

能源电力装备工业互联网平台主要建设内容包括：数据集成和处理、云基础设施搭建、工业互联网数据建模分析与处理、工业微服务组件模块、工业 App 开发、平台安全防护六个部分。

3.2.2.1 数据集成和处理

本项目数据集成范围主要包括许继集团的智能电表、智能充电桩、预制舱变电站、保护屏柜等车间生产线及自动化设备，如装配机器人、单相三相自动化生产线、智能化测试及质量监测系统、智能物流系统等。采集生产线上在制品、智能装备等工作和运行状态数据，实现对在制品、设备、物流系统等生产过程全要素的监视与控制，并对采集的数据进行分析处理。

3.2.2.2 云基础设施搭建

能源电力装备工业互联网平台，基于虚拟化、分布式存储、并行计算、负载调度等技术，实现网络、计算、存储等计算机资源的池化管理，根据需求进行弹性分配，并确保资源使用的安全与隔离，为用户提供完善的云基础设施服务。

基于云计算、大数据技术的能源电力装备工业互联网平台基础设施包括：云计算数据中心、网络（行业专网、物联网和互联网），以及连接使用单位、制造企业和能源电力装备的终端系统。云基础设施数据采集示意图如图 3-2 所示。

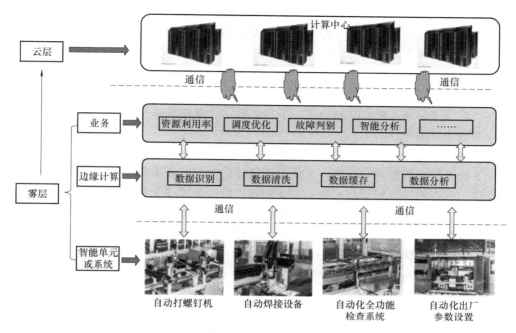

图 3-2　云基础设施数据采集示意图

3.2.2.3　工业互联网数据建模分析与处理

建模分析和处理是工业互联网平台具备工业实体虚拟映射和智能数据分析能力的关键，它利用统计分析、机器学习、机理建模等多种技术并结合专家经验知识，面向电力装备生产特定工业应用场景，对海量工业数据进行深度分析和挖掘，并提供可调用的特征工程、分析建模等工具框架，建立可复用、可固化的智能应用模型。

在智能车间中，产品数据、工艺数据、设备数据、系统运行数据等制造数据之间相互影响，因此需要在海量高维数据多尺度分类方法和动态制造数据时序分析方法的基础上，设计针对不同类型制造数据的时间序列尺度归一化算法，并研究关联关系的定义、分类及描述方法，构建数据关联关系描述模型。为对车间制造数据间可能的相互影响进行全面描述，基于车间制造系统在拓扑结构上与复杂网络的相似性，建立不同类型制造数据与复杂网络节点之间的映射关系，设计数据时序变化在复杂网络模型中的数学描述方法，以及产品、工艺、装备、系统等制造数据时序变化向复杂网络节点集聚、消散、衰亡、派生等行为的映射规则，获得基于复杂网络的制造数据关系网络模型。针对车间制造数据间关联关系的直观表述需求，在分析制造数据关系网络模型中节点间的边权分布、节点集聚程度等复杂网络特性的基础上，设计 Hadoop 架构下基于 FP-growth 的关联分析算法，分析网络节点之间的同步机制，以量化车间制造数据时间序列之间的关联关系，揭示制造数据之间的相关性规律。

3.2.2.4　工业微服务组件模块

平台采用微服务架构搭建平台，为应用开发提供更好的能力支持，在提供自身平台服务的同时，着力打造繁荣的第三方应用创新生态。基于微服务的开发方式，支持多种开发工具和编程语言，并通过将通用功能进行模块化封装和复用，加快应用部署速度，降低应用维护成本。平台微服务采用开放接口标准，保证开发者对平台功能的高效调用。平台将能源电力装备制造机理的算法和模型进行封装，并集成到微服务架构中，供开发者调用。微服务包含生命周期管理、弹性伸缩、配置中心、多层体系监控、日志服务、调用链管理、依赖分析、多维数据化、分布式事务管理等功能。

3.2.2.5 工业 App 开发

平台为企业提供端到端的解决方案和即插即用的 SaaS 应用，并为应用开发者提供开发组件，方便其快速构建工业互联网应用。平台能够为企业提供质量管理、辅助决策、排产管理、协同制造等应用服务。

3.2.2.6 平台安全防护

随着工业互联网的部署和应用，大量关系国计民生的产业承载于开放网络，工厂封闭环境逐渐打破，病毒等互联网安全威胁向工业领域扩散，整体安全形势更为严峻，工业互联网的安全防护走向功能安全与信息安全的融合。本项目的方案设计中，主要从安全技术、安全管理、安全运维三个方面构建集防护、检测、响应和恢复功能于一体的能源电力装备工业互联网平台的安全防护体系。

3.2.3 实施途径

项目建设总体分为四个阶段：

第一阶段进行业务需求调研和关键技术研究，主要分析能源电力装备工业互联网平台关键业务应用场景，突破数据集成和边缘处理、工业互联网数据建模、数据分析与处理、关键业务应用场景开发、平台安全防护等关键技术瓶颈。

第二阶段进行平台框架搭建及系统功能开发，主要包括：云基础设施搭建、工业 PaaS 平台部署、工业机理建模及工业应用开发等内容。

第三阶段进行平台示范应用，选取自动化水平较高、信息化系统建设完善的智能电表、智能充电桩两个车间进行平台应用示范。

第四阶段进行平台运营管理和应用推广。

下一步，许继集团将在不断完善能源电力装备工业互联网平台的基础上，重点引入人工智能、大数据分析等技术，围绕工业互联网平台产品，打通研发设计、生产、物流和运维各环节，实现企业、车间、机器、产品和用户之间全流程、全方位、实时互联互通和信息共享。在工业互联网平台发展相应用户资源的基础上，打通各个电力装备生产企业之间的信息通道，形成电力装备制造信息网，为企业间协同制造和用户信息资源共享提供平台。助力电力装备行业"双创"平台发展，为更多的企业和社会组织提供帮助。

3.3 实施效果

能源电力装备工业互联网平台面向能源电力装备制造企业数字化、网络化、智能化发展进程中的主要困难，通过提升设备与系统的数据集成能力、业务与资源的生产管控能力、产业链资源整合能力、应用和服务的开放创新能力，加速企业数字化与服务化转型升级。项目总体建设成果如下：

1）填补国内能源电力装备工业互联网平台建设的空白。综观国内外工业互联网发展趋势，各行业工业互联网平台的发展仍处于起步阶段，应用局限在家电、航空、工程机械等特定领域。由于能源电力装备行业发展的特性，智能制造业务整体水平落后于其他行业，能源电力装备工业互联网平台的建设处于"空白"，因此，许继集团能源电力装备工业互联网平台建设，可加快许继集团能源电力装备产业升级，推动企业由能源电力装备制造业向"制造＋平台＋服务"现代产业转型，示范意义显著。

2）提高企业生产效率和产品质量，降低运营成本。许继集团工业互联网平台通过提升设备与系统的数据集成能力、业务与资源的智能管理能力、知识和经验的积累和传承能力、应用和服务的开放创新能力，帮助能源电力装备行业其他企业实现数字化、网络化、智能化升级，能够解决制造企业经营管理中的各种困难；通过对生产现场"人机料法环"各类数据的全面采集和深度分析，能够发现导致生产瓶颈与产品缺陷的深层次原因，不断提高生产效率及产品质量，降低企业运营成本，并具有极大的推广价值。

3）推动智能制造在电力装备行业的深入实施。通过试点应用进而推广能源电力装备工业互联网平台，可以高效地实现智能制造的纵向集成，消除智能工厂中的信息"孤岛"，助力推动智能制造在电工装备行业的实施与应用，提升电工装备行业生产过程可视化水平，有利于缩短电力装备行业企业研制周期，有利于电力装备行业优化资源配置，助力企业作业标准化，并形成解决电力装备行业问题的全新模式，同时引领电力装备行业低碳、节能、高效发展，社会效益明显。

3.3.1　项目标志性建设成果

许继集团能源电力装备工业互联网平台主要用于车间管理与生产过程优化企业资源配置与协同优化、集团运营管理与决策优化、电力装备产品全生命周期质量管控与服务优化。

3.3.1.1　车间管理与生产过程优化

通过制造工厂的数据采集解决方案，可以有效采集和汇聚设备运行数据、工艺参数、质量检测数据、物料配送数据和进度管理数据等生产现场数据，通过数据分析和反馈，在制造工艺、生产流程、质量管理、设备维护和能耗管理等具体场景中实现优化应用。当前，许继集团通过加快智能仪表、智能充电桩等产品生产过程优化，破解原材料涨价、人工成本高、管理成本高、生产效率低、大规模制造产品质量难以保证等企业难题，量化工业节拍，提高周转效率。

车间管理与生产过程优化在实际生产过程中，还体现在叫料管理、物料配送管理、计量设备精度监督等业务场景。叫料功能是采用精益化物料管理手段，实现物料耗用的透明化，当生产需要物料的时候，仓库就会及时提供物料，并只提供所需要数量。目前的拉动看板已经由电子看板替代了传统的卡片式看板，更加高效、直观、方便。物料配送管理是物料配送管理计划人员根据生产任务产生的生产配料单进行齐套检查，可了解下发时的缺料状况。计划人员根据实际情况对生产计划进行下发，根据同产品、同工位的配料单判定是否可以合并配料，从而提高配料效率。

平台通过整合行业的检测检验数据，给政府提供一个全面、实时的计量精度展示窗口，便于政府全面掌控计量设备的公正性、客观性及合法性，方便政府应对公众对计量精度的质疑，有效应对社会舆情。

3.3.1.2　企业资源配置与协同优化

本项目实现制造企业与外部用户需求、创新资源、生产能力的全面对接，推动设计、制造、供应和服务环节的并行组织和协同优化。打破许继集团产业单位之间和产业链上下游的信息壁垒,贯通产业单位之间横向信息流和决策流实时互动,实现集团内外资源优化整合,提高计划、质量等专业管理水平。产业单位质量管理界面示意图如图 3-3 所示。

图 3-3　产业单位质量管理界面示意图

3.3.1.3　集团运营管理与决策优化

借助工业互联网平台可打通生产现场数据、企业管理数据和供应链数据,提升决策效率,实现更加精准与透明的企业管理,实现集团和产业单位日常生产管理信息全透明,统筹人力资源、设备资源等生产要素分配优化,提高决策精准度和决策高效性。产业单位运营周期管理界面示意图如图 3-4 所示。

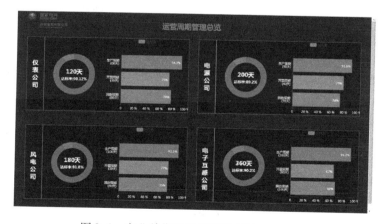

图 3-4　产业单位运营周期管理界面示意图

3.3.1.4　电力装备产品全生命周期质量管控与服务优化

电力装备产品全生命周期质量管理是对产品研发设计、生产、服务等过程的质量进行统一管理,对质量管理规范进行控制,记录生产过程中的质量要素,包括:问题反馈单管理、质量控制小组(QC)基础资料维护、抽检管理和质量追溯等功能;也对设备运行状态进行实时监控,进行预测性维护。

3.3.2　项目改善的关键指标项

本项目实施后,平台接入智能电表、充电桩两个智能工厂,实现产品一次合格率达到

99.98%，生产效率提高 20% 以上，运营成本降低 20% 以上，产品交付周期缩短 20% 以上，产品不良率降低 20% 以上。

其中智能电表人均日产能由 70 只提升至 260 只，订单交付周期由 50 天缩短至 15 天；在各加工设备上存储加工方案，实现各生产线产品型号高效切换，实现了数据统计功能，能够对上线的电能表的所有数据进行记录和追溯。

3.3.3 项目社会经济效益

构建以能源电力装备工业互联网平台为核心的生态体系，平台可为制造企业、用户方、合作方、监管方提供大数据分析服务、产品增值服务、行业分析服务等系列有价值的服务。预计到 2020 年，直接或间接带动产业收入 5 亿元，并培育形成国内领先的能源电力装备智能制造和工业互联网整体解决方案能力；2025 年，直接或间接带动产业收入 20 亿元，能源电力装备工业互联网产业实现国内领先。

能源电力装备工业互联网平台项目的实施，既能创造新的企业盈利模式及发展方向，又整体有助于提高我国能源电力装备智能制造水平，促使企业从大规模生产向个性化定制转型，从生产型制造向服务型制造转型，从要素驱动向创新驱动转型，提升能源电力装备行业的经济效益和社会效益。

3.4 总结

许继集团能源电力装备工业互联网平台通过提升设备与系统的数据集成能力、业务与资源的智能管理能力、知识和经验的积累和传承能力、应用和服务的开放创新能力，可帮助电力装备行业其他企业实现数字化、网络化、智能化升级，能够解决制造企业经营管理中各种困难，通过对生产现场"人机料法环"各类数据的全面采集和深度分析，能够发现导致生产瓶颈与产品缺陷的深层次原因，不断提高生产效率及产品质量，降低企业运营成本，具有极大的推广价值。

工业互联网平台建设应聚焦行业优势，企业应重点围绕行业业务特点，形成差异化的平台发展路径。一是具备较强行业积累的平台企业，通过将自身知识、经验与数据固化，形成可广泛复制的应用服务模式，通过在本领域精耕细作实现平台的规模化发展；二是具备特定技术优势的平台企业，应加强与制造企业合作，将其核心技术与行业特性深度结合，通过平台技术授权、二次集成、资源服务等方式实现平台的广泛部署。优秀平台可依托其核心优势实现跨行业跨领域发展，提升产业链上下游引领带动作用，形成商业模式和发展路径创新。

综观国内外工业互联网发展趋势，各行业工业互联网平台的发展仍处于起步阶段，应用局限在家电、航空、工程机械等特定领域。由于电力装备行业发展的特性，智能制造业务整体水平落后于其他行业，电力装备工业互联网平台的建设处于"空白"，因此，许继集团电力装备工业互联网平台建设，可加快电力装备制造产业升级，推动企业由能源电力装备制造业向"制造 + 平台 + 服务"现代产业转型，示范意义显著。

智能终端及信息技术篇

第 4 例

汉威科技集团股份有限公司 气体探测器智能工厂建设

4.1 简介

4.1.1 企业简介

汉威科技集团股份有限公司（以下简称汉威公司）位于郑州国家高新技术产业开发区，是国内首批、河南省首家创业板上市公司，河南省首个销售收入突破 10 亿元的民营物联网企业。汉威公司以传感器为核心，将感知、采集、软件平台、空间信息、信息安全等技术深度融合，自主研发的气体、压力、流量、热释电、振动传感器等产品技术达到国内领先水平，多项产品打破了国际垄断，为我国环保事业、安全生产事业做出了贡献。

汉威公司是国内传感器行业的龙头企业，2017 年产销各类传感器 2800 万个，其中，气体传感器国内市场占有率达 75%，气体检测仪表国内市场占有率达 15%，均居国内第一位，综合实力进入全球气体传感器领域前三。

4.1.2 案例特点

产品应用场景复杂、客户要求多样是传感器行业的典型特征，这样的特征又带来多品种小批量的生产模式，导致生产运营管理复杂、效率低、成本高、质量不稳定。汉威公司以"行为改变思想，思想改变习惯，习惯改变文化"为指导思想，坚持"先医后药、先软后硬"的基本原则，借鉴全球先进工厂的运营经验，运用精益管理理念，构建了具有汉威公司特色的小批量柔性生产的精益数字化管理体系。

目前汉威公司已经转变为集团化管控运作的公司，管理者迫切需要了解各业务单元的经营状况，决策者需要准确无误的数据信息为依据，各业务需要高效协同，市场要求快速响应客户需求，生产管理者要求掌握精确的物资状况及生产过程信息，严格的质量管理需要追踪到材料批次来源甚至单个材料或产品，财务需要及时掌控资金流动去向，汉威公司的知识需要积淀分享等，建设覆盖全业务流程的智能制造信息化系统势在必行。根据公司管控和运营的需求，要建设以 ERP 为核心、向供应链两端扩展到 CRM 和 SRM 的一体化的供应链系统，同时建设人力资源（HR）、办公自动化（OA）、PLM、MES、企业门户（EP）、商务智能（BI）等全方位的一体化信息化体系，对企业进行全面的数字化、信息化管理。

4.2 项目实施情况

4.2.1 项目总体规划

汉威公司作为一家面向国际化的企业,根据企业未来发展需要打造智能制造项目,作为公司建立适合自身管理体系的基石。智能制造项目总体规划如图 4-1 所示。

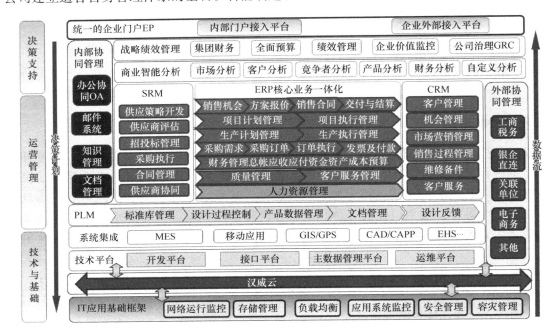

图 4-1 智能制造项目总体规划

智能制造项目完全遵循精益生产的核心理念:确切地满足客户需求。包含以下五个维度:价值由客户定义;识别价值流,消除不增值行为;通过真实的客户需求拉动生产和信息;全员参与变革并管理他们的绩效;持续改进。

智能制造系统硬件架构如图 4-2 所示。最底层为现场设备层,完成采集设备和生产线设备的物理连接,对数据进行分单元采集,再进行数据聚合。中间层为事业部运营层,完成现场设备层的采集信息收集并进行运营,让数据能产生出更大的意义。该层包含运营级别的服务器、数据库搭建,营运系统、分析系统的设立和运行。最上层为企业核心层:实现数据的再次利用分析,并搭建企业计划、管理系统。

智能制造系统软件架构是一个典型的多层架构,如图 4-3 所示。通过平台解决了系统中多系统的链接问题,解决了系统之间的数据共享、数据标准问题。系统采用面向服务的架构(SOA)模式,让每个子系统变得更有利于扩展,并在功能拓展上起到了积极的支撑作用。系统以微软开发技术为主要依托,主要基于 Windows 系统开发和搭建,数据库为 MS SQL Server 数据库。采用 B/S 为主要架构,最大限度地给客户提供了优良的体验。

通过智能制造系统的实施和应用,掌控关键设备状态,管理现场各维度直接绩效,提高

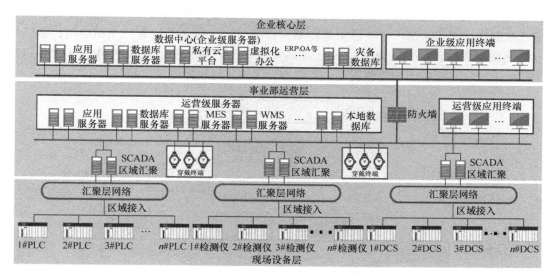

图 4-2　智能制造系统硬件架构

图 4-3　智能制造系统软件架构

精益化的管理氛围，以及全程批次的可追溯性、可跟踪性、流程可控制性；建立完整的生产数据档案，形成全面的正反向追溯体系，界定责任、减少召回损失。基层管理者及员工能够及时有效地获取运营团队的各种支持；对支持部门的支持效率系统跟踪考核；通过即时管理（Short Interval Management，SIM）平台循环管理现场绩效，并根据精益调研建议开展各绩效管理，实现透明化精益生产、生产过程可追溯、及时预警。

4.2.2　建设内容

4.2.2.1　智能制造项目的管理措施及运行机制

智能制造项目的组织与管理实行项目负责人制，项目的信息化、生产、技术部门负责人作为领导小组成员，接受项目负责人指挥，并领导项目参与人员进行项目的具体实施，项目实施组织架构如图4-4所示。项目实施步骤为：第一步，成立项目管理领导小组；第二步，成立智能制造项目作战室；第三步，建立 SVN 服务器；第四步，对资料科学管理并归档；第五步，制定项目绩效考核管理制度；第六步，建立过程风险管控机制。

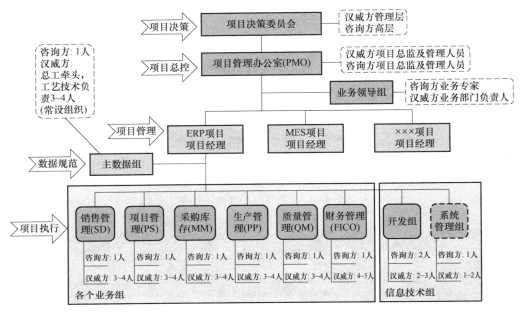

图4-4　项目实施组织架构

4.2.2.2　生产设备设施实施内容

根据产品的生产工艺流程（见表4-1），对重要环节的关键设备进行数字化改造或重建，使其具备数据采集和远程控制的能力。

表4-1　生产设备信息输出需求

节点	节点工序	主要使用设备	用途说明	输出信息
1	半成品加工	锡膏印刷机	在印制电路板（PCB）焊盘上印刷锡膏	设备运行数据 印刷产品量信息
		锡膏厚度检测仪	主要检测 PCB 印刷锡膏的厚度	检测数据输出
		在线激光修阻系统	厚膜电阻修调	修调位移量
		贴片机	对 PCB 上贴片元件的贴装	设备运行数据 贴装量输出
		回流焊	对贴装好的 PCB 进行加热焊接	设备运行数据 焊接数量输出
		在线自动光学检测（AOI）	PCB 焊接后检查焊接点的质量	设备运行数据 焊接数量输出

（续）

节点	节点工序	主要使用设备	用途说明	输出信息
2	半成品检验	PCB 装配（PCBA）检测系统	对焊接好的 PCB 进行功能测试	检测数据输出
3	整机装配	自动化装配生产线	对各装配工序进行装配	装配产量输出 设备运行数据
4	整机标定	自动化标定检验生产线	对智能传感器进行标定和检验	产品标定数据 设备运行数据
5	产品包装	自动化包装生产线	自动对合格的产品进行包装	产品包装数据

4.2.2.3　信息化系统实施内容

通过 MES，将 ERP、PLM 等信息平台中的数据与数字化设备中的数据通过高速网络进行交互，实现信息的互联互通。

1. MES

MES 主要包括数据采集方案、工厂建模、物流管理、生产管理、质量管理、追溯管理、查询分析与管理报表、统计过程控制、异常预警管理、绩效分析以及与其他应用系统的集成。

2. ERP

ERP 是一个开放系统的、集成的企业资源计划系统。其功能覆盖企业的财务、后勤（工程设计、采购、库存、生产销售和质量等）和人力资源管理、业务工作流系统以及因特网应用链接功能等各个方面。

3. PLM

PLM 是一种应用于在单一地点的企业内部、分散在多个地点的企业内部，以及在产品研发领域具有协作关系的企业之间的，支持产品全生命周期信息的创建、管理、分发和应用的一系列应用解决方案，它能够集成与产品相关的人力资源、流程、应用系统和信息。

4. WMS

WMS 是通过入库业务、出库业务、仓库调拨、库存调拨等功能，综合批次管理、物料对应、库存盘点、质检管理、虚仓管理和即时库存管理等功能的管理系统，可有效控制并跟踪仓库业务的物流和成本管理全过程，实现完善的企业仓储信息管理。

5. SCM

SCM 是指在满足一定客户服务水平的条件下，为了使整个供应链系统成本达到最小而把供应商、制造商、仓库、配送中心和渠道商等有效地组织在一起进行产品制造、转运、分销及销售的管理方法。

6. BI 决策系统

BI 决策系统包含了一系列用于收集、管理、分析数据的概念和方法，是通过先进的技术体系和信息工具，帮助企业管理者及时做出正确决策的分析支持系统。

4.2.3 实施途径、规划及内容

4.2.3.1 实施途径及规划

汉威公司智能制造项目始终坚持总体规划、分步实施，先诊断再执行，试点先行、逐步推广，先软件再硬件的指导思想。项目实施途径如图 4-5 所示。

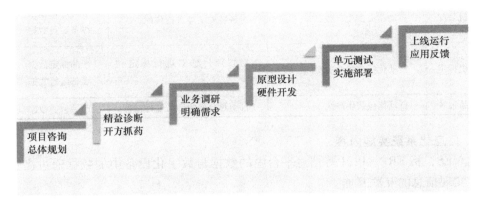

图 4-5 项目实施途径

智能制造项目实施规划如图 4-6 所示。

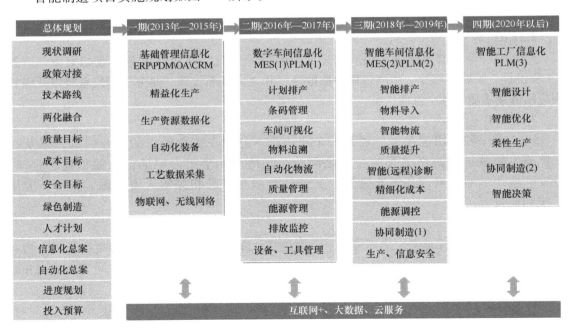

图 4-6 智能制造项目实施规划

4.2.3.2 生产设备、设施实施内容

智能传感器生产流程如图 4-7 所示，根据产品的生产工艺流程，对重要环节的关键设备进行数字化改造或重建，使其具备数据采集和远程控制的能力。

下面介绍一下关键设备功能及参数。

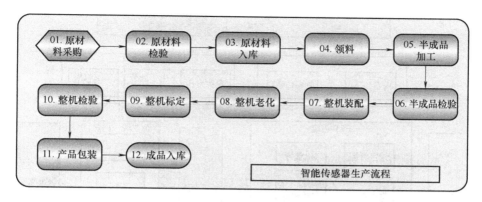

图 4-7　智能传感器生产流程图

1. 气敏元件在线激光修阻及分选系统

气敏元件中的厚膜电阻是决定元件气敏性能好坏的重要工作条件之一，在线厚膜激光调阻机利用激光切割原理将批量印刷的厚膜电阻调至目标值，控制批量印刷电阻的一致性，精度范围可控制在 ±1% 范围内，从而提高气敏元件性能一致性。气敏元件智能检测分选系统由自动注气、自动检测、自动分拣三大功能模块组成，可以实现智能测试、数据采集、智能判断、智能分选归类、自动拔取平面传感器的整套生产测试工作。整套设备高效、智能，代替原有的人工单机操作。

2. 自动粘丝系统

利用智能机械手、PLC 程序智能控制设备自动运行，代替手工柔性操作，实现自动粘丝、转送等，过程中视频实时监控制作情况。

3. PCBA 智能检测系统

PCBA 智能检测系统对焊接好的智能传感器半成品电路板进行自动功能测试，实现自动上下料，并对检测数据进行统计分析，将不合格的产品传输给分拣机器，由机器人根据不合格的故障原因抓取到相对应的存放区。

4. 自动化装配生产线

自动化装配生产线主要用于智能传感器的自动上下料，采用机器人自动装配，并对装配好的智能传感器进行功能检测，利用分拣机器人将不合格品抓取到不合格品分拣线上，根据不同的输出信号，不合格品分别被送到相对应的位置。

5. 自动化标定检测系统

自动化标定检测系统主要功能包含自动上下料、自动配气系统、自动标定系统、自动分拣系统等。采用工装板作为运行承载介质，工装板通过上下两层倍速链输送线及头尾升降机实现循环。自动配气系统对被检测智能传感器进行标定、检验等。标定、检验的同时通过软件采集被检测智能传感的相关参数数据，判断智能传感器是否满足技术要求，将不合格的产品信息传输给分选机器人进行分类处理，合格的产品流入下道工序。

6. 信息化系统

通过 MES，将 ERP、PLM、CRM 等信息平台中的数据与数字化设备中的数据通过高速网络进行交互，实现信息的互联互通，如图 4-8 所示。

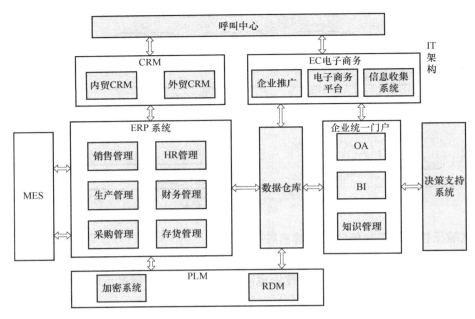

图 4-8　信息化系统实施架构图

7. MES

MES 的实施结合企业的现状，进行设计和部署。MES 主要包括数据采集方案、工厂建模、物流管理、生产管理、质量管理、追溯管理、查询分析与管理报表、统计过程控制、异常预警管理、绩效分析以及与其他应用系统的集成，如图 4-9 所示。

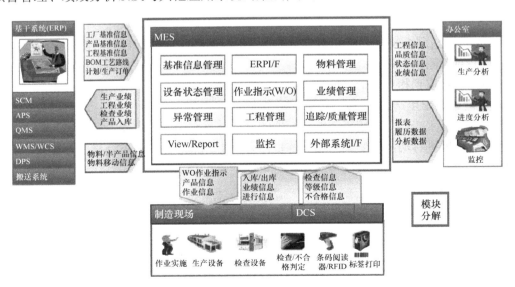

图 4-9　MES 实施架构图

MES 主要包含以下模块：

1）数据采集模块。系统提供多种方式的数据采集支持，包括：基于计算机＋扫描枪的数据采集，主要用于包装、抽检、维修、出货等需要较多交互的数据采集；基于 DCT（数据采集终端）+扫描枪的数据采集，主要用于上料采集、合格/不合格采集等与测试设备整合的数据采集，用于与现有的测试设备连接以自动获得测试数据。

2）工厂建模管理。工厂建模功能包含了产品、机种、产品工艺流程、产品生产 BOM、生产布局以及班别设定几个部分，通过对这些基础信息的录入，能够在系统中模拟不同产品在真实生产环境下的工艺途程以及在各个工序站别的作业方式，如组装上料或测试等。

3）生产管理。生产管理功能涵盖工单开立、备料、装配、生产、测试、包装、完工入库直至出货的全过程。构造了完整的生产信息数据库，记录产品生产过程中的上料信息、生产信息，实现实时生产效率、产品合格率的监控，以及历史趋势分析，并满足产品信息全过程追溯的要求。

4）物流管理。物料的追溯不仅要管控到物料的料号，还要管控到相应的供应商信息、批号信息，如果是有单件条码的，还需要管控到单件的条码序列号。物流管理需要为后续的物料追溯提供原物料的条码，以便在后续的生产过程中，在上料站采集相应的用于追溯的物料信息。为了使 ERP 有及时的库存信息以便于检查工单的物料齐套性，减少与 ERP 间的系统接口，库存及批次的管理都在现有的 ERP 实现，在 MES 中只是实现补贴条码、来料质量控制（IQC）检验和备料作业管理。两个系统的关系如图 4-10 所示。

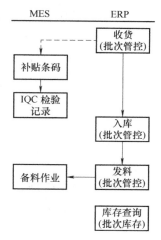

图 4-10　MES 和 ERP 的关系

5）质量管理。质量管理由 IQC、IPQC、OQC 三个部分组成。质量管理采取抽检的方式对以批为单位的对象的质量进行判断，记录各阶段的抽检信息，以满足产品及原料信息全制程追溯的需要。

6）追溯管理。产品全制程追溯原理如图 4-11 所示。追溯有反向追溯和正向追溯两个方面：①反向追溯，即通过客户返回不合格品的序号，从后往前查询该出货单上产品所使用的物料信息、加工设备、操作人员、工序等信息；②正向追溯，即从某原材料信息（物料编号、批号等）查询有哪些工单的哪些产品使用了该物料，这些产品经过哪些加工设备、操作人员、工序，最终出货到何处等信息。例如可以通过物料查询功能查看到某一批次的物料被使用在了哪些产品上，系统能够在查询结果中列出所有使用此料品的产品唯一标识号。

7）查询分析与管理报表。提供基于 Web 的查询工具，进行生产效率、产品合格率以及产品生产信息的查询、分析和监控。通过报表，可进行详细的单个产品在制过程信息查询，例如可通过出货单从后往前查询该出货单上产品所使用的物料、加工设备、操作人员、工序等信息；也可以任意查询某台设备在某段时间生产了哪些产品、产品质量如何等信息，查询某生产员工某天使用哪台设备生产了哪些产品、质量如何等。

8）SPC。SPC 系统提供了统计制程控制与分析功能，强调了实时的制程监控和异常分析，对产品质量特性进行监控，具有实时性、自动化的特点。系统提供了控制图、柏拉图、直方图等统计学工具，可以实时自动地进行参数计算和图表绘制，并对异常状况加以标示；同时提供对异常状况处理流程进行管控的功能，辅助管理者进行产品质量监控和制程改善。SPC 系统提供多种实时的控制用管制图，能够帮助用户在较短的时间内发现制程的异常变异，以供用户迅速采取改善行动。

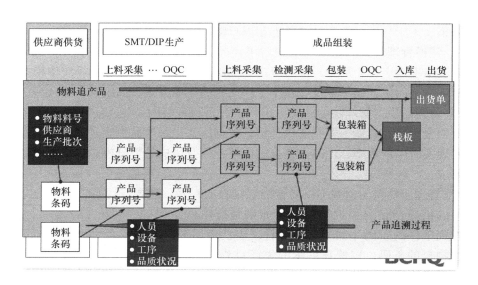

图 4-11　产品全制程追溯原理

9）绩效管理。建立相应的产出、品质、库存、客诉的指标，并在此基础上进行统一的绩效管理，包括产出绩效、品质绩效、计划完成率绩效、人员绩效、机器效率等。

10）异常预警管理。异常预警管理主要是针对生产过程中发生的异常事件，例如某工序不合格率超标、来料不合格率超标、机器设备故障、模治具故障、非正常换线、停线待料、产品设计不合格、系统故障、人员不足等一些异常状况发生时，系统会自动根据设定的预警规则发出异常预警通告。用户也可以手动建立异常通知单，经过系统设定的签核流程后送达责任部门，由责任部门回复对策，并对执行的结果加以确认。

11）ERP。ERP 是一个开放系统的、集成的企业资源计划系统。其功能覆盖企业的财务、后勤（工程设计、采购、库存、生产销售和质量等）和人力资源管理、业务工作流系统以及因特网应用链接功能等各个方面。ERP 应用软件模组化结构。它们既可以单独使用，也可以和其他解决方案相结合。从流程导向的角度而言，各应用软件间的整合程度越高，它们带来的好处就越多。

8. PLM

PLM 主要包含三部分，即 CAX 软件（产品创新的工具类软件）、CPDM 软件（产品创新的管理类软件，包括 PDM 和在网上共享产品模型信息的协同软件等），在 ERP、SCM、CRM 以及 PLM 这四个系统中，使用 PLM 软件来真正管理一个产品的全生命周期，与 SCM、CRM 特别是 ERP 进行集成。

产品的交付和维护需要市场、计划、研发、工艺、采购、生产、质量和售后等各个部门的通力合作。PLM 系统作为产品研发阶段的支撑平台，不仅能够接受上游的计划、合同信息指导研发。其中的设计图纸、产品 BOM、技术资料等将为后续的采购、生产、测试、维护提供基础数据。通过 PLM 与相关业务系统的集成接口，能够实现产品信息流的快速和准确的传递，从而提高企业的整体运作效率。

9. 粘丝制电极工艺升级——自动粘丝系统

粘丝制电极工艺是平面生产工艺的瓶颈，目前产能发展受该工艺制约非常明显，工艺操作依赖人工、人员流失率大、操作难是主要因素。手工粘丝制电极工艺存在的主要问题有以下几方面：生产效率低，现有生产满足不了供货需求；人工操作，一致性差异较大，导致产品批次合格率低；基片尺寸小，操作难度大，生产员工流动性大。由于所需设备属于非标定制类，在国内尚属空白，在项目运作过程中，综合了国内外多个研究厂所，发现了很多问题，引线细且熔点高、基片尺寸小、基片打孔成本高、浆料过孔印刷难度大、气敏料无法印刷等因素使得粘丝制电极很难一步实现自动化一体绑定。经过多次实地考察自动化设备、学习自动化设计的理念，并与研究厂所一起试验验证，最终确认了符合产品生产工艺特性的粘丝系统实施方案。

10. 气敏元件智能检测分选系统

目前传感器性能检测主要依靠人工插拔检测，存在效率低、传感器分类范围宽的问题。考虑到大量测试分析的需求，建立一种全新的智能检测分选系统，并形成配套的工作流程。

11. 传感器智能标定检测系统

标定是传感器生产工艺过程的关键环节，对传感器的精确度、准确度存在本质影响，因此，标定环节的数字化、智能化是传感器实现智能制造的核心节点。汉威公司智能制造新模式下，安全可控智能制造设备主要包含在线激光修阻机、平面传感器智能检测分选系统、半成品检测系统、自动化装配生产线、自动化标定生产线。

4.3　实施效果

4.3.1　CRM 项目实施效果

CRM 系统通过自动化分析销售/签约订单情况，形成销售漏斗、销售模块业绩目标、销售模块签约表等，实时跟进订单生产状况及交货明细。CRM 系统销售模块订单生产示意图如图 4-12 所示。

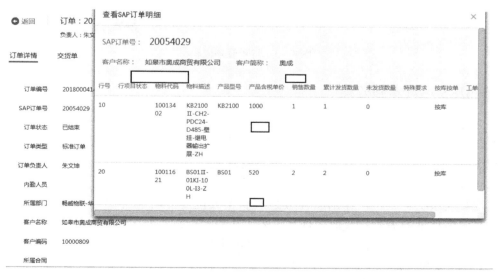

图 4-12　CRM 系统销售模块订单生产示意图

4.3.2 ERP 项目实施效果

订单下达后，销售人员可计算出产品的生产成本、材料成本，方便产品成本核算、报价评估等；通过产品标准成本可核算出一块产品的制造费用，方便工资核算、维修分析、费用转嫁等；形成了全面预算与业务系统的联动机制。

通过 SAP 系统把一个凭证上的数据复制到另一个凭证上形成凭证流，以减少人工数据输入并且使问题更加容易处理；通过凭证流使订单处理状态一目了然，并提供实时操作记录监控，完成追溯根源；订单下达后可直接查询库存状态，库存预警模块根据自定义的各项指标进行自动监控，一旦触发，实时报警。

应用信用管理功能降低发货风险，对整个销售流程全程监控，提高发货率。订单管理中条码应用为先同步信息，再采集数据，再同步系统，实现从原材料入库开始的追溯系统。订单管理流程如图 4-13 所示。

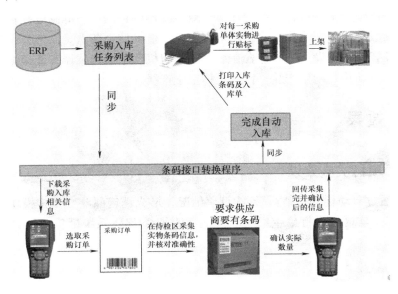

图 4-13　订单管理流程

4.3.3 MES 项目实施效果

1. 项目实施达到效果

可以通过 SAP、CRM、HR 等系统了解各业务单元的经营状况，以数据信息为依据做出管理决策，各业务部门高效协同，对客户需求做出快速反应；MES 项目以精益生产为核心，通过生产现场管理的 E-Andon（快速安灯）、生产看板将现场管理电子化、及时化；质量管理系统从原料、在制品和最终产品全方位展开质量管理，确保产品质量可追溯以及客户满意度的提升；绩效管理系统采用报表、E-SIM（及时化管理）等形式满足企业内部不同管理人员的需要，其中的 E-SIM 打破了生产部门和支援部门之间的隔阂，提高了对于生产重要事件的响应能力。每日 SIM 报表及跟踪事项示意图、生产环境实时监控示意图如图 4-14 和图 4-15 所示。

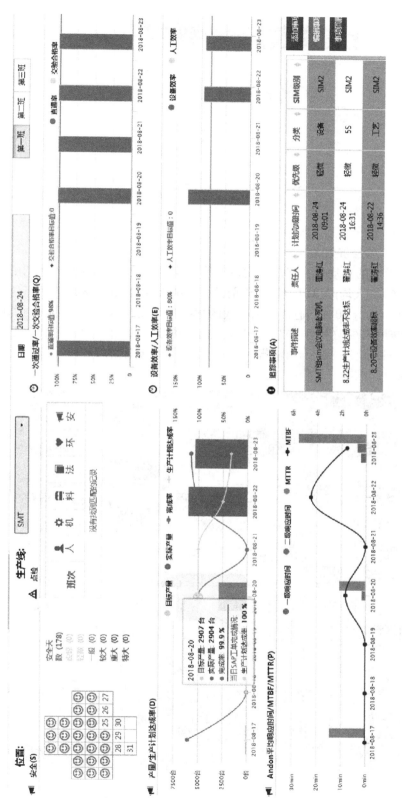

图 4-14　每日 SIM 报表及跟踪事项示意图

图 4-15　生产环境实时监控示意图

2. 项目实施取得经济效益

通过对生产设备的自动化、智能化改造，传感器生产效率在 2014 年年初的基础上，提高 23%（图 4-16），人均产值由项目实施前的 47.01 万元提升 25%，产品综合市场故障率由实施前的 1.66% 降低 20%。通过应用高效的数字化开发工具，使产品研制周期由项目实施前的 18 个月缩短 30%（图 4-16）；通过信息系统的升级扩展，提高过程数据的采集利用率，缩短决策时间，使运营成本与销售收入占比由项目实施前的 53.05% 降低 20% 以上；通过智能化制造项目，推动产品生产工艺的优化，绿色制造、节能降排，使每万千瓦时电量产

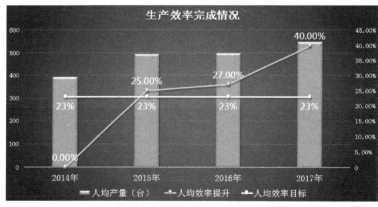

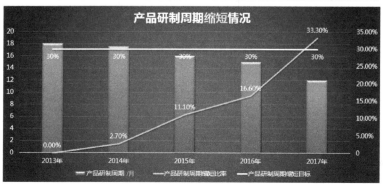

图 4-16　项目实施生产效率和产品研制周期走势图

值由项目实施前的 51.50 万元提升 10% 以上；建立产品数据管理系统；主要生产设备数控化率达 80% 以上；工序在线检测和成品检测数据自动上传率达 90% 以上，建立产品质量追溯系统；建立生产过程数据库，深度采集制造进度、现场操作、设备状态等生产现场信息；建立面向多品种、小批量的 MES，实现 10 种以上产品/规格混合生产的排产和生产管理；建立 ERP 系统，实现供应、外协、物流的管理与优化。

3. 项目实施取得社会效益

增强企业核心竞争力；提升智能制造标准化水平；提升品质；促进安全生产；加大企业同供应商和客户之间信息互通；通过同行业间的参观交流学习，带动同行业共同提高发展；万物互联，传感先行，通过传感器项目的实施，促进了众多相关行业的技术进步。

4.4　总结

4.4.1　项目实施的经验及教训

1）项目的设计既需要满足现有企业模式的业务管理特色，又能满足未来长期运营的管理模式。随着企业组织结构和管理模式的变化，项目设计必须符合灵活性、可操作性和长远性，必须体现战略性的系统设计，保护信息化建设的投资。

2）项目施工方必须表现出"去商业化"的良好合作态度，切实做到从项目方的利益出发、为项目方的信息化建设带来价值，避免为了商业利益而不顾项目的设计质量与应用水平。

3）项目系统具有高可靠性和足够的安全性，能满足各级保密要求。

4）项目系统具有开放性和可扩展性，符合信息技术发展潮流，不仅提供的是当前最新版本而且便于今后的升级和功能扩展。

5）项目系统应该具有流程配置的功能，以保证系统实施后公司流程变化重新设计流程的可能。

6）项目实施过程中尽可能保持设备间的通信协议或者通信协议标准的一致性，实现设备间信息互通和数据交互，避免未预留对外通信端口等问题。

7）捕捉项目实施过程中的画面，做成操作手册，对各部门的关键用户进行培训，实现知识转移。

4.4.2　项目实施对传感器行业影响和带动作用

1）填补了国内气体传感器智能制造领域的空白，为国家设立的其他传感器产业化专项提供可靠产业化技术和平台保障。

2）在气体传感器智能制造技术水平方面实现了较大突破，提升生产效率、扩大产能、提高产品质量，能起到积极、良好的示范作用。

第5例

麦斯克电子材料有限公司　打造高品质大规模集成电路硅基底智能制造模式

5.1　简介

5.1.1　企业简介

麦斯克电子材料有限公司（以下简称麦斯克）作为中国最大的半导体硅材料研发生产基地之一，4in $^{\ominus}$、5in、6in 硅抛光片国内市场占有率在 30% 以上，IC 级硅抛光片材料的生产规模、技术水平、管理水平在国际、国内同类产品中具有相当大的行业优势，并占据领先地位，是全球性硅片供应商之一。目前麦斯克的硅抛光片产品销售，实现了国内半导体科研院所、大小外延生产商、器件生产商的全覆盖，是少数能与合晶、申和热磁、中辰矽晶等企业抗衡，并成功抢夺市场的国有硅基底生产商。

麦斯克近 20 年来生产规模不断扩大，在科研、生产上取得了一系列成果，共获得国家和省部级科技成果奖 22 项，其中自行研制成功国内第一批 4in、5in、6in 背封抛光片生产工艺等 10 多项技术，填补了国内半导体硅材料加工领域的空白。

5.1.2　案例特点

本项目面向大规模集成电路硅基底智能制造新模式建设，以提升产品品质、提高生产效率、降低生产成本、满足用户对产品定制化需求为目标。综合应用工厂数字化建模与工艺仿真、在线监测、自动化仓储物流、工业物联网、机器人、云计算、大数据、人工智能等技术，构建以装备、工业软件系统、产品、人等互联互通互操作的数据实时采集为基础的智能工厂数字化集成控制平台。结合模型仿真与大数据分析，优化装备、工艺及整个智能工厂的运行状态，实现产品全生命周期信息追溯、客户定制化服务，全面提升制造效益。

大规模集成电路硅基底智能工厂建设关键技术和难点如下：①构建智能工厂数字化模型，通过数据驱动、工艺仿真，实现虚拟工厂与生产制造过程相结合；②构建高效工业网络和企业云平台，实现工厂各智能单元互联互通互操作和集成管控；③创新应用安全可控核心智能制造装备，通过以高档数控机床与工业机器人为核心的加工、生产智能装备，以智能传感及控制装备（传感器、控制器）为核心的数据采集与处理智能装备，以智能检测设备为

$\ominus$　1in = 2.54cm。

核心的产品质量检测及生产过程监测智能装备，以 AGV、立体化仓库等为核心的智能物流与仓储智能装备等安全可控核心智能制造装备的创新应用，并与生产管理软件系统高度集成，实现对装备运行状态和环境的实时感知、处理和分析；④打造面向客户的产品定制、质量追溯、生产进度追溯服务平台。

5.2　项目实施情况

5.2.1　项目总体规划

本项目围绕大规模集成电路硅基底抛光片功能材料的研发、工艺、制造、检测、物流、运维服务等产品全生命周期的主要过程，针对智能工厂进行系统顶层设计，建立生产工艺流程及车间虚拟仿真模型和网络架构信息模型。采用产品数字化三维设计与工艺仿真，实施产品数据管理 PDM，建立数字化研发设计体系，缩短研发周期。采用先进数控设备与工业机器人，切磨、抛光、清洗及包装智能生产线，可视化柔性生产与智能在线检测，高参数自动化立体仓库及无人自导航物流机器人等安全可控智能制造装备，利用工业互联网、物联网技术和传感器、智能仪表、电子标签、条码采集系统、PLC、数据采集与监视控制（SCADA）等智能传感与控制装备技术手段，实现 SCADA 与 MES 无缝集成，建立高效柔性生产体系，降低运营成本和不合格品率，提高生产效率。采用互联互通的网络架构和信息模型技术，实现 ERP、PDM 以及 MES 系统高效集成，打破信息孤岛，建立全面的信息流、数据流互联互通，横向和纵向高度集成的企业信息化平台。提升产品全生命周期数字化、网络化和智能化水平，形成关键智能制造装备的自主研发。智能工厂总体架构示意图如图 5-1 所示。

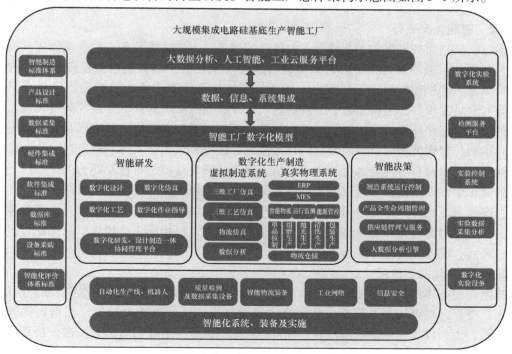

图 5-1　智能工厂总体架构示意图

5.2.2 建设内容

麦斯克大规模集成电路硅基底智能工厂建设内容主要包括五个方面。

5.2.2.1 智能工厂数字化模型与仿真

利用基于数字化模型的工艺、制造及维护技术，开发数字化工厂系统模型，在数字仿真环境中建立工厂模型、产品模型、制造模型、管理模型、工艺模型、质量模型、互联互通模型等数字化模型，涵盖从产品的研发设计到生产制造到产品服务完整的产品全生命周期管理，从虚拟的工厂设计到现实的工厂制造直至产品智能化服务。具体包括以下几个方面：

1）智能工厂信息模型：实现工厂知识模型、几何模型、物理模型（功能、性能模型）和模块化模型的创建，对工厂的基本几何信息和功能性能信息等进行描述，满足生产系统仿真需求，提升工厂创新设计，指导工厂的使用和维护。

2）产品信息模型：实现产品几何模型、知识模型、物理模型（功能、性能模型）和模块化模型的创建，对产品的基本几何信息和产品的功能性能信息等进行描述，满足产品的创新设计和仿真分析优化的需求。

3）过程信息模型：实现过程数据模型、组织资源模型、过程知识模型的创建，对系统的功能信息、输入参数信息、资源需求信息、运行过程行为逻辑信息等进行描述，满足智能工厂中各个生产、物流和加工等逻辑过程的实时三维系统仿真。

4）三维数字化仿真：设计一套合理的仿真数据分析机制，通过智能工厂系统的三维呈现和生产数据动态运行，实现虚拟工厂中各个生产、物流和加工等逻辑过程的实时可交互的三维系统仿真，对工厂进行评估和验证，也可根据需要，适当对虚拟工厂进行再规划或重规划。

5.2.2.2 智能生产装备

通过以高档数控机床与工业机器人为核心的加工、生产智能装备，以智能传感及控制装备（传感器、控制器）为核心的数据采集与处理智能装备，以智能检测设备为核心的产品质量检测及生产过程监测智能装备，以 AGV、立体化仓库等为核心的智能物流与仓储智能装备等安全可控核心智能制造装备的创新应用，并将其与生产管理软件系统高度集成，实现对装备运行状态和环境的实时感知、处理和分析，实现对装备运行、环境以及制造质量在线和实时检测；根据装备运行状态变化的自主规划、控制和决策，实现制造工艺的智能设计和实时规划，以及对自身性能劣化的主动分析，提高故障自诊断、自修复能力。

智能化柔性制造装备系统以实现核心产品的加工、制造智能化为核心目标，提升产品加工、生产效率，提升产品竞争力。作为实现产品智能化加工及生产的核心要素，工艺装备智能化、在线检测实时化和物流转运自动化对于实现智能工厂中无人化操作以及保证智能工厂安全、高效、稳定运行是至关重要的。

5.2.2.3 数字化制造体系

数字化制造体系包括虚拟制造体系与真实物理体系。虚拟制造体系包括三维工厂仿真、三维工艺仿真、物流仿真及数据分析，真实物理体系包括智能单晶拉制、切磨、抛光、清洗、包装、生产设备在线监测与控制、MES、智能能源管控系统、质量大数据分析系统、数字化立体仓库及物流配送、ERP 等。智能工厂通过数据驱动、虚实制造系统迭代优化实现虚拟工厂与生产制造过程相结合，指导实际工厂生产。

1. 制造系统状态信息采集

利用数控系统本身提供的信息获取功能、技术及设备电气信号检测技术等对数控设备的起动、运转、停止等状态信息及其他相关信息进行实时采集与反馈，最大限度地采集满足生产管理所需的工况数据，使管理人员能及时了解车间生产现场的加工情况与设备状态，包括制造设备状态及加工信息监测和数字化车间分布式质量信息采集。

2. 产品信息追溯及可视化

产品在进行生产、加工、测量等过程中，对产品的统一管控、质量监测及产品信息追踪对于构建 PLM 至关重要。本项目以二维码、RFID 技术、激光及视觉识别技术、Q-DAS 质量管控体系等先进技术手段实现产品的在线实时监测，实现产品全生命周期管理。产品信息追溯及可视化架构如图 5-2 所示。

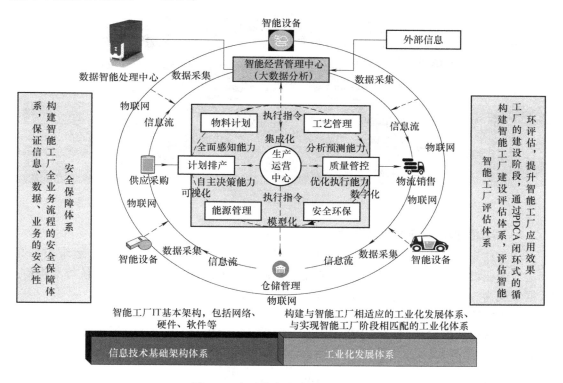

图 5-2 产品信息追溯及可视化架构

3. MES

MES 从业务服务上分为系统交互访问层、生产管理服务层、系统集成服务层、设备监控服务层、设备采集服务层五个业务层次。MES 的功能体系结构图如图 5-3 所示。

4. ERP

ERP 软件包括分销、制造、财务三大部分，涉及的功能模块有：销售管理、采购管理、库存管理、制造标准、主生产计划、物料需求计划、能力需求计划、车间管理、质量管理、财务管理、成本管理、应收账管理、现金管理、应付账款管理、固定资产管理、工资管理、人力资源管理、分销资源管理、设备管理、系统管理等。

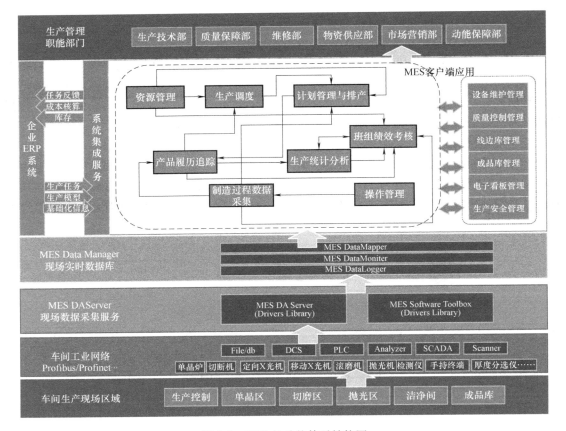

图 5-3 MES 的功能体系结构图

5.2.2.4 异构数据、信息与系统集成

采用工业物联网技术，通过异构信息集成打通数字化设计、生产、试验、运维服务等，将制造业企业设施、设备、组织、人互通互联，将计算机、通信系统、感知系统等异构信息和数据集成为一体，实现对智能工厂安全、可靠、实时、协同的感知与控制。

1. 通信网络架构

本项目智能工厂通信网络分为应用服务网络和工控网络两个网络层次。各车间办公楼局域网采用结构化布线技术，拓扑结构采用星形结构，优点是便于维护和扩展。各车间生产网的主干采用光纤作为传输介质，工序设备间全部采用超五类双绞线。各工序二级交换机选用支持虚拟网和网络管理的交换机。安全方面，采用集网关和防火墙于一体的网关防护系统，网络连接 Internet 时需由网关和防火墙按照不同的上网需求进行安全控制和审查，确保外网资源的合理利用和网络安全的有效控制，并采用工业隔离网关来保护网络操作系统安全运行，严格的网络安全机制建立对系统病毒的传播有抑制作用。通信网络系统拓扑结构如图 5-4 所示。从网络层次方面将整个系统的网络划分为三层：核心层、汇聚层、接入层。其中核心层网络是公司网络核心，为车间所有系统的最终使用网络平台，其组成包括核心交换机、应用服务器、网络防火墙；汇聚层网络由实时数据库服务器、汇聚交换机以及工业隔离网关组成，其功能是采集各控制系统中的实时数据；接入层网络由各生产区域和办公区域的相关接入层设备组成，负责数据的传输。

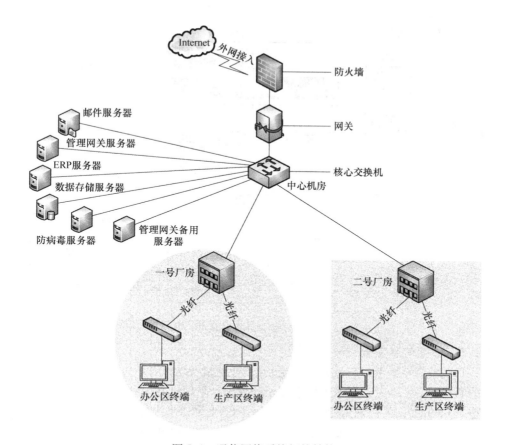

图 5-4   通信网络系统拓扑结构

2. 多源数据集成

本项目协同集成管控系统以 MES 为核心，通过将其与 ERP、PLM、虚拟工厂、智能制造装备与智能物流装备的控制层的无缝集成，实时跟踪智能工厂的产品设计、虚拟建模和仿真、生产计划排产、生产作业流程、AGV 物流、设备状态及生产现场活动，使整个生产组织与管理可视化、透明化。通过数据集成系统，收集的数据实时存储到虚拟工厂模型中，并使用大数据分析技术，为企业改善生产流程、提高效率，实现智能化、网络化、柔性化、精益化，以及绿色生产提供支持与保障。信息集成方案如图 5-5 所示。

MES 在 ERP 和生产集中控制管理之间架起了连接的桥梁，通过精确调度、发送、跟踪、监控车间的生产信息和生产过程，跟踪产品使用过程中的状态，为实现工厂生产数字化、智能化提供技术手段和保障。

生产现场集中控制管理是工业互联网的感知层。利用图像识别技术、大数据识别和分析技术，完成对现场数据的采集和分析。与其相关的设备主要包括机器、设备组、生产线，也包括 RFID、传感器、摄像头、二维条码、遥感遥测等感知器，这些元素共同组成了生产底层的网络化平台。将生产信息集中管理、实时共享，可整体跟踪和管理生产人员所关心的主要生产过程。通过信息集成平台，将实时采集的生产底层各种生产过程中的执行数据反馈至 MES，以便进行统计与分析，为提高生产效率与生产管理水平，提供决策支持。

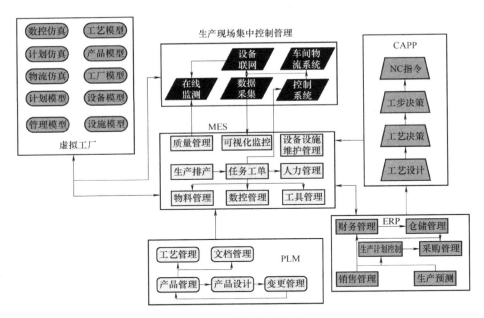

图 5-5　信息集成方案

5.2.2.5　数据信息安全

智能工厂的安全系统由信息系统安全部件及工业控制系统网络安全部件组成。本项目在设计智能工厂的通信网络系统时，考虑了信息安全的保护，采用集网关和防火墙一体的网关防护系统，网络连接 Internet 时需由网关和防火墙按照不同的上网需求进行安全控制和审查，确保外网资源的合理利用和网络安全的有效控制，并采用工业隔离网关来保护网络操作系统安全运行，严格的网络安全机制建立对系统病毒的传播有抑制作用。数据信息安全系统如图 5-6所示。

5.2.3　实施途径

本项目智能工厂技术路线充分考虑大规模集成电路半导体功能材料行业生产特点，特别是硅抛光片的生产特点，按照两化深度融合的要求，采用新一代信息技术和目前最先进的智能制造理论及生产管控方法进行项目整体设计和分阶段实施。

第一阶段，实施内容包括：制定总体技术方案，完成数字化车间详细设计、外购装备/系统选型、研制装备/系统参数/需求书确定、智能化平台架构设计，完成工厂数据传感采集设计、通信互联设计，整合 PDM 系统、ERP 系统、MES 与工厂智能化装备的资源。

第二阶段，实施内容包括：智能工厂基础建设、数字/智能化流程改进、外购装备采购合同制定、自研智能装置设计、自研智能装置制造、外购设备到场安装、智能管控平台软件系统进场施工和二次开发。

第三阶段，实施内容包括：柔性、数字化生产线调试，智能化管控软件调试，底层传感器设备调试，信息化系统设备调试，软硬件系统集成。

第四阶段，实施内容包括：软硬件联调，智能工厂实施优化改进，数字化车间试运行和自验收。

第五阶段，完成手册编写及人员培训，验收材料准备及项目验收，智能化制造工厂正式投运。

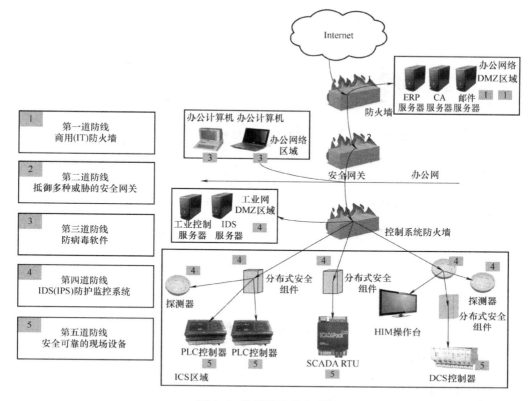

图 5-6　数据信息安全系统

本项目下一步主要规划如下：

1）进一步完善智能工厂数字化模型，基于工厂运行数据，对工艺参数、设备运行状态等进行持续优化。

2）基于制造过程获取的数据，进行挖掘和智能分析，结合人工智能等技术，全面提升产品的制造品质。

3）建设更为完善的供应链管理和用户服务平台，提升用户体验和服务水平。

5.3　实施效果

5.3.1　项目实施技术成果

5.3.1.1　智能工厂数字化建模与分析

通过对智能工厂进行数字化建模，实现工厂规划的验证和评估，减少规划中存在的冲突，使生产能够顺利进行，降低生产运营成本，提供安全的工作环境，最终为企业节省大量的资源和资金。主要成果如下：

1）通过工厂建模与仿真支撑总体规划和顶层设计，包括对整个厂区的三维布局仿真，优化厂区布局及工艺设计，如图 5-7 所示。

2）通过对厂区空间布局总览与配套设施齐备性分析、生产线布局模式呈现与动态工艺流程仿真，完成生产线布局合理性分析。

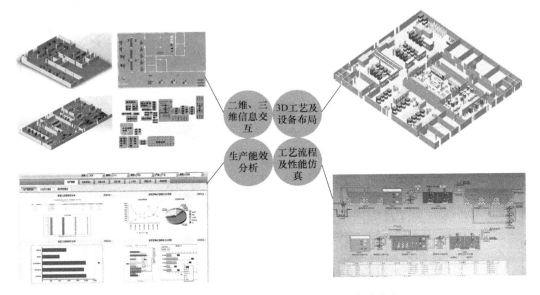

图 5-7　三维布局、动态工艺流程及性能仿真分析

5.3.1.2　智能制造装备应用

本项目针对多品种、小批量的产品形式，采用物流智能运送、智能选取加工程序的解决方案，实现高效、智能、柔性的智能化柔性制造装备系统，其主要技术特征如下：

1）工艺设备有机组成自动化生产线，形成连续生产模式。数字化车间智能装备如图 5-8 所示。

图 5-8　数字化车间智能装备

2）制造执行系统对产品的质量实时监控并形成闭环反馈，工艺信息化实现自动流转并予以记录，对整个生产过程进行实时监控，并将其与生产管理系统联网。

3）利用 MES 对产品质量进行实时监控，同时采用稳定的加工工艺及固定的加工程序，从而使产品的质量稳定且一致性好。

4）使生产辅助等无效工作时间得到最大限度的缩减，上下料、转运等环节采用自动化设备完成，在提升生产效率的同时极大地降低工人的劳动强度。

5）通过立体库管控、供应链物流及 MES 信息集成，实现物流、生产的高效柔性控制。

5.3.1.3　制造系统数字化与集成管控

实现 ERP、MES、PDM 及现场数据采集分析系统的综合集成。以生产任务调度机制为核心，以智能终端为工具，向生产单元发送加工任务和操作指令，并通过智能终端实现信息的及时准确收集与反馈。同时，根据采集的生产设备实时运行状态数据，适应并解决加工过程中出现的各种复杂情况。这样不仅实现了与 ERP 进行数据交互，同时实现了与生产的密切关联。系统不仅可以反映并分析生产情况，而且能够依据系统进行产品质量追溯和跟踪。通过 PDM、MES、ERP 的系统制造和综合管控，完成了管理与制造的集成、产品生命周期管理系统与经营管理系统的集成、供应链的集成、财务与业务的集成。MES 应用示意图如图 5-9 所示，ERP 系统应用示意图如图 5-10 所示，数据采集与分析示意图如图 5-11 所示，集成管控平台示意图如图 5-12 所示。

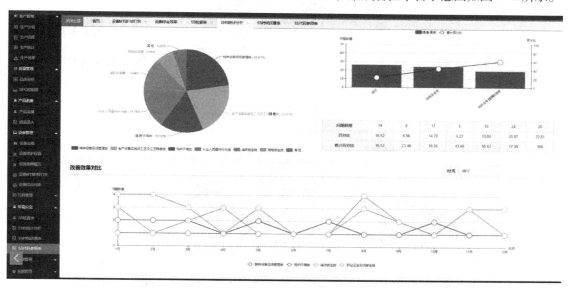

图 5-9　MES 应用示意图

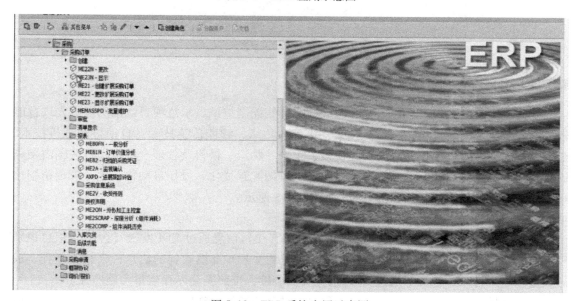

图 5-10　ERP 系统应用示意图

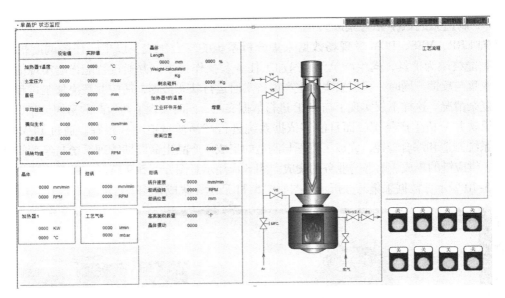

图 5-11　数据采集与分析示意图

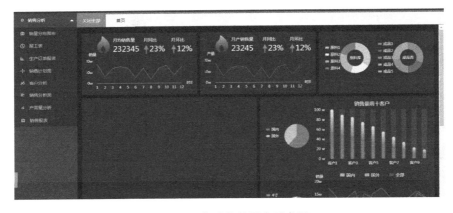

图 5-12　集成管控平台示意图

5.3.2　项目实施前后效果比较

麦斯克实施的大规模集成电路硅基底抛光片智能制造试点示范项目，采用国际先进智能数控设备及自动检测设备，将仿真技术、机器人技术、智能传感技术、自动检测分析技术、二维码技术、电子订单技术等应用在研发、生产、物流、销售及管理全过程，打造国内领先的数字化、智能化生产制造基地，提升企业的资源配置优化、操作自动化、生产管理精细化和智能决策科学化水平。项目提升指标如图 5-13 所示。

项目实施后与实施前的效果对比如下：

1）物料信息管理。通过 EDI 接收电子订单，交付信息通过 EDI 发送（包括与信息识别码绑定的物料数量、过程信息），接收到货物后通过 EDI 反馈收到的信息；来料、制程、成品数量和生产计划、排程等通过 ERP 系统实现链接，按照安全库存数量实施监控。

2）制程管理。通过 MES 实现制程管理，对全部产品实施信息识别码扫描、监控，保证

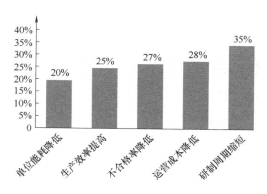

图 5-13　项目提升指标

100% 可追溯性；通过系统对制程工序关键特性测量数据的自动采集和分析，监控过程稳定性，进行工序能力的统计和控制，并绘制移动平均值控制图；根据分析结果调整加工参数，最终实现综合成品率提升；通过设备自带数据化信息存盘可以追溯每个工件加工的条件、设备参数和控制要素；通过各种传感器（视觉、位移、温度、流量、压力等）对运行状态进行监测；生产线间实现自动巡航准时配送。

3）效率提升。通过提高设备自动化、管理信息化以及处理智能化水平，实现了人均产值、人工利用率、设备利用率、材料利用率、能源利用率的提升，减少了车间使用面积，减少了生产线停工时间，使设备综合利用率接近国际水平。

4）成本改善。通过 ERP 和 MES 科学管理与排产，明确生产计划及精确的物料采购计划，达到在制品最少，避免出现批量返工、批量报废；通过 MES 动态的过程监控可以减少质量损失，减少客户索赔或重大召回损失。

5）质量提升。利用自动检测设备、快速数字化测具、信息化集成、统计技术应用等达到稳定、准确、快速的测量、分析与反馈，使过程质量透明化，出现异常时能快速反应及时处置。

6）安全生产。通过智能化加工及装配系统、智能化信息管控系统以及数据安全系统等系统的构建，保证企业生产过程中的人员、设备、数据及信息的安全。

5.4　总结

通过大规模集成电路硅基底智能制造项目的开展实施，企业的产品研制生产等各项主要技术指标都将进一步提升，实现年产 $1.2 \times 10^8 \text{in}^2$ IC 级硅抛光片，产品覆盖 4in、5in、6in、8in 等多规格、多参数常规及大尺寸系列硅片，产品技术及性能指标达到国际领先水平，实现产品柔性化智能制造，达到传统制造模式的智能化升级。

大规模集成电路硅基底智能制造项目与传统生产模式相比：①借助物联网、云计算和大数据技术，开发基于工业物联网的智能制造服务平台；②将车间设备层的信息和 ERP、MES、PLM 的信息无缝连接，实现面向用户的远程在线监测、升级、故障诊断等服务；③建立产品运行数据库及用户使用习惯数据库，并与产品研发、生产制造数据库实现集成，借助大数据智能分析技术进行建模，优化服务，改进产品的设计与生产。

第6例

新天科技股份有限公司 基于物联网的智能计量仪表智能工厂

6.1 简介

6.1.1 企业简介

新天科技股份有限公司（以下简称新天科技），创建于2000年11月，是国内唯一一家涵盖智能表、智慧水务、智慧节水、智慧热力四大产品系列的上市公司。新天科技是中国智慧能源、智能表及系统行业的先行者之一，经过十余年的励精图治和高速发展，新天科技已成为中国智慧能源、智能表及系统的行业龙头企业。新天科技产品涵盖智能计量仪表及系统（包括基于物联网的智能水表、智能热量表、智能燃气表、智能电表）和智慧能源（包括智慧能源互联网云平台、智慧水务、智慧燃气、智慧热力、智慧农业节水灌溉等），产品畅销全国，并积极响应国家"一带一路"倡议，打破国外技术壁垒，出口至几十个国家和地区。目前，新天科技基于物联网的智慧水务及物联网终端国内市场占有率第一，基于物联网的智慧燃气及物联网终端国内市场占有率前三，基于物联网的智慧热力系统及物联网终端国内市场占有率前三。

6.1.2 案例特点

项目整合新天科技的技术、人才、管理、客户、生产等资源，通过计算机仿真技术、机器人技术、物联网技术、大数据分析技术、高级人工智能技术等，打造成本更低但质量与环节可控的数据化、柔性化、无人化、智能化、可视化、定制化智能计量仪表制造新模式。

项目主要特点如下：

1）在基于物联网的智能计量仪表制造过程中，PLM系统产品设计数据与MES、ERP高度集成，建立数据互通机制。根据业务流程需求及智能制造标准作业体系，通过系统间集成实现各层级需求的BOM转换，形成智能制造闭环管理体系。

2）项目在离散制造订单预测、趋势预测、决策辅助、设备状态预测等方面，引入高级人工智能算法，以最大限度提高计算准确性，为人工决策提供尽可能优化的辅助建议。

3）项目通过对设备的状态进行预测性感知，将关键设备的维护维修方式改进为视情维修，同时将设备实时量化状态评估与生产计划相结合，达到车间生产全局最优的效果。

4）为了保证生产的高效性和用户的定制化需求，项目在各种智能制造辅助系统的引导下，集成了多种智能装备，并通过这些智能装备的相互协同，实现高柔性化条件下产品的高效率、高品质生产。

5）项目采用一系列复杂工况条件下的关键生产设备状态感知技术，从特征中分离出有效的状态变量，从而对关键设备进行有效的状态感知和管理。

6）在生产制造过程中，针对制造的柔性化、离散化特点，项目综合协同众多系统与环节、流程，最大化地实现各个子系统之间数据的共享，消除了各个子系统的"信息孤岛"，以最优化生产过程。

7）在自动化生产的各个阶段，项目采用多模式生产设计技术，匹配机器生产和人工生产的进度，保证两者之间品质的稳定性。

6.2 项目实施情况

6.2.1 项目总体规划

为达到智能制造升级目标，结合基于物联网的智能水电气热表计智能制造流程，新天科技智能工厂建设的项目总体架构如图6-1所示。

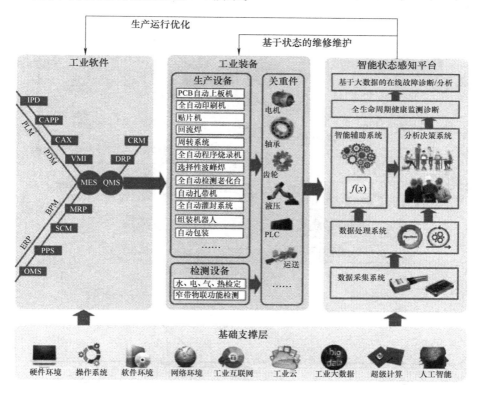

图6-1 项目总体架构

整个工厂建设分为基础支撑层、工业软件、工业装备和智能状态感知平台。基础支撑层为整个流程提供硬件、软件、网络、物联、云端、超算、智能支持，是各项智能化功能开展的基础和前提。在基础支撑层基础上，工业软件包括了知识产权链和价值链，为整个制造过程提供决策支持，是整个制造过程的大脑中枢，保证制造的价值创造最大化。工业装备在整个制造过程中扮演着执行者的作用。为了保证工业装备连续不断地正常运行，需要利用智能状态感知平台，实时感知工业装备中的关键重要部件的状态，进行全生命周期健康监测诊断和基于大数据的在线故障诊断与分析。

6.2.2 建设内容

项目面向离散型装配制造业零件种类多、产品定制需求多、市场响应快以及产品质量要求高的行业需求，结合智能水电气热表计研发制造特性，建立智能表计制造智能化工厂，主要包括"三链两化一示范"，如图 6-2 所示。

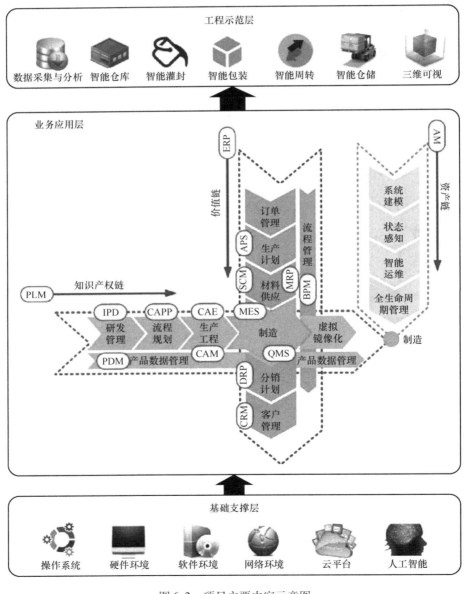

图 6-2 项目主要内容示意图

1）三链。三链包括：①以创新管理为核心的知识产权链，主要包括研发管理、流程规划、生产工程、制造、虚拟镜像化；②以业务管理为核心的价值链，主要包括订单管理、生产计划、材料供应、制造、分销计划、客户管理；③以设备运行管理为核心的资产链，主要包括系统建模、状态感知、智能运维、全寿命周期管理。

2）两化。两化包括：①智能化，基于管理人员任务定位，利用高级人工智能的方法，如深度学习，辅助管理人员做出决策，人工智能的应用体现在三链中的各个环节。②虚拟镜像化，是信息物理系统的具体体现，对所有物理世界的基本单元进行信息化建模，构建其在信息世界的镜像。虚拟世界中代表实体状态和相互关系的模型和运算结果能够更加精确地指导实体的活动，使实体的活动相互协同、相互优化，实现价值更加高效、准确的表达。

3）一示范。根据三链融合模型，以及高级人工智能和信息物理系统的应用，利用数据采集与分析、智能仓库、智能灌封、智能包装、智能周转、智能仓储、三维可视等系统，建设具有示范效应的基于物联网的智能计量仪表生产智能工厂。

6.2.3　实施途径

6.2.3.1　智能工厂基础支撑层设计与建设

智能工厂的基础支撑层是整个系统架构的基础，为工厂的正常运行提供硬件、软件、数据库等方面的支持。基础支撑层包括对系统软硬件的环境的支撑，包括操作系统、数据库等软件环境的支撑，也包括服务器、交换机等硬件与网络环境的支撑。

6.2.3.2　智能知识产权链的设计与构建

项目通过 PLM 软件实施，统一数据源，打破职能部门界限，以项目管理方式进行项目可交付物及过程管控，有效实现项目工作协同；实现无纸化管理，缩短产品设计周期，降低设计成本。同时，与现有的 ERP 系统对接，减少研发手动工作量 80%，降低 BOM 错误率 100%。PLM 与 ERP、MES 及 CRM 系统集成，实现从需求、设计、生产到售后全过程可视化。

新天科技建立基于知识的智能化工艺规划，利用特征提取和识别模块分析零件 CAD 模型，得到以特征为单位的零件几何、工艺信息。通过工艺知识库支撑，进行智能化的工艺推理和决策，获得所提取特征加工需要的设备和工艺参数信息。在此基础上，通过人机交互编排工艺过程，而后根据零件 CAD 模型和已知的工艺参数，自动生成零件的加工毛坯模型以及工序模型。将所有这些参数传递给加工仿真模型自动建立模块，得到零件的加工仿真模型，最终经 CAM 系统内部处理，生成零件加工代码。

新天科技管理的信息化建设就是在规范管理基础工作、优化业务流程的基础上，通过信息集成应用系统来有效地采集、加工、组织、整合信息资源，提高管理效率，实时、动态地提供管理信息和决策信息。除此之外，在业务管理活动中还产生大量的非结构化数据，如各种文档、邮件、报表、网页、音像、视频、扫描图像以及演示幻灯片等。

新天科技供应链管理的信息化是公司非常重要的一个组成部分。新天科技从原材料、零部件的采购、运输、储存、加工制造、销售直到最终送到和服务于客户，形成了一条由上游的供应商、中间的生产者和第三方服务商、下游的销售客户组成的链式结构。其重点是利用公司局域网、互联网、数据库、电子商务等技术资源通过对供应商、第三方服务商及客户的信息化管理与协调，将公司内部管理和外部的供应、销售、服务整合在一起，提高公司的市场应变能力。

6.2.3.3　智能价值链的设计与构建

ERP 是智能价值链的核心，新天科技智能表计制造的 ERP 系统主要包括：财务会计、成本管理、固定资产管理、采购管理、销售管理、质量管理、库存管理、设备管理、物料管理、生产管理、需求管理、人力资源管理和工资管理。新天科技 ERP 系统着眼于公司内部资源、关键业务流程的管理和控制，不仅考虑到信息资源在部门内、公司内、集团内共享的要求，还充分体现预测、计划、控制、业绩评价及考核等管理方面的要求，实现资金流、物流、信息流管理的统一，解决长期困扰公司管理的难题。

业务流程管理（BPM）系统针对智能水电气热表计设计与制造，主要包括以下模块：流程工作台、流程监控、流程审计、流程分析、业务集成、个人设置、组织机构和基础设置等。

新天科技的供应商管理系统包括以下模块：品类管理、供应商全生命周期管理、供应商绩效管理、供货比例管理。

新天科技的供应链管理系统将包含以下模块：采购计划系统、采购管理系统、库存管理系统、存货核算系统、销售系统等。

新天科技的客户关系管理系统包括以下功能模块：客户信息管理、联系人信息管理、潜在客户管理、客户关怀管理、客户满意度管理、客户请求及投诉、客户信用评估、客户统计、行程监控、日程安排、实时任务、事件计划等部分。

6.2.3.4　智能资产链的设计与构建

根据基于物联网的智能计量仪表的工艺流程与离散制造的行业特点，新天科技进行车间总体设计、工艺流程及布局数字化建模，输出智能工厂设计所需的硬件配置。研究应用多种三维设计与工艺仿真工具，建立车间组织模型、车间作业计划模型，根据行业特点，研究制造现场所需数据采集设备、控制设备、数据库服务器等各型设备的互联互通模型，建立一套支持标准协议网络接口的网关和读写器等关键设备的配置模型，输出智能工厂所需的车间互联互通所需的硬件配置。在智能制造体系中，所涉及的设备种类繁多，各个生产设备之间的关系复杂，其中任何一个设备出现异常，都会导致生产暂停，降低生产效率，因此，有必要通过关键设备状态感知，提前获取设备退化状态，预先做出维护维修活动，并根据设备状态对全生产系统的运行做出优化辅助决策支持。

在状态感知结果指导系统运行优化方面，新天科技为了尽量提高整体生产效率，依据各个设备的健康状态进行横向比较，健康度较高的设备分配更多的生产任务，而健康度较低的设备则承担较少的生产任务，甚至暂时停止工作，这样，就可以实现车间全局设备退化程度一致化，避免导致有的生产设备异常而无法使用。新天科技针对智能生产制造系统中的故障，目前采用的方式是基于设备的实际状态，对设备的退化趋势做出预测，在设备即将发生异常之前，采取维护措施，保证设备能够连续稳定运行，达到"防患于未然"的目的。

新天科技将 RFID 技术、传感器网络技术、嵌入式智能技术、无线通信技术综合应用于车间关键部件实时监测与在线管理，建立集无线感知、测量、分析、决策于一体的关键部件状态监测与管理信息平台，解决车间关键部件在配置、调度、位置跟踪、状态监测、生命周期管理、库存管理等环节存在的物流与信息流监控难题，为企业高效、敏捷关键部件管理提供重要的技术支撑。关键设备智能状态感知体系架构如图 6-3 所示。

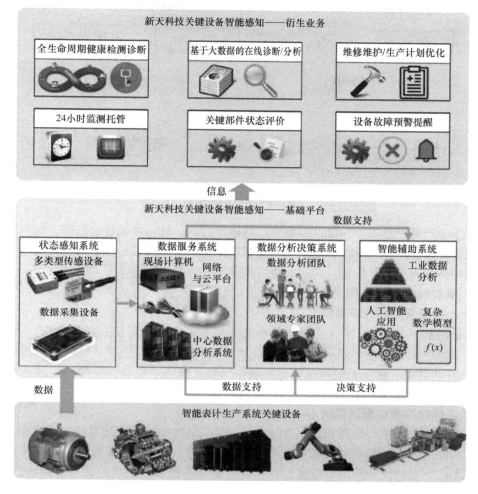

图 6-3　关键设备智能状态感知体系架构

6.2.3.5　资产链、知识产权链与价值链的综合集成

为了适应智能水电气热表计生产的高柔性化特点，从定制化客户需求（PLM 需求管理）到产品的数字化设计数据（PDM）、工艺模拟仿真，从 CAPP 到生产计划控制（ERP）到数字化车间的 MES，从车间总体布局到车间级的数据采集，打通产品全生命周期以及客户端交付的信息流，清除所有的信息孤岛。这样逐步实现智能表计的加工设备联网与数据自动采集，生产车间的高级排产、精确排产、看板管理、物料管理、设备管理、工具管理、过程质量管理、决策支持等，逐步实现全模块化、高度集成、全过程透明、闭环、体现协同制造、适合智能表计行业特点的数字化信息管理系统。

新天科技 MES 与公司的 ERP、OA、SCM 和自动化系统、自动化设备集成在一起，实现产品过程追溯、质量追溯及责任追溯，实现销售订单、生产任务单到产成品产出、入库、发货的全过程信息采集、监控共享和质量追溯，在帮助公司实现生产的数字化、智能化和网络化等方面发挥着巨大作用。

试制阶段、初次加工以及批量生产过程进行到一半都需要进行严格的质量检测，生产过程中的质量检测主要是对外观、基本尺寸的检测。质量检测流程如图 6-4 所示。

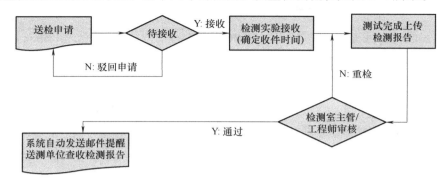

图 6-4　质量检测流程

为了保证产品计量的准确性，控制公司所生产的产品计量准确性，同时，也为业内其他企业提供表计检定，新天科技研发了大规模智能检定平台。该平台能够对各种类型、各种型号、各种规格的表计进行检定，同时，也可提供第三方检定服务。

6.2.3.6　智能制造示范工厂的建设

1. 生产数据采集与分析系统

项目采用基于 RFID 标签与读写器及系统，充分采集制造进度、现场操作、质量检验、设备状态等生产现场信息，通过车间 MES，实现计划、排产、生产、检验的全过程闭环管理，并与 ERP 集成，建立了车间级的工业通信网络，系统、装备、零部件以及人员之间实现信息互联互通和有效集成。

2. 供应链物料智能配送系统

项目在智能表计生产车间和仓库之间，采用供应链物料智能配送系统。其目标是：实现实时的物料配送以达到减少物料浪费，同时能对物料进行跟踪，降低物料在配料点的库存量，改善车间物料的流动状况，最终达到有效控制制造成本的效果。该系统的核心功能是：物料配送计划的生成、配送计划的执行、对物料的跟踪管理。

3. 车间生产系统

车间生产系统是生产设备的集合，是生产制造执行部分。利用 PLC 可控制部分生产系统中的设备，生产系统主要包括 SMT、焊接、调试、灌胶、复调、装配包装等多个环节。

4. 物联网智能表计自动检测系统

为了保证基于物联网的智能表计的准确性，同时，也为业内其他企业提供表计检定，新天科技自主研发了适用于物联网智能表计的检测系统。该系统能够自动检测基于物联网的水表、电表、燃气表、热力表。

基于物联网的智能表计自动检测系统主要由自动检测流水线、计量功能检测系统和物联通信检测系统组成。其中，自动检测流水线由工业机器人、AGV、AGV 线路、运输线等组成，与各个检测系统相结合，完成各项功能的自动化检测。

5. 设备健康监测与诊断分析系统

设备健康监测与诊断分析系统是关键生产设备智能感知体系在智能表计生产示范工厂中的具体体现。该系统可保证智能制造从整个系统到各个关节的高效运行，防止设备退化带来的生产误差。

设备健康监测与诊断分析系统主要由前端多类型传感器、多类型数据采集卡、现场计算机、网络与云平台、中心数据分析系统组成。设备健康监测与诊断分析系统结构如图 6-5 所示。

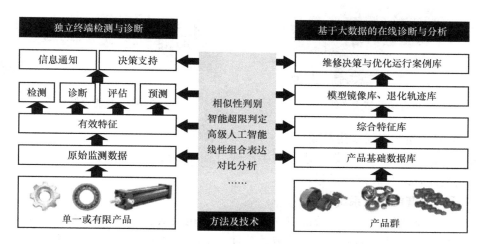

图 6-5　设备健康监测与诊断分析系统结构

6. 三维可视化决策支持系统

车间加工设备、物流设施、数据采集系统均接入车间信息化网络，加工程序下载执行、物流及路径规划、现场数据采集均根据 MES 实时指令动态执行。车间各类三维模型与实际装备对应匹配，形成三维可视化决策支持系统。该系统在车间三维柔性化仿真验证阶段能准确仿真实际装备的运行状况，在实际加工作业阶段对车间动态进行实时监控。该系统的应用实现了工业机器人、智能设备和信息技术三者在制造业的高效融合。

6.3　实施效果

6.3.1　新天科技智能工厂建设成果

6.3.1.1　新天科技已经建设了相对完善的信息化系统

目前，新天科技建立了以大数据为基础的信息化系统，主要包括：OA 系统、ERP 系统、IPD 系统、CRM 系统、BPM 系统、MES、视频会议系统等。

6.3.1.2　全自动贴装生产线

新天科技已建 7 条全自动贴装生产线（图 6-6）并完成并线，真正实现 PCB 贴装全过程自动化，提高单板产出效率，并线前现有人员配备需第二天才能流转，并线后同等人员配备可实现一小时内流转。

6.3.1.3　已建设智能仓储系统

目前，公司已建成的智能仓储系统主要结构为框架结构，采用周转箱为载货单元的周转方案（图 6-7），配置了 U 形转轨堆垛机 6 台，直行穿梭车 4 台，提升机 1 台，输送设备 100 余台，立体货架 1 套。采用立体货架与堆垛机相结合的存储方式，智能传感仪表存储量约 30 万只。日常运营维护主要成本来自人工成本，维护设备费用占比较低。

图 6-6　全自动贴装生产线

图 6-7　智能仓储系统

6.3.1.4　全自动燃气表组装生产线

新天科技已建一条全自动燃气表组装生产线（图 6-8），大量使用工业机器人、机械手等，大大提高工作效率和产品质量。

6.3.1.5　已建设智能包装系统

新天科技智能包装系统采用智能输送设备和自动包装机相结合的方式（图 6-9），能有效提高包装质量，降低劳动强度，改善劳动条件，提高劳动生产率，得到规格一致的产品包装。智能包装系统与智能仓储系统相结合，采用顶层自动化管理，提升标准化作业流程，实现客户订单与生产实时互联，人力、物力资源的动态分配。

图 6-8　全自动燃气表组装生产线

图 6-9　智能包装系统

6.3.1.6　已建设智能周转系统

目前，新天科技已经投入使用的智能周转系统，配置了智能穿梭车 2 台、垂直提升机 2 台、输送设备 90 余台，采用直行穿梭车与垂直提升机相结合的转运方式，作为周转箱在水平和垂直方向的输送载体，通过智能周转系统实现设备的链级控制以及信息化管理，有效减少人工搬运强度，提升管理水平。

智能周转系统与生产精益管理系统有机结合，物料扫描后自动送到 12 个车间的指定工位，同时对物料实时跟踪，减少无附加值活动，改善物料流通性能，提高生产回报率。周转系统、仓储系统、包装系统的智能数据链接，提升标准化作业流程，实现客户订单与生产实时互联，使公司资源成为动态有机整体。智能周转系统如图 6-10 所示。

6.3.1.7　已建设智能注塑灌封系统生产线

新天科技已建一条自动化灌封试点生产线（图 6-11），可根据产品特点，自动识别灌封工艺，并实现批量多工序自动灌封。

图 6-10　智能周转系统

图 6-11　智能注塑灌封系统生产线

6.3.2　项目实施取得的效果

　　新天科技智能工厂建设针对典型离散型制造——智能水电气热表计的制造中，全流程制造决策难度增加、制造能力无法满足市场需求、可靠性与质量一致性有待提升、对柔性生产需求不断增强等问题，通过计算机仿真技术、机器人技术、物联网技术、大数据分析技术、高级人工智能技术等，在满足国家智能制造基本示范要素的前提下，深入打造以业务管理为核心的价值链、以创新管理为核心的知识产权链、以设备运行管理为核心的资产链，在制造基地全面建设智能制造示范自动化车间，预期效果如下：

　　实现生产效率提高 20% 以上，运营成本降低 20% 以上，产品研制周期缩短 30% 以上，产品不合格率降低 20% 以上，单位产值能耗降低 10% 以上，关键设备维修停机时间降低 30% 以上。

6.3.3　智能工厂建设对行业的影响和带动作用

6.3.3.1　为高柔性化离散制造业的智能化升级提供示范

　　智能水电气热表计的生产，由于涉及多种类型、多种规格、多种型号的表计，是典型的高柔性化离散制造场景。将示范工厂延伸到行业内其他企业，将对智能表计生产行业产生巨大影响。首先，示范工厂中高柔性化将会改变量产工厂柔性化低的现状，使其适应复杂产品和复杂工艺以及多样化的生产。其次，示范工厂的质量信息采集、全过程零部件状态管理以及零缺陷的管理模式如应用在其他企业，将全面提高量产车间的质量和生产透明化程度。最后，通过研发和试制、工艺阶段的仿真到现实的协同经验积累，可大大缩短柔性化智能工厂建设的周期。

6.3.3.2　带动仪器仪表行业全要素系统化智能制造转型

　　作为行业内首家涵盖智能水表、智能热量表、智能燃气表、智能电表的企业，新天科技具备在智能表计行业进行深度智能化制造升级的布局优势。通过该项目，新天科技在智能制造的全要素，包括知识产权链、价值链、资产链进行高度集成的工厂智能化升级，将大大提升智能表计的生产效率，提高产品的质量水平。从全局全要素开展智能化转型升级，将有力带动仪器仪表行业的智能化改造。

6.3.3.3　推进高级人工智能在离散制造辅助决策的应用

　　智能表计的离散制造中，由于需要根据订单情况，实时调整生产计划，并需要物料、设备、人工、物流等多环节配合，因而在进行整体生产决策时，需要考虑的环节较多，对决策人员的经验和能力要求较高。而以深度学习为代表的高级人工智能技术，在众多复杂问题解决方面提供了优质的解决方案，降低了人工脑力劳动工作量。因此，本项目将高级人工智能技术引入离散制造的各方面决策中，从而提高决策准确率，最终达到生产最优化、设备运行最优化、物料供给最优化。

6.3.3.4　加快离散智能制造与信息物理系统的深度融合

智能表计的生产过程中，涉及的生产物料种类多、生产流程复杂、加工工序灵活，为了掌握生产制造的实时状态，需要对整个生产过程有尽量深入和透明的实时感知能力。信息物理系统技术通过对物理世界中的每个物品增加感知属性，在信息世界对每个物品进行建模，进一步明确物品之间的联系和关系，最优化物品之间的配合与协作。基于信息物理系统的思想，将智能表计制造中的所有产品进行电子化标识，从而实现产品在信息世界的多角度建模，最终达到产品的全程可追溯、全面可监控。另外，基于信息物理系统的思想，对资产链的重要设备进行信息化刻画，从而加强制造设备之间的协作性和对比性，提高制造设备的运行效率。

6.3.3.5　大幅提升我国智能仪器仪表行业的国际竞争力

随着我国的快速发展，智慧城市不断推进，智能水电热气表计逐步取代了传统表计，我国对智能表计的需求量不断增加。该项目的完成有利于在智能表计制造行业形成一个完整良好的典范，为大幅提高我国智能表计的国际竞争力保驾护航，实现整个行业的超越式发展。

6.4　总结

新天科技基于物联网的智能计量仪表智能工厂建设针对典型智能水电气热表计的离散型制造中，全流程制造决策难度增加、制造能力无法满足市场需求、可靠性与质量一致性有待提升、对柔性生产需求不断增强等问题，通过计算机仿真技术、机器人技术、物联网技术、大数据分析技术、高级人工智能技术等，在满足国家智能制造基本示范要素的前提下，攻克制造全流程多源异构数据规格化处理、高级人工智能的工业化应用、制造全要素的虚拟化镜像构造等关键技术，深入打造以业务管理为核心的价值链、以创新管理为核心的知识产权链、以设备运行管理为核心的资产链，完成基于物联网的智能计量仪表生产系统的信息化、数据化、柔性化、无人化、智能化、可视化、整合化升级，并形成一套智能化制造示范工厂系统。最终，为仪器仪表制造行业的智能化升级提供示范，为离散型制造企业智能化信息化转型树立标杆，并推动我国智能制造水平的提升。

数控机床与机器人篇

第7例

新乡日升数控轴承装备股份有限公司 数控轴承磨床网络协同制造集成创新与应用

7.1 简介

7.1.1 企业简介

新乡日升数控轴承装备股份有限公司（以下简称新乡日升）成立于 2007 年，专业从事轴承套圈、滚动体数控装备的研发、生产和销售，是目前国内轴承装备行业唯一能够批量提供轴承三大件（内圈、外圈和滚动体）精密加工装备的企业。现已形成了以数控球轴承套圈磨床、数控滚子轴承套圈磨床、立卧式钢球"光、磨、研"、高精度数控立式车床、精密平面研磨机床等为代表的较为完整的数控轴承装备产品系列。其中钢球系列产品和研磨机销售额均占到国内市场的 70% 以上，处于龙头地位。

7.1.2 案例特点

新乡日升属于离散型制造企业，销售订单和市场预测是生产计划制订的依据。多品种小批量个性化定制的制造方式使得技术、生产、物流、质量管理的复杂性日益提高。技术人员忙碌于归类、统计，生产管理人员忙碌于日常生产管理，检验人员忙于各类质量数据的统计，信息流通不畅、归类查找繁杂等管理瓶颈很大程度上制约了生产效率，增加了生产成本，降低了产品质量。

新乡日升通过网络协同智能制造新模式的实施，将 ERP 系统、PLM 系统、现场数据采集和分析系统、物联系统、车间 MES 高效协同与有效集成，实现销售、生产计划、设计、装备、质检、仓储、装配、服务各环节的数据互联互通，消除了原先企业信息化中的"孤岛"现象，解决了公司信息交互不畅、重复劳动多、效率低下的局面。

新乡日升通过新增数控设备和自行对原有机械加工设备进行升级改造，提高公司数控机床的数字化、自动化程度，并合理组建成柔性生产加工单元。数控设备通过 DNC 设备物联系统和 MES 进行生产优化活动。通过对采集的数据进行分析，指导生产调度灵活分配工作任务，缩短生产准备周期，优化在制品管理，提高按时交货率。

7.2　项目实施情况

7.2.1　项目总体规划

新乡日升拟通过磨床智能制造系统架构的建设和对加工设备的智能改造升级，利用网络实现数字化智能工厂的建设，解决信息交互不畅、管理间相互脱节的问题，实现市场需求、设计能力、制造资源、制造能力等的集聚与对接，使设计、供应、制造和服务环节并行组织和协同优化。通过全生产链协同共享的产品溯源体系，实现对企业产品信息溯源服务。根据自身的需求，新乡日升系统构架总共分为五个层次：

1）企业层由 ERP 系统对供应链、客户关系、财务等进行管理，对 MES 下达生产计划。

2）管理层由 PLM、DNC、MES、条码技术实现系统集成，对技术资料、制造资源、设备管理、生产计划、调度管理、物料平衡、品质管理等数据进行采集管控。

3）控制层通过对机床控制系统使用 WinCC 或 SCADA 系统，进行程序调试、数据采集、监控，并生成各类报表数据等。

4）设备层购置龙门加工中心、卧式加工中心、数控立车等组建智能加工单元；通过设备改造，实施安全可控智能制造；采用激光条码打印和无线扫描枪实现物料条码管理。

5）网络层通过局域网、互联网、物联网信息共享实现研发、配套、生产、物流、质量数据间的互联互通。

项目技术路线如下：

1）提升公司设计水平，实现三维建模、模拟装配设计，缩短新产品设计周期，实现加工程序自动编程和模拟仿真。

2）利用公司的数控机床制造强项，对原有数控装备进行改造，将其纳入局域网智能管理，实现加工程序网络传递。

3）组建轴类零件智能加工单元和箱体类零件智能加工单元。

4）升级公司 ERP 管理软件系统，实现 PLM 系统与 U8 ERP 管理系统集成。

5）建造小件零件智能物流及仓储系统；利用条码技术和 MES 实现仓储管理、装配报工、质量检验等功能，实现智能制造新模式的高效协同与集成。

7.2.2　建设内容

新乡日升实施智能制造网络协同新模式从软硬件两个方面进行。硬件方面主要是完成计算机中心建设、服务器架构建设、网络铺设、计算机升级，对原有数控装备进行改造使之具备联网的条件，新增桁架机器人，新增数控设备，组建智能加工单元。软件方面主要是采用 PLM 系统、U8 + MES、DNC 系统和条码技术，实现系统高效协同与集成。通过对设计资料、设备管理、物料平衡、生产过程、品质管理等进行数据采集与管控，实现设计、生产、质检、服务各环节的互联和全生命周期中的信息与过程管理。分项建设内容如下：

1. 网络监控建设

实现公司工业通信有线和无线网络全覆盖；建设两个计算机中心，搭建服务器数据库，通过网络实现各环节之间的互联互通；架设全方位监控系统对制造过程进行跟踪。

2. 研发数据交互系统建设

公司建立研发数据交互系统，如图7-1所示。采用Creo3.0三维软件、UG NX 8.0 加工软件进行模拟仿真设计。采用PLM的图文档模块，对图样文件的状态及对应的工作版次进行全生命周期管理。建立产品结构树实现对产品图样的层级目录式管理；对二维、三维图样和文件进行批量入库管理。采用PLM的工作流模块实现图样审批、打印等管理，启动流程后任务将按照定义的路线进行发送，同时可对工作流进行状态监控。采用PLM系统进行编码管理，按规定的原则自动生成符合U8软件要求且具有一定属性的物料编码，并将CAXA协同管理系统中的零部件数据、BOM数据、工艺路线数据按一定的规则自动传递到ERP系统，实现技术数据与ERP数据的集成。

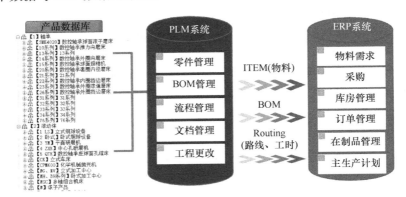

图7-1　研发数据交互系统

3. 机械加工车间智能化建设

公司对旧有设备利用网络技术、传感技术、在线检测技术、编程技术进行自动化改造；增添刀具、防护、转运等机械装置，对机床精度进行修复，稳固机械性能；进行精益生产单元细胞设计，制造桁架机器人，购置立卧式加工中心等数控设备，组建智能加工单元柔性加工；安装网卡使数控设备及检测设备具备联网的条件；实施自动排产和数字化工艺品质管控。

4. 机床联网DNC物联系统建设

公司将数控设备采用DNC物联系统纳入局域网进行智能管理，如图7-2所示。利用代码通信模块完成设备与服务器之间代码的双向远程传输；利用参数加密功能使只有具备相应修改权限的人员才能对通信参数进行修改，确保信息安全；利用代码管理模块将产品相关数据按产品结构树特征进行统一管理，解决数据管理混乱的问题，对不同的人员开放不同的权限；利用机床数据采集模块从机床中实时采集出设备运行工况数据和加工工艺数据送回服务器，写入数据库，提供给统计分析模块进行汇总展示；通过视频采集，对客户端的录像进行回放，可辅助对分析结果的偏离原因进行回查。

5. ERP系统建设

公司升级ERP管理软件U8系统为U8＋。通过对物品到货期和库存的上下限设定及实施条码管理，使库存精确可控，供应链管理更加精细化；按单计算关联到准确的产品BOM和物品价格，使成本计算更加准确，可直接模拟产品利润，使财务核算及管控更加精细化；按单配置的物流资源计划（LRP）运算使计划体系优化，实现生产制造过程的管控与集成。

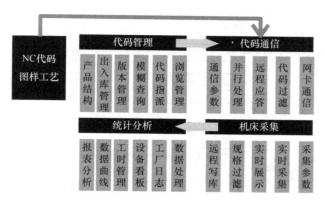

图 7-2　DNC 物联系统应用

LRP 运算使不同订单的计划订单不合并，允许用户以该批次号码为基础对生产及采购计划执行状况进行跟踪；发生插单计划时不用调整原有订单计划。

6. 装配车间 MES 建设

利用 MES 的条码管理技术及自动识别技术建造小件零件智能物流及仓储系统。利用无线网络及通信技术，为条码设备提供管理系统的数据接口，完成数据的双向传输，实现条码设备上数据的实时查询和现场数据采集的实时校验、传递；使用条码采集器，在仓库现场进行数据采集，处理完毕后，通过通信接口把采集的数据传入 U8 管理系统，管理系统生成相应的业务单证，代替人工输入功能；利用解析式规则，直接扫描条码获取业务信息，方便快捷。

通过 MES 的质量管理和车间管理模块来完成产品质量检验和装配过程的管理，业务流程如图 7-3 所示。生产部根据销售订单进行 LRP 订单运算，自动生成生产、采购/委外订单，根据实际到货情况对采购/委外订单生成来料报检单，检验员根据报检单生成的来料检验单，对货物进行检验，并根据实际检验数据填写检验单，系统自动向到货单回填合格数量、不合格数量、实收数量、拒收数量。检验合格后生成存货条码。条码打印后由保管员或 U8 输机人员使用手持 PDA⊖扫码入库，自动关联到上游单据（订单、到货单、报检单、检验单）。扫码入库的同时，将条码贴在货物或与货物对应的货架上。根据检验单合格数量打出条码，传递到下游业务部门，同时系统自动形成质量报表，可对供货商的历次供货质量情况进行查询。装配时在 MES 系统内将配套齐全的磨床零、部件通过扫码领料进入产品装配，经过装配工步报检、检验确认，装配完工入库，调试、试磨，进行现场各项数据收集存档，为服务提供原始详尽资料；发货时核销销售订单，打印成品出库单出库销售。

7.2.3　实施途径

新乡日升项目实施共分为四个阶段：

阶段一：完成信息网络建设、设计部门软硬件升级，实现全数字化设计和全生命周期数字化管理。具体实施内容：

⊖　PDA 为 Personal Digital Assitant 的简写，直译为个人数字助手，又称为掌上电脑。

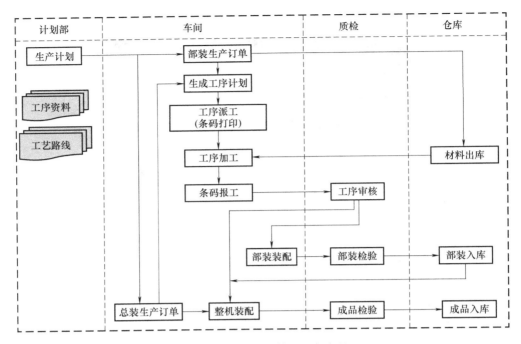

图 7-3 车间 MES 管理业务流程

1）进行计算机中心、服务器的建设，建立研发中心产品数据库，建立较完备的信息系统保密管理制度，配置较为完善的技术防范手段，保证公司商业秘密的安全。

对服务器采取一主一备运行，数据完全一致，在突发事件时可直接切换；采用硬件防火墙，防止黑客攻击；完成技术部计算机进行更新，提高三维软件运行速度；采用凤凰卫士加密软件对图样、文件加密，保证电子图文档安全；安全中心另备有服务器每天定时备份图样文件，保证图样信息安全。

2）升级计算机绘图软件，使用 CAXA、Creo3.0 三维设计软件、有限元分析软件、UG NX 8.0 加工软件，实现三维建模、模拟装配设计，零件加工自动编程。

对三维设计软件的界面、模板、参数进行标准化设定，制定三维设计、校审、数据流转的各类标准、规范和流程，实现新产品开发的全三维数字化设计。建立产品设计标准体系，通过对零部件进行高效梳理、分析和比较，形成标准部装并可进行全参数化设计，可方便快速地构架特殊产品的设计系统，实现模块化设计。利用模拟仿真机床动作，仿真装配流程来验证产品加工、装配的工艺性，提高产品设计开发的能力和效率，同时通过三维工艺规划和仿真输出动态三维装配过程供装配人员学习，提高产品装配质量，提升企业的核心竞争力。

3）配置 PLM 协同管理软件，实现对图样文件的全生命周期管理。对公司所需的 PLM 协同管理软件的各项个性配置进行设定，保证三个研发部门共用一套系统但数据相互独立，可以分别与 ERP 中的两个账套数据匹配；对人员权限进行设定；建立标准体系，技术部门按规则建立产品结构树，自动生成 BOM 并关联至标准文档文件夹，对图样、文件进行标准化转化后批量导入 PLM，利用红线批注、工作流控制、版本控制等实现对技术数据的全生命周期管理。

4）公司采用 TDM 系统，对产品试验、仿真、测试、在线检测等数据进行管理，实现从设计到试验验证整个过程的数据集中管理，形成有用信息，使技术数据在企业的研发、生产、销售和售后中起到支撑作用，为企业发展注入新动力。

阶段二：通过对老旧数控装备的升级改造，稳固智能制造的基础——机械化和自动化；新增数控设备与之合理组建柔性制造生产单元，部分实现智能化生产。具体实施内容如下：

1）公司对原有的数控机床进行智能化改造升级。主要改造有：①增加刀库，添加刀具测量装置，减少人工换刀引起的待机时间；②增加上下料装置、转运装置，减少人力搬运；③加装接近开关和红外光电开关，监测上料情况、机械手到位情况、机床安全防护门关闭情况、操作工在危险区域操作情况等；④改进数控系统程序，在人机界面上对异常适时给予智能提示，提醒操作者及时解决问题；⑤由三色灯标示机床的运行、等待、报警三种状态，实现工序间的协作；⑥增加网卡，保证机床设备联网。

2）公司新增卧式加工中心、立式加工中心、数控磨床、数控车床、数控中心孔磨床等设备。按公司产品零件加工工艺特点，通过组建加工单元来减少零件的转运和加强工序间的协作，如由数控磨床、数控中心孔磨床、数控车床组建智能轴类加工单元；由卧式加工中心机床群组建智能箱体类加工单元。根据数控轴承磨床市场需求数量和生产制造特点，智能加工单元采取柔性控制，可成组工作也可单机工作，从而提高设备利用率、降低劳动强度。

后续主要工作更多利用新工艺新装备及传感技术、测量技术、网络技术，使加工设备实现全数字化、自动化控制，进而实现加工制造智能化。

阶段三：通过搭建车间级工业通信网络，实现数据信息互联互通，无纸化管理。通过显示终端实现看板管理，使整个生产制造过程控制可见。具体实施内容如下：

1）公司采用交换机、路由器、光纤等设备和电缆，实现公司工业通信有线和无线网络全覆盖，为办公区域和车间现场计算机、数控设备、手持扫描终端等网络联通提供了基础环境。全区域的网络监控系统可以辅助对加工制造过程进行追溯。

2）完成服务器的架构及 DNC 物联系统的配置，将具备网口通信联网条件的机床采用网口接入，其余机床采用有线智能终端方式接入 DNC 物联系统，用一台服务器控制联网机床的通信和数据管理。通过远程控制功能，操作人员在机床控制面板前完成程序的发送与接收。

3）对以往的加工程序、加工工艺整理，将其批量导入 DNC 系统内实施目录式规范管理，通过对关键词进行模糊复合查询，节约查询时间；设置 NC 程序入库审签流程及人员权限设定，规范 NC 程序的入库、访问和使用，保证批量加工零件的一致性；推行标准工艺、可视化工艺；实施无纸化管理，提高保密性。

4）配备触控一体机及液晶电视实现可视化管理。在车间布局图上可直观看到各机床运行的实时状态，饼状图、柱状图等图表可用来展示采集数据的统计分析结果，使整个生产制造过程控制可见可追溯，并可指导人力和机床的合理调配，提高生产效率。

后续主要工作是将公司数控设备尽可能多地纳入 DNC 系统内进行管理，并与 ERP 进行更有效的对接。

阶段四：公司 ERP 管理软件系统升级，采用 U8 + MES 管理软件的财务会计、管理会计、销售管理、供应链管理、生产制造五大模块，优化运行模式，改善业务流程，提高决策效率。完成 PLM 数据与 U8 ERP 管理系统数据的集成与对接；完成质量和装配环节的数据管理及生产进度可视化管理；用二维码实现对仓储的智能管理。整个制造流程环节的打通，实现设计、生产、采购、物流、仓库、销售、质量、成本各环节间的上下协同，数据互通，精细管理。具体实施内容如下：

1）对数据服务器和应用服务器进行配置，升级 U8 ERP 管理软件。完成新老账套数据的迁移，固定资产数据的整理导入；修订物料编码规则与技术编码自动生成匹配；整理 U8 外购件和标准件数据使之与技术数据一致；生产计划由 MRP 运算改为按单进行的 LRP 运算进行计划下发。

2）对 CAXA 系统与 U8 系统数据的对接进行设定，使用 CAXA PLM 软件按一定的规则将设计存货档案和物料清单 EBOM 自动导入公司 ERP 系统，生成生产所需的制造物料清单 MBOM，实现从订单、设计到计划、采购的协同管理，解决技术物料需求与计划采购业务之间的不匹配问题。

3）实现质量管理和装配工步管理。完成 MES 的质量检验规则制定和生产较为频繁的基型产品数据录入；建立常用零件的质量检验方案及部件和产品的检验指标档案，实施质量流程管理；在质量方案中对零件尤其是关键件依据其重要性加以质量控制，通过输入其检验指标和标准值、上下值并在来料检验单据中填写实际数据，生成报表，方便装配选用和进行质量追溯。同步完成装配部装和总装标准工序的输入和工时输入，进行工艺路线指定和维护；完成员工与班组的条码卡制作和发放，通过扫码上岗，对人力资源进行管理；根据部装进度分部进行完工检验，总检入库。

4）仓储采用二维码标签进行物料管理。仓库和质检部门按需完成无线手持扫描终端、条码打印机的配备；完成 MES 条码管理标准及个性化需求设置和定义；制定条码规则及二维码标签内容设计；按标准对仓储物品进行盘点与标识，普通物品按一批一码、关主件按一物一码进行标记，采用条码扫描控制物品出入库实现准确的实时库存；检验合格的产品粘贴物料条码标签并放置于条码标识的货位，避免一次检验不合格的物品流入现场；按照生产计划，及时、准确地进行合格、齐套的生产用料准备，根据生产特点通过备货领用进行配送。

5）装配现场通过配备显示终端触控一体机和液晶电视，实现图样在线查看、生产进度可视化管理等功能。根据生产作业计划的进度，提前将规范文件发送到有关的生产管理科室、车间和班组，以便有关部门安排生产作业计划和事先熟悉技术文件的要求，做好装配准备。

后续主要的工作是对所有关键部位实施数据监控，利用记录数据加强关键部位的选配，与装配工序同步配送三维图样、图文工艺文件及装配讲解视频指导，使现场操作人员能快速理解和掌握装配过程，缩短装配周期，提高装配质量和优品率。

公司未来将通过工业云平台，利用大数据对供应链进一步降本增效；加强售后服务的管理及数据收集并加以利用，使开发改进有据可依，开拓产品服务新产业；聚集更大范围区域和行业内的生产资源，实现企业间的资源共享、产能协调，提升行业整体的竞争力。

7.3 实施效果

新乡日升通过智能制造新模式的实施，使管理优化、信息畅通、防范有效，全面实施新模式后的 2018 年上半年与实施前 2017 年上半年同期数据相比，销售收入增长 29.3%，产品研制周期缩短 50%，生产效率提高 30% 以上，产品优良率提高 4.7%，能源利用率提高 20%，整体运营成本降低 10%，毛利润增长 7.2%，使企业获得了良好的经济效益。

项目实施的成果主要体现在研发设计、机械加工生产制造、装配生产制造、能源管理和经营管理五个方面。

1. 研发设计

公司内部建立起了完整的信息数据库，并在此基础上搭建了企业级的数据信息共享平台，实现无纸化办公。使用三维数字化设计提高设计效率、减少工艺分散性、提高产品可靠性、缩短生产准备和制造周期。采用 PLM 协同管理软件实现以产品/零部件结构为核心的产品数据组织和管理的应用，并实现设计数据与 ERP 数据的有效对接和集成。

研发设计人员采用 CAXA、Creo3.0 三维设计软件进行三维建模设计，用模拟装配设计软件对产品的可装配性、可拆卸性、可维修性进行分析，同时对产品的装配顺序、装配路径进行规划，对产品的装配精度、装配性能进行仿真、优化、分析，减少产品实际装配次数，提高产品的装配效率和装配质量，缩短研发周期。通过有限元分析软件对物理系统的几何和载荷工况等进行模拟受力分析，如图 7-4 所示，通过试验模拟各种工况，合理设计，减少研制试验时间和经费。工艺人员采用 UG NX 8.0 加工软件，在虚拟环境下观测刀具沿轨迹运动的情况并对其进行图形化修改，实现加工程序自动生成和模拟仿真，正确度高，减少人工输入所产生的误差，缩短加工程序的编制及首件试加工时间。电气设计人员利用电气实验室，通过调试软件对产品程序进行模拟运行，缩短调试时间。

轴承设备　　　　　　钢球设备　　　　　　特种设备

图 7-4　数字化设计与分析示意图

采用 CAXA PLM 管理软件标准化各部图样及资料，使相互借用关系明确，大幅减少出错率。借用件变更提醒节约大量人工查询和统计时间，避免修改单个产品时，要考虑其他产品借用是否同步变更，无法确认有多少产品借用而造成图纸修改遗漏。利用版本控制对图样历次发布情况进行记录，便于过程追溯，避免因人员流动及时间久远造成的技术资料无法查证的问题，按合同号及版本对客户特殊订货图样进行管理有利于精确服务。红线批注在不人为删除的情况下，可以永久保存原始数据，为日后设计及责任查找提供依据，有利于对设计过程的追溯。自动提取 CAD 图样中的信息，直接生成各种需求的报表，减少人工统计时间和错误。对发起流程的图样、文件进行批量电子签名、打印和监控，节约了大量手工的重复劳动，也避免了漏签、漏打错打的发生。通过智能查询、汇总 CAD、CAPP 的信息与数据，为企业生产提供优化产品设计、工艺设计的数据与信息。按规定的原则自动生成符合 U8 软件要求具有一定属性的物料编码，要求优先选择库中已有的物品，可以减少选型的随意性，也可使设计文件内容更加规范、标准。编码按一定的规则一键生成传递到用友 U8 ERP 系统，为 ERP 系统提供合格的数据实现生产管理优化减少了输机人员二次录入时间的浪费和可能发生的错误，缩短研发周期。PLM 与 U8 对接示意图如图 7-5 所示。

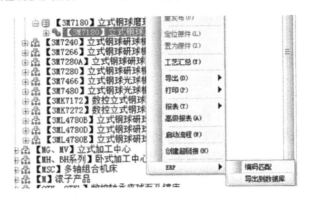

图 7-5　PLM 与 U8 对接示意图

通过设计手段变更，将技术人员从烦琐的统计工作和重复的简单劳动中解脱出来，可以更好地对产品结构进行分析，增强为客户量身定做产品的能力，可以最大限度地满足客户需求。提高产品研发速度和敏捷性，使产品研制周期缩短 50%。

2. 机械加工生产制造

公司通过新增和自行改造生产装备，提高装备的自动化水平，将具有联网功能的数控设备和三坐标等测量仪器通过 DNC 设备物联系统实现生产过程的可视化管理，完善对程序、工艺文件的管理，降低劳动强度、提高生产效率。

通过修复数控机床精度，保证相同零件采用统一程序批量加工时的加工精度一致性。通过增加防护罩、刀库、刀具、传感器、仪表等升级改造，建立安全防差错系统，实现安全高效加工。例如，原 MH800 机床没有刀库和防护罩，使用冷却液加工时，冷却液和铁屑飞溅到机床周边，环境恶劣。加装防护罩后，冷却液和铁屑通过排屑器排出，可以保持地面洁净；增加加工过程中所需的刀具及换刀刀库系统，由计算机程控完成铣削、钻孔、镗孔、攻螺纹等工序的自动换刀加工需求，大幅缩短加工时程，降低生产成本。通过优化程序与刀具、工装等，提高劳动效率和机床实际使用效率。机床改造前后对比如图 7-6 所示。

图 7-6　机床改造前后对比

公司将数控设备通过 DNC 设备和三坐标等测量仪器物联系统纳入局域网，所有与数控加工相关的程序、文档均储存在数据服务器上，并从生成、校对、审核、定型和保存全流程进行信息化管理，避免重复劳动，使质量体系得到有效保证。程序和工艺文件分权限传到相应的机床上，机床操作者在现场信息终端领取任务，输入工号在机床上调用所需加工的程序文件，这样可提高保密水平，也不必因程序传输问题在机床和技术室间来回奔波，降低了对操作工技能水平的要求，并缩短了不增值的辅助时间。通过 DNC 设备物联系统对生产过程中的生产进度、现场操作者、质量检验、设备状态等现场数据进行采集上传，再经过数据统计分析，生成报表实施可视化管理。利用设备的开机率、利用率等结果来指导生产调度，也可以根据运行工况数据和加工工艺数据提前规划设备的维护保养，减少非计划停机，提高设备利用率。

3. 装配生产制造

装配生产制造部门的职责包括计划、采购、仓储、装配和检验，采用 U8 + MES 软件对整个生产过程进行组织管理。新版的 U8 ERP 可根据销售订单自动完成计划和订单的下达。新增的车间 MES 主要是对仓储和装配现场生产、质量数据进行管理。采用二维码电子标签、无线手持扫描终端自动识别技术对仓储进行管理，实现对物品流动的定位、跟踪、控制和按需配送。

升级的 ERP 管理系统根据销售订单，由 LRP 运算生成计划表，直接形成采购计划下发至管理系统指定的配套员和厂家，减少人工制定订单的时间和错误的发生。采购订单转化为到货单报检单，检验入库时，ERP 系统可实时监控到货及质量状况，实现无纸化办公。LRP是按订单批次进行的需求计划，可以非常清晰地跟踪需求来源，即下达的生产订单、委外订单、采购订单都记录计划批号、来源单据号及来源单据行号，彻底解决了原 MRP 运算发生插单时，就需全盘重新运算规划，无法得知来源的弊端。

通过物料条码标签的批号效期保证近效期先出或先进先出，质量问题可被及早发现和追溯。追溯从原料到产品整个生产过程中的质量信息及与质量相关的信息，为装配选配提供了数据基础，如：标签上提供轴承与主轴套配合部位的数据，再结合轴承的公差进行合理选配使质量更有保证；通过扫描二维码出入库，可以防止实物收发错漏，保证动态仓库数据实时准确可靠。账面与实物相符，为生产计划下达新任务运算提供了基础保障，避免信息不准确造成计划漏项，到装配时发现缺料临时追加任务，延误工期，同时也可合理控制库存，减少资金占用。通过扫码生成 U8 单据，在减轻了操作者工作量的基础上，也降低了对其计算机使用水平的要求，即使是不熟悉实物、不熟悉系统的新人也能很快上手，降低了企业的用工成本。

装配生产现场可视化管理主要是对装配工步、检验数据、物料的管理。通过现场终端及个人计算机用网页形式对装配工序、检验工序进行实时监控，如图 7-7 所示，整机装配进度、部装状态及工序进展一目了然。这样，就可以第一时间解决物料出错信息，减少等待时间；减少各部门间人工联系的时间，可以进行有效的督促和工序间的协作。机床装配按人员扫码报工进行工时实时统计，便于对员工考核，减少月初突击算工时时间。另外，对装配完工的部装进行质量检验，判断质量是否合格，能否进行下一步装配。装配工步和检验是在生产订单下达后依据机床编码进行的，可以反向追溯从产品到原料整个过程与质量相关的信息。

通过 MES 管理系统将现场管理人员从烦琐的人工作业中解放出来，将更多的精力投入到优化现场管理中，更多地发挥"防"的作用，提高生产组织管理水平和制造执行力。实施 MES 管理后的 2018 年上半年与之前的 2017 年上半年相比，生产装配部门人均月工时缩短了 22.9%，出厂产品无维修的优良品由 87.37% 提升至 92.14%，见表 7-1 和表 7-2。

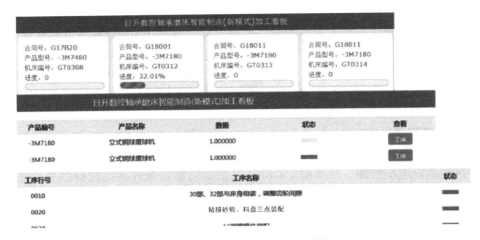

图 7-7　加工看板内容展示示意图

表 7-1　实施 MES 管理前后同期装配人员工时统计

年份	现场人员数（人）	新装机床数（台）	老旧设备大修数（台）	产值（元）	人均月工时（工时）
2017 年上半年	85 人	416 台	18 台	9170	480
2018 年上半年	87 人	508 台	19 台	6377	370

表 7-2　实施 MES 管理前后同期机床售后质量数据对比

年份	机床发货数（台）	调试无维修数（台）	优良品率
2017 年上半年	372 台	325 台	87.37%
2018 年上半年	471 台	434 台	92.14%

4. 能源管理

实施协同网络管理新模式，对能源等相关数据也进行实时上传分析，根据开工情况对变压器进行控制，减少损耗。合理利用阶梯用电，规定溜车时间等使水电费同期平均每台机床降低成本 620.98 元，能源节约 30% 左右。实施 MES 前后同期每台机床所用水电费对比见表 7-3。

表 7-3　实施 MES 前后同期每台机床所用水电费对比

项目	2018 上半年	2017 上半年	比较	降低比例
电费总数（元）	575462.22	574281.98	1180.24	
水费总数（元）	85362.45	126530.47	−41168.02	
生产台数（台）	551	385	166	
平均每台用电（元/台）	1044.4	1491.64	−447.24	29.98%
平均每台用水（元/台）	154.92	328.65	−173.73	52.86%

5. 经营管理

公司通过 U8 + MES 优化运行模式，改善业务流程，提高决策和生产效率；通过三维数字化设计与分析优化产品结构，实施全生命周期管理，缩短研发周期；通过条码技术加强物资管控，降低生产成本；通过 DNC 物联系统加强生产设备管理，保障设备的安全运转；通过调整人力资源劳动组织，优化劳动用工，降低人工成本；对能源等相关数据实时分析管理，降低资源能源消耗等，使公司运营成本降低达到 10%。

7.4　总结

新乡日升网络协同智能制造新模式项目的实施，对同类离散型的中小企业和产品的用户均具有示范效应。新乡日升用户为轴承、钢球制造企业，用户产品具有种类相对较少、批量生产的特点，更易实现智能制造新模式。新乡日升的滚动体设备占市场销售量的 70% 以上，一直引领行业的发展，现致力于提供智能装备，激发用户采购智能磨床，实施网络协同智能制造模式，促进行业进步。

在项目实施过程中，获取了以下几点经验：

1）当公司运行模式将发生重大变革时，要宣传到位引起各部门的高度重视。使各部门充分了解工作流程发生变化将带给本部门今后工作的便利性，同时做好打硬仗的思想准备，合理调配人员完成大量的基础工作，积极推进本部门的工作。

2）对信息化过程中已累积有大量数据的公司，相关部门要通力协作，且标准化工作要走在实施前面。即先制定整理规范，由公司设计、采购、仓管等部门相关人员合力对数据进行先期整理，取其有用部分再进行标准化整顿，可节约大量时间。

3）方案决策时，要召集尽可能多的相关人员进行探讨，找出最佳的适合本公司相关部门的方案后再行实施，不能求快而决策失误，造成工作量增加，延误整个实施期。

航空航天装备篇

第8例

河南航天精工制造有限公司 高端紧固件制造智能化建设

8.1 简介

8.1.1 企业简介

河南航天精工制造有限公司（以下简称河南航天精工）前身为信阳航天标准件厂，位于河南省信阳市。河南航天精工主要从事航空、航天及轨道交通标准紧固件、管路连接器、卡箍及专用零部件产品研发、生产、检测及销售，如铆钉、螺栓、高锁螺栓、螺母、自锁螺母、托板螺母、垫圈、螺钉、销、螺套、衬套等。河南航天精工紧紧围绕航天精工发展要求，通过实施人才强企、科技创新战略，围绕国家重点型号任务，开展高端紧固件研究开发和工艺基础研究和攻关，突破了一系列新型紧固件核心技术，并形成了具有自主知识产权的科研成果及技术标准体系，在行业内处于领先地位。

8.1.2 案例特点

1. 十二角头近净镦制成形技术

温镦在成形加工中属于粗加工，需要增加车工序进行修整后满足产品设计尺寸要求，近净镦制成形技术是通过控制镦制前毛坯尺寸，设计专用模具，实现头部一次镦制成形，降低产品用料及加工成本。

2. 产品全尺寸100％在线测量、数据实时采集分析技术

自动生产线根据测量结果及分析，自动决策反馈至数控机床数控系统完成产品关键尺寸的自适应加工。

3. 智能制造生产线管理系统

通过物料、刀具等系列管理系统的集成，实现生产线自动核算制造成本。

4. 刀具全生命周期系统

实现刀具自动测量、刀具自动补正、刀具寿命管理及备用刀具管理的全生命周期管理系统。

8.2 项目实施情况

8.2.1 项目总体规划

河南航天精工高端紧固件智能工厂架构如图8-1所示。公司具备独立完成从设计、研制、生产到试验检验的能力，且近年来引进了 SAP-ERP、MES、CAPP、PLM、MDC/NDC、TDM 等智能软件，开展了软件与加工设备的集成应用，具备智能管控、智能制造的基本条件。生产全过程采用 SAP-ERP 系统技术进行调度管理，采用视频监控对车间所有设备进行360°无死角监控，同时管理人员可通过后台对生车间进行远程监控。

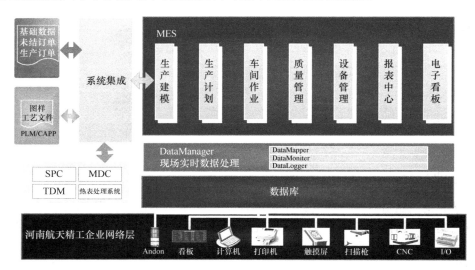

图 8-1　高端紧固件智能工厂架构

公司未来两年将全面推进数字化制造协同管理平台建设，该平台以先进的系统技术架构和基础服务，保证该平台中 SAP-ERP、MPM（制造过程管理）和 MES 三大核心子系统以及各类相关工具软件套件的高效部署、动态衔接和协同运行等一体化集成应用，并对数字化研发、设计制造、检测、管理全过程动态数据进行统一管理与归档。同时提供与主流 CAD、DNC 等工具软件以及 OA、数据管理中心等系统的标准开放接口，实现企业核心业务整体化运作和数据贯通，实现基于平台的信息化应用管理，完成研发设计与生产集成、生产管理与控制集成、产供销集成、财务与业务集成、决策支持等跨部门、跨业务环节的集成，实现车间的自动化加工和精细化管理。

8.2.2　建设内容

8.2.2.1　智能生产线建设

高端紧固件生产线通过机械手、SAP-ERP、在线检测系统等软硬件相结合，以工艺标准化和设备自动化改造为基础，组建数车、滚压、标记、检测等加工检测单元。数车单元利用刀具自动补偿技术实现了自动装甲和成形，大幅减少装甲次数。滚压单元通过润滑技术、优化定位技术，实现了滚压自动化加工。标记单元使用定制专用装甲工装，自动化加工效果明显提升。检测单元产品全过程 100% 采用自动在线检测，实现异常自动预警，不合格品自动剔除，成品率接近 100%。

8.2.2.2　生产设备运行状态监控

以 MES 应用为基础，实现对生产基地的机床联网、生产任务、生产准备、作业排产、生产物流、现场监控、质量控制等车间现场的精细化管理，提高生产效率和产品质量。应用

DNC 系统的数控机床联网、数控程序的编辑与仿真、数控程序的数据库管理等技术，实现数控机床和 DNC 系统之间双向传送 NC 程序、刀具补偿文件、数控系统参数，为实现生产任务自动下发、设备状态、任务完工等生产数据的采集提供基础。

基于 MES 的数据采集系统，应用 SPC 技术，实现对生产过程的实时监控，辨别生产过程中产品质量的随机波动与异常波动，从而对生产过程的异常趋势提出预警，以便生产管理人员及时采取措施，消除异常，恢复生产过程的稳定，从而达到提高和控制质量的目的。

8.2.2.3　生产数据采集分析

通过 SAP-ERP 系统，生成生产计划，车间根据生产计划进行物料投放，生产过程中设备通过 BOM、MES、CAPP、PLM 联合系统进行集中生产控制。生产订单业务流程主要包括，通过 SAP-ERP 系统接收生产订单（流转卡号、产品代号、数量），然后根据驻厂服务部的考核计划生成产品在线，项目经理可以在此基础上对计划进行安排并最终下达给车间生产班组。计划调度人员可以通过计划监控平台实时监控各班组任务的执行情况，并进行计划调整等操作。

8.2.2.4　物料配送自动化

生产过程中，在原料成形阶段，对每个原件打上数字编码，每批数字编码对应相应的原件。数字编码由 SAP-ERP 系统自动生成，通过查询数字编码，可查询生产批次、生产时间段、质检结果、操作负责人班次、原料供应等相关信息。通过开发 SAP-ERP 管理系统，完善物流订单信息化流程，公司实现客户订单信息与物流、仓储实时打通，实现订单生成——订单处理——仓储清查——整合进度——生产计划——成品出库的一体化生产模式。

8.2.2.5　产品信息可追溯

1）机械手臂将产品放入尺寸自动检测系统的检测区域内，检测信息反馈到 SPC 质量过程控制系统。

2）TDM 将检测结果反馈给生产现场。对于不合格产品，触发不合格品处理流程，SPC 系统可通过数据制定纠正措施，并确定该产品是报废或返修或返工。

3）SPC 系统通过趋势预测产品的质量，并将结果反馈到机械手臂，若为不合格品，机械手臂自动完成报废或返修的分拣。

4）质检人员使用游标卡尺、外径千分尺、百分表、三坐标测量仪和投影仪检测，并将检测信息录入 SPC 系统和 TDM 系统，TDM 系统根据检验模型中的标准自动判断质量结果，生成检测报告。

8.2.3　实施途径

8.2.3.1　工程技术方案

高端紧固件制造主要使用热镦成型技术、精密机械加工技术、螺纹滚压技术、转接圆弧冷挤压技术、试验检测技术、信息化技术等。为了提高产品质量和生产效率，降低加工成本、优化螺栓的加工方案、精简加工生产流程，河南航天精工公司技术组将产品的十二角一次镦制成型。

8.2.3.2　工艺设备配置

工艺设备配置原则如下：

1）保证轨道交通紧固件自动化生产线样板间建设项目顺利完成，解决质量不稳定、成本偏高、交货不及时等问题,促进结构企业产业结构调整和转型升级。

2)整合现有资源,充分挖掘现有资源潜力,提高生产效率。

3)在满足产品质量要求的前提下,选择考虑其先进性和通用性以适应多品种产品的需求和发展需要。

4)在满足建设目标的前提下,优先选用节能和环保设备。

根据需求,河南航天精工拟实现热镦、数控车、滚 R、滚丝工序的全自动加工,为保证产品 100% 合格,在热镦工序和数控车工序安装尺寸检测装置。

8.2.3.3 机器人自动线与尺寸自动检测系统

为了实现热镦工序、数控车工序、滚 R 工序和滚丝工序自动化加工,做到无人化运行,正常化运行后可实现产能 3 件/min,并具备扩充至 6 件/min 的能力,热镦工序、数控车工序配备视觉检测装置,确保尺寸 100% 合格。河南航天精工构建机器人自动线与尺寸自动检测系统,该自动化系统由 1 台徐锻 JH21-250、3 台小巨人 QT-100、1 台滚 R 机 SKG-03-100、1 台滚丝机 MC-15、4 个 KUKA KR16 机器人、2 个 KUKA KR6 机器人、1 个上料机构、1 个视觉检测、1 个物流中转机构、2 个中转料台、1 个下料机构、若干安全门及围栏以及控制系统(PLC)组成。高端紧固件自动化生产线示意图如图 8-2 所示。

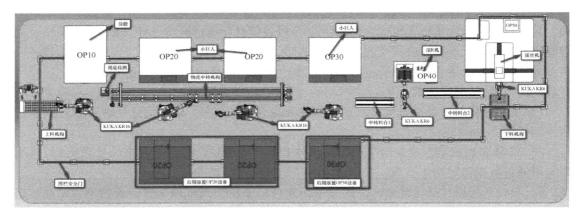

图 8-2 高端紧固件自动化生产线示意图

当周边压力机、车床、机器人、上料机构、视觉检测、物流中转机构、中转料台、下料机构、安全围栏等都已起动,并处于自动状态,总控制柜上显示各周边设备的指示灯都为绿色后,操作人员在系统控制柜上按下系统运行按钮,整个系统就处于自动运行状态。

取件机器人从上料机构抓取毛坯件,运行到压力机,用另一个抓手抓取已镦锻件,再放入待加工件。然后机器人运行到视觉检测系统,对已镦锻工件的齿形进行检测(同样先取已检测件,放入待检测件)。视觉检测完成后,机器人将齿形完好的工件放在物流中转机构上的工装托盘上,待进入下一步工序。高端紧固件自动化生产线上料工位示意图如图 8-3 所示。

工件到达物流中转机构上的托盘后,电气逻辑控制决定托盘流向两个 OP20 上的某一个顶升机构上。物流中转机构上的顶升机构将该位置的托盘顶起,然后由取件机器人实现机床自动上下料,如图 8-4 所示。

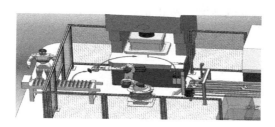

图 8-3　高端紧固件自动化生产线上料工位示意图

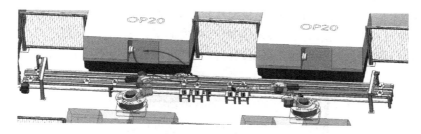

图 8-4　高端紧固件自动化生产线物流中转示意图

8.2.3.4　车间设备联网和信息集成

高端紧固件生产信息流程图如图 8-5 所示。高端紧固件生产信息流程为：①企业销售人员通过 ERP 下订单；②采购部通过 ERP 了解订单内容并采购相应原料；③生产部接到生产信息制订生产计划并进行半成品加工；④半成品转入机械加工智能制造车间。

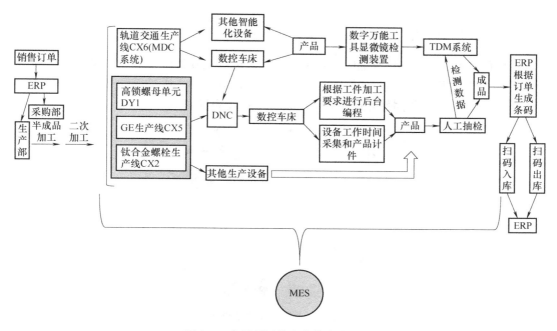

图 8-5　高端紧固件生产信息流程图

8.2.3.5　企业信息安全保障

企业信息安全基本保护措施为给系统设置账号密码，并进行权限设置，河南航天精工各级领导分管不同模块，进行逐级保密，防止企业信息泄露。安全管理方案包括网络、操作系统、开发平台、应用业务系统、系统安全管理规范、安全意识等各个方面。

8.3 实施效果

8.3.1 建设成果

河南航天精工智能车间生产线实现了数控车、滚 R、滚丝工序的全自动加工，保证了产品 100% 合格；在热镦工序和数控车工序安装尺寸检测装置，实现异常自动预警，不合格品自动剔除、成品率接近 100%。整条生产线采用 MDC 可实时获取各机床的开机、运行、报警状态，为车间管理提供了翔实的基础数据。高端紧固件生产车间智能加工单元如图 8-6 所示。

图 8-6　高端紧固件生产车间智能加工单元

8.3.2 关键环节改善

1）原有大多数设备都比较老旧，新系统要与之进行交互比较困难，几乎都不能够进行直接装填，需要对其进行改造。其中，改造滚 R 机装填机构，通过气动开合，方便自动控制及机器人装填。高端紧固件生产车间自动装夹与在线测量如图 8-7 所示。

图 8-7　高端紧固件生产车间自动装夹与在线测量

在图 8-7 中原设备只有一台虎钳，全部人工放料后进行制标，通过新增一台气动夹具及旋转机械，实现机器人自动装夹。原设备全手动操作，人工读取数据，并进行合格品判断，通过新增一台在线测量仪，可以实现自动测量及成、次品判断。

2）打标机原有系统是封闭程序，很难找到原供应商进行配合，为此项目组专门开发了一套客户端小程序，安装在打标机上，实现打标机的控制，如图 8-8 所示，然后通过该程序实现打标机与整个系统的集成协同应用。

3）生产线选用的数控车床原规划为手动操作，因此单机自动化功能不全，对多处进行升级改造，如增加了对刀系统、自动开闭门系统、自动排屑系统、集中供液及清洗系统和 I/O 通信模块等。

图 8-8　定制化开发小程序嵌入到打标机系统

4）通过讨论及试验，改变原有加工工艺实现方式（不再另外加装护套），在 OP20 工序，采用了主轴定向功能 + 主轴夹头改造 + 顶尖改造相结合的方式，即通过自主研究探索开通机床主轴定向功能，将主轴夹头改造成自带内十二角的夹头，将顶尖与反顶尖护套组合改为内锥反顶尖。加工时，首先通过主轴定向功能将内十二角夹头停车在预设的角度位置，然后，在原有视觉定位机台上，将工件十二角定位在与内十二角夹头停车相吻合的位置上。最后，机器人抓取工件直接装填到内十二角夹头内。在 OP30 工序，将原弹簧夹头接盘 + 夹头 + 护套装夹系统改装成三爪卡盘 + 避空加厚三爪的装夹系统。相关情况如图 8-9 所示。

图 8-9　自主研发的 OP20 新夹头、OP20 新顶尖、OP30 新卡盘

5）在 OP20 工位，工件进机床之前需要定位工件的十二角方向，也是本项目的难点之一，项目组采用的方案是首先通过视觉系统（图 8-10）识别当前工件的位置，然后通过相应的旋转机构将工件旋转定位到机床主轴定向的角度位置，最后由机器人抓取工件放入机床。

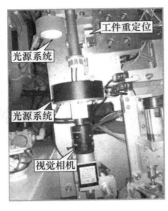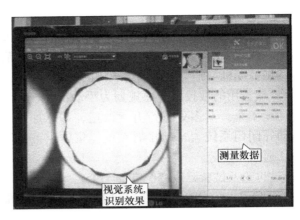

图 8-10　生产制造单元视觉系统应用

6）由于数控车床无刀库，不可能实现自动装卸并更换刀具（刀片）功能。传统手工操作数控车床的程序调刀方式为单一刀号指定方式，换刀时机选择在当前加工刀具（可转位刀片）寿命到达时。由于加工的为 A286 高温合金材料，该产品专用的数控刀片平均加工寿命只能达到 30 件，造成生产线最长只能连续运行 2h，就会因为刀具寿命终结必须中断生产线运行进行手工换刀。项目组本着合理利用刀塔空余刀位、提高生产线连续运行效率的宗旨，通过不断研究探索来优化数控车床刀具管理功能参数。最终，以刀具分组调用与备用刀具寿命管理相结合的方式，将生产线无换刀干预时间延长至 8h（一把主刀三把备用刀分为一组，主刀与备用刀全部达到寿命值时再进行手工干预换刀）。

7）由于产品材料难加工、螺纹杆尺寸公差小，虽然采用了自动对刀仪进行刀具自动补偿，但螺纹杆尺寸仍然频繁出现超差，达不到预期控制效果，中间还需要操作人员手工强制输入补偿误差值，才能满足螺纹杆尺寸公差控制要求。为了在不增加额外投入的情况下解决螺纹杆径的自动补偿问题，项目组对原有在线检测系统和机床数控系统进行了二次开发，开发自动补偿控制软件（含数据库）一套（ODATA3. accdb）、输出数据宏程序一个（1111. EIA）、数据判断及补偿宏程序一个（3333. EIA）。经过多批次产品加工验证，此种自动补偿技术安全、稳定、可靠，可控制螺纹杆径尺寸值在 0.01mm 误差范围内波动，且全程无须人工干预，完全达到预期目标，值得在其他自动化生产线的建设及升级改造中大力推广应用。

8.3.3　关键指标项改善

1. 产能提升

采用了自动化生产线，减少了大量繁重的体力工作，一个工件从上线到下线装盘，只需要 1min 左右，远远快于人工操作，且可实现低成本三班制，产能提升了 30%。

2. 成本降低

通过核算，直接制造成本降低达 36%。

3. 质量提升

按原工序进行生产，工序较多，平均成品率约 90%。现在采用流水线自动生产，成品率可提升到 99% 以上。此外，客户要求尺寸 100% 检测，靠人工基本不可能实现，目前实现了尺寸 100% 自动检测筛选。

4. 人力资源

原来整个工序路线下来，OP20 需要 2 人，OP30 需要 1 人，制标需要 1 人，滚丝需要 1 人，滚 R 需要 1 人，测量需要 1 人，每班共需要 7 人。采用新生产线后，OP20 + OP30 需要 1 人，制标 + 滚丝 + 滚 R 需要 1 人，测量不需要配备人员，生产线只需要配备 2 人。每班节省人力数量为 5 人，如果开三班，则节省 15 人。

8.4　总结

河南航天精工高端紧固件制造智能化建设项目建设完成后，有效提高了河南航天精工的市场营销、数字化研发、精益生产、智慧经营等能力，从而提高了产品质量，减少了产品制造周期，降低了制造成本，提升了顾客满意度，实现了传统生产模式向先进的智能制造模式的转变。具体如下：

1）通过自动化改造，极大地提高了河南航天精工的自动化水平，提高了生产效率和生产质量；通过工厂信息化建设，增强了生产现场的全面管控能力。

2）通过智能化建设，贯通企业整个价值链和产业链，实现了河南航天精工内部的智能化、精细化管理以及产品的全生命周期管理，具备了多品种、小批量的大规模个性化定制的能力，逐步实现生产的少人化和无人化。

3）通过接入 INDICS 平台，建立与河南航天精工上下游企业在经营、设计、生产和供应等方面的全面协同制造。

企业建立智能制造项目，大大提高了生产效率，降低了生产成本，为用户提供高品质的产品，并带动了当地技术和经济发展；同时培养了一批高技术生产工人，提高了当地整体技术水平；企业生产水平的提高也带动了紧固件机械加工行业的发展，促进其他企业进行自我创新与技术引进，实现共同进步。

第9例

河南航天液压气动技术有限公司 基于云平台的高端液压气动元件智能工厂

9.1 简介

9.1.1 企业简介

河南航天液压气动技术有限公司（以下简称航天液压公司）隶属于中国航天科工集团河南航天工业有限责任公司，是中国航天科工集团唯一专业从事液压气动元件及系统集成设备研制、生产和检测的高新技术企业。航天液压公司主营业务是为各大军工集团提供军用高端液压气动元件产品及附属实验检测系统设备，产品细分为特种泵、特种气控阀、过滤器、特氟龙软管、金属软硬管管路总成、精密管路连接件及系统集成设备等。近年来基于新型二维泵阀技术开发了具有自主知识产权的 2D 阀、2D 泵等产品，正在推广和应用。航天液压公司虽然规模小，但技术专业度高，始终以突破高端液压气动元件核心制造技术为己任，以打破高端液压气动元件依赖进口实现国产化，实现自主可控为发展目标。

9.1.2 案例特点

航天液压公司作为中国航天科工集团第一批智能制造、云制造试点单位，先期组织开展了大量的探索性实践与验证。"基于云平台的智能工厂建设"项目，是在航天液压公司智能制造样板间建设实施的基础上，结合云平台应用、内部信息化整合，全面打通企业内外部协同、研发与制造协同、制造管理与自动化协同等多个环节，逐步建立新型的定制化、服务型制造模式。

通过本项目的实施，航天液压公司实现外部云平台与信息化平台深度集成、内部信息化与自动化深度融合，提升"多品种、小批量、定制化"产品的机械加工制造效率；形成支持个性化定制生产的内部 IT 支撑环境，实现基于 MBD 的工程数字化研制体系、以 ERP 为核心的数字化经营管理体系和以 MES 为核心的生产制造执行体系；实现云端、企业、数据模型、流程、人、设备、产品、制造资源等元素的全面集成与智能控制，提高制造过程的智能化水平。

9.2 项目实施情况

9.2.1 项目总体规划

项目以"基于云平台的智能工厂整体解决方案"为整体框架，融合目前"互联网＋智能制造"的新技术,打造适合"多品种、小批量、定制化"产品的智能制造示范。基于云平台的智能工厂框架如图 9-1 所示,基于云平台的智能工厂主要由云(互联网)平台、IT层、OT 层组成,可实现用户需求的同步共享和整条生产线的高度协同。订单形成前,需求与商务对接过程在线上深入开展,基于三维模型的实时交互、工艺协同供需双方确定最终产品的详细技术路线。用户云平台提交订单后,订单信息实时传到企业的 ERP,通过排产系统自动排产,将信息自动传递给各个工序生产线及库房。不同的工序根据指令生产相对应的零部件,最后在总装线上进行组装。企业的管理者及企业授权的用户可以通过手机终端或网页端实时看到工厂产品及订单的状态,实现企业生产过程的透明化。

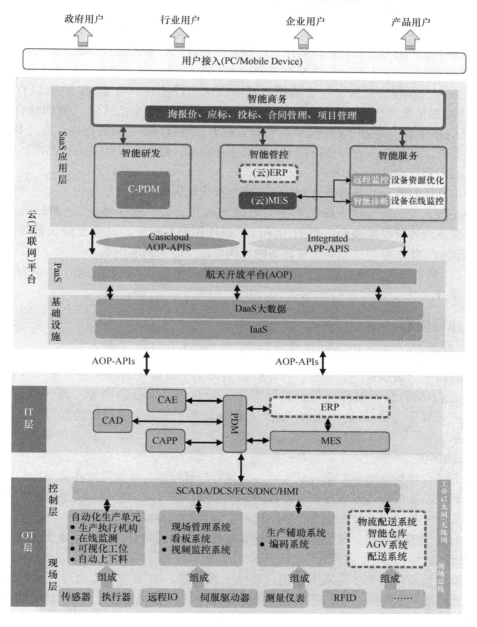

图 9-1 基于云平台的智能工厂框架

云平台以航天云网的应用为依托，以从生产过程采集的数据为基础，形成云工厂，利用智能管控 CRP 等工具实现资源利用的均衡、优化，能力配置的协调一致。在云平台上，用户可进行商务对接、协同设计、跨企业排产、售后服务等，合理利用社会化资源进行社会化制造及服务化制造；另外，云平台可实现机器设备与产品数据互联互通，并最终和用户数据互通。

OT 层和 IT 层是数据互联互通的基础，主要体现为在 OT 层建设生产设备级自动化组装线，在 IT 层建设 ERP、MES、PLM 等信息化系统。通过 OT 层和 IT 层的集成，形成高效的工业网络，实现研发、设计、计划、管理等在线监控管理功能，将生产作业计划与工业控制系统等集成，实现生产作业的精确控制，并且根据实际需要及时调整生产计划和工艺，可以适应多品种、变批量、变产量需求，实现资源的优化配置，提高快速应变能力，提高整体竞争力和可持续发展能力，从而达到柔性生产加工的精益化、柔性化、智能化。

本项目建设框架的主要特点体现在企业内部信息"纵向整合"以及外部信息"横向整合"两个方面。内部信息纵向整合是通过基础设施建设实现"企业 IT 网络与 OT 网络融合"，实现数据采集及智能控制模块与 MES、ERP、PLM、CAX 系统的"纵向整合"。通过企业 IT 层信息化系统的建设，降低企业的运营成本，缩短产品的研发周期。通过 OT 层自动化系统的建设，可提高企业的自动化率，提高生产效率，降低产品的不合格品率，同时也可降低企业的运营成本。

外部信息横向整合是通过云平台建设，实现社会化协同制造和服务化制造，实现企业与客户、企业与企业、产业链上游与下游间数据互联互通的"横向整合"。通过云平台的建设，进行企业内外资源的整合，在 IT 层和 OT 层作用的基础上，可叠加降低企业的运营成本，提高企业工作效率，并提高企业设备的可用率以及能源的利用率。

因此，"基于云平台的智能工厂"在传统自动化和信息化工厂的基础上，可为企业带来进一步的提升。

9.2.2 建设内容

9.2.2.1 云平台

云平台以生产制造业务为核心，可整合制造活动中所需要的各类制造服务（制造资源和制造能力）。结合航天液压公司的具体需求，云平台提供云端商务、设计云协同（CP-DM）、生产云管理（CMES）以及虚拟工厂的服务。基于云平台的智能制造云端业务流程如图 9-2 所示。

1. 云端商务

通过云平台的智能商务功能，航天液压公司客户可根据自身的需求在云平台的网页端或移动端进行产品的配置选型以及下单。如图 9-3 所示，航天液压公司在云平台发布自己的加工能力，如数控精密机械加工能力、数字化弯管能力等，客户在云平台发布自己的需求，双方在云平台完成需求对接，通过竞标、投标等方式完成合同签订，完成在线商务合作。

2. 设计云协同

目前航天液压公司主要是采用"用户提供三维模型，航天液压公司进行模型转换，编制工艺，进行生产、检验、交付"的工作流程，整个过程自动化程度低，内外部协同性低，相关变化与异常反应速度慢效率低，不能很好地支撑定制化智能制造的运营目标。航天液压

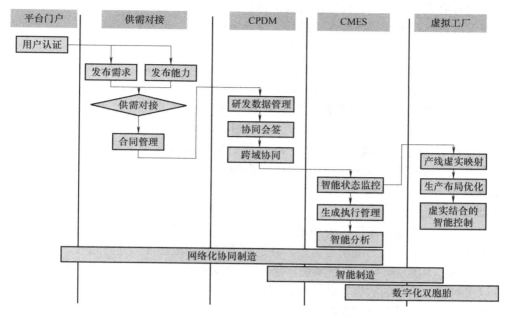

图 9-2　基于云平台的智能制造云端业务流程

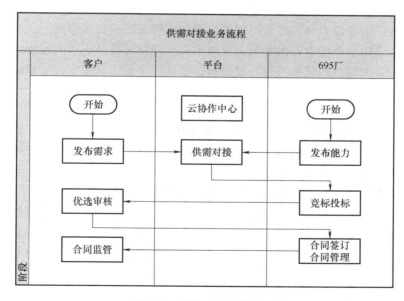

图 9-3　供需对接业务流程

公司通过建立云平台，为企业带来更多商机，借助设计数据"云"端发放与协同会签，实现设计资源优化配置，逐步建立标准、材料、设备、工艺过程、刀具等共性资源库，构建社会化协作技术基础。

3. 生产云管理

航天液压公司通过企业内部实施 MES，实现实时反馈生产加工的进度数据、质量检验数据、车间生产加工状态等数据。由于缺乏对数据的分析，无法评估生产数据与瓶颈工序、瓶颈设备的对应关系。生产过程监控以线下执行为主，没有远程控制、协调、调度的能力，现场管理人员对突发事件的处理方式滞后，缺乏远程协同、远程解决的途径。对于批次质量的追溯，以及质量数据与设备累计使用时间、单一工人工作时间、供应商物料批次质量波动间的关系，缺乏分析手段。生产管理过程对于客户是一个"黑盒"，无法及时获取产品任务进度，发生质量问题也无法及时取得沟通。

通过实施企业云生产管理系统，可有效利用 MES 里收集的生产数据，包括：设备数据、物料批次、工艺路线、工艺参数、批次数量、质检合格率等，并进行有效分析，为企业在云端商务平台中接收订单后的生产过程，提供远程视频监控手段，并可形成生产数据报表，为企业的有序生产提供依据；最终通过质量 SPC 等分析手段，逐步提高企业产品竞争力。

4. 虚拟工厂

CPS 虚拟工厂可为航天液压公司建立数字化车间的总体模型、工艺流程模型和布局模型，形成可展示的数字化三维动态模型，并通过大屏幕等设备展示生产过程。虚拟工厂通过传感器或 DNC、MDC 等工业控制系统，采集生产设备的数据。虚拟工厂与（云）MES 集成，可以实时展示设备的数据和订单的流程，清晰将生产的流程展示给管理者以及授权的用户，使得虚拟工厂的设备能够获取实际设备的工作状态、加工数据等信息，还能够获取实际设备的生产加工任务。虚拟工厂与实际生产过程以及自动物流系统集成，可以实现在线生产加工仿真和物流仿真。

通过虚拟工厂的建设，可实现车间现场实时加工情况的远程虚拟展示，与现场视频监控结合，有效展示公司生产能力；为决策人员对车间生产情况提供直观的远程展示手段，对设备的工作状态、批次的生产状态进行直观展示；结合数字化仿真技术，实现虚拟验证可加工性，为客户提供参考。

9.2.2.2　IT 层系统

以 ERP 为核心进行资源优化配置，建立数字化经营管理体系；以 MES 为核心进行车间资源能力优化配置，建立生产制造执行体系；以 PLM 为核心结合 MBD 推行进行数字化产品生命周期管理，建立数字化研制体系。

优化信息化整体应用架构，弱化系统边界，实现信息化系统全面贯通科研生产主体流程。在单个应用逐渐深化的基础上，通过系统数据集成、流程集成、权限控制集成，逐渐模糊系统边界，实现主体流程的全线平滑贯通。深化数字化研发能力，继续加强研发设计过程的数字化能力架设，推进研发设计数字化深度发展与融合，一方面要在原有基础上进行深化应用，提高精细化程度；另一方面，将研发设计数字化与其他领域数字化发展协同推进作为工作重点，实现整体的最大化效用。随着数字化加工制造的深入应用，原有的 NX CAM 软件在部分复杂五轴的 CAM 应用方面效率不高，需要引进专业的五轴 CAM 软件，以提高复杂零件的加工效率。增强数字化加工的虚拟仿真验证能力，结合机床实体模型的加工仿真，减少在实体加工设备上的安装调试过程，提高设备利用率。

9.2.2.3　OT 层系统

航天液压公司 OT 层系统包括数控弯管智能制造系统、机械加工智能制造系统和在线智能化综合采集控制系统。数控弯管因产品市场容量小，推广示范性相对较低，主要进行内部应用和智能制造试点探索，工作的重心为机械加工智能制造单元系统的建设。在线智能化综合采集控制作为综合集成基础，完成分散的各个设备、检测环节、试验过程的综合集成。

1. 金属硬管智能制造样板间

完成金属硬管自动化弯制、扩口、去毛刺、测量几个工艺过程的自动化，并与外部的三维实体模型设计工具集成应用，形成典型金属硬管自动化制造生产线，并接入云平台。生产线融合离线编程、在线信息采集与零部件识别等技术，打造金属硬管定制化制造样板示范。数控弯管智能制造单元布局示意图与实景如图9-4所示。

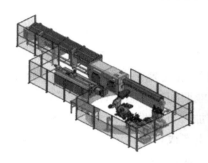

图 9-4　数控弯管智能制造单元布局示意图与实景

2. 高端机械加工智能制造样板间

高端机械加工智能制造样板间分三期建设：一期实现金属机械加工自动化柔性生产，改造 4 组 12 台数控铣加工中心；二期实现金属机械加工智能化柔性生产，改造 2 组 12 台数控铣加工中心、2 组 10 台数控车加工中心；三期进行智能化生产线扩展建设，完成 4 组 20 台数控车、2 组 12 台数控铣的智能化改造与生产线并联，初步建成具备一定规模的高端机械加工智能车间。机械加工智能制造二期数控车布局如图 9-5 所示。

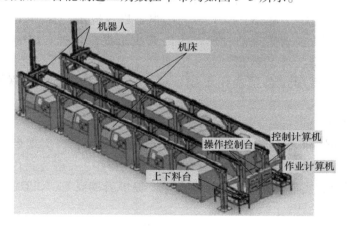

图 9-5　机械加工智能制造二期数控车布局

3. 在线智能化综合采集控制系统

建立物理信息网络，完成机械加工设备智能联网、检测试验设备联网以及人、工装、刀具等制造辅助资源联网，进行信息综合采集与处理，在 OT 层形成边缘计算能力，补充 MES、ERP 等上层计划系统的不足，形成物理执行层的智能化自主决策能力，并向上层信息管理系统、云平台提供现实状态基础数据，及时调整和优化顶层计划。

9.2.3 实施途径

9.2.3.1 信息化自动化基础构建

本项目已完成 PDM、MES、ERP 三大核心信息系统搭建与实施应用，构建网络化、数字化科研生产环境；局部尝试自动化改造与信息化融合应用，进行两化融合发展探索，形成基础的智能化改造思路与能力。

9.2.3.2 关键过程加工自动化

按照整体框架方案，逐步补充和扩展建设智能工厂 OT 层，实现关键加工过程的自动化，实现关键加工过程的柔性化自动换装。应用 AGV 实现机械加工零部件自动上下料、机外预调，机内连续加工，满足"大批量、少品种"加工制造的需求，形成智能化机械加工生产线。增加生产线生产过程多重校验、资源智能调配、状态统计分析等智能化元素的集成应用，加工过程自我矫正，根据刀具消耗情况增加刀补，根据装卡坐标偏置修正基准坐标；对刀具、程序、生产进度进行采集与处理，实现生产线智能资源分配等。最终形成一个适应"多品种、小批量"高度离散任务加工需求的智能加工工厂。

9.2.3.3 柔性智能生产升级

柔性智能生产升级阶段预计 2020 年 6 月完成，此阶段将推进研发设计数字化深度发展与融合：一方面在原有基础上进行深化应用，提高精细化程度；另一方面，将研发设计数字化与其他领域数字化发展协同推进作为工作重点，实现整体的最大化效用。

主要是 PDM、MES、ERP 的三方集成应用，完善航天液压公司物料编码生成、使用、管控体系，统一信息化系统内的物料表述语言。实现主线业务的贯通，覆盖销售合同、计划、执行反馈、产品发货、回款过程，以及运营中伴随的成本核算、质量控制等关键控制过程。PDM、MES、ERP 与数据中心集成应用，提高数据搜集、处理以及再利用能力，建立企业经营管理驾驶舱，为经营决策提供依据。PDM 与 CAD 的深度集成应用，实现产品模型与产品数据的统一。此外，MES 与 DNC、立体库、零件智能检测、视频监控系统等底层设备层应用集成，将底层数据与流程环节关联，增强设备层数据活性。

9.2.3.4 云平台应用

完善 IT 信息化层内部管理信息系统，深入广泛应用云平台，实现企业业务流程云端嵌入。云平台应用预计完成时间为 2021 年 12 月，在建设智能工厂和完善内部信息系统的基础上，广泛应用云平台，实现内外协同。云平台主要提供云端商务、CPDM、生产云管理、云端虚拟工厂服务。

云平台以生产制造业务为核心，可整合制造活动中所需要的各类制造服务（制造资源和制造能力）。云平台提供制造服务以及商品的在线对接交易，实现制造服务和商品的发布、选比、搜索、评价等。云平台还提供智能研发，整合设计环节所需的各类制造资源供用户在线开展设计分析、工艺及设计任务管理。云平台支持企业的设备数据、质量数据同步，提供远程视频监控方案，支持企业的可视化和透明化。此外，云平台还面向产业的供应链环节、营销链环节云服务，支持跨企业的采购协作业务，提供售后链云服务，支持企业用户在线开展售后业务的全程监管。

9.3　实施效果

航天液压公司云平台关键功能的试验验证，IT 层系统主体框架搭建与应用，OT 层一期数控弯管和机械加工两个智能制造样板间建设，已取得初步建设成果。后续将逐步深化信息化建设成果，扩大建设智能化单元，完成物理信息系统全面覆盖，深度融合云端接入与内部控制，实现项目总体目标。

9.3.1　直接效率提升

根据航天液压公司数控机床信息采集系统内采集的精确数据，OT 层机械加工智能制造样板间实施后，原有机械加工设备的平均有效切削率由建设前的 32% 提升到平均 85% 以上，机床生产效率提升为原来的 2.5 倍。同时机械加工设备由改造前的每班 12 人控制 12 台设备，借助技术与管理双改进，压减到只需要 2 人即可控制 12 台设备，人力资源的利用效率大幅提高。本项目实施后智能制造过程要求应用固化的机床 NC 程序来完成，同时借助数字化测量手段，规避了大量人为操作造成的差异，产品的质量一致性得以提高。加工过程自动化、物流过程智能化将以前的人员围着设备转转化为设备围着人转，员工的劳动强度得以降低。车间实景如图 9-6 所示。

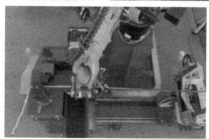

图 9-6　车间实景

9.3.2　研发过程数字化敏捷化

航天液压公司引进并应用西门子 NX CAD、CAM、CAE 三维设计、加工与仿真工具，并与西门子公司建立紧密的战略合作关系。采用国产 PDM 系统进行产品设计数据的全生命周期管理，利用 CAPP 进行结构化工艺文件编制，尝试应用三维工艺进行新型工艺工程描述，特别是复杂装配体的数字三维多媒体工艺指导，总体上已实现基于三维模型的航天泵阀产品设计研发体系。研发质量、综合效率、制造过程指导性与可靠性大幅提升，促进了单位内部数字化过程的推进和深化应用。

1. 三维产品设计

通过设计过程三维设计的推广，目前公司自有复杂产品已实现全三维建模，以三维数模为有效设计文件。三维管路、机械设计如图 9-7 所示。

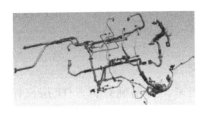

图 9-7　三维管路、机械设计

2. 设计仿真

利用西门子 NX CAE 以及外部挂接的专业解算器进行产品的结构仿真、多物理场仿真，利用电子仿真软件进行电路原理仿真、功能仿真、电子制造可行性仿真验证等。

3. 加工仿真

在三维设计的基础上，航天液压公司完成单位主要加工设备的三维信息化，利用 Verycut 软件系统进行加工产品的刀路规划、加工过程干涉检查以及刀路深度优化等工作，提高加工效率与降低制造成本。

4. 设计与工艺管理

航天液压公司启用 PDM 系统进行研发设计过程的管控、数据的管控，并为后续的经营与生产过程提供基础数据支撑，系统本身主要进行产品 BOM、工艺、图样等技术文件的集中管理、版本控制、项目管理、工时和工装管理等。CAPP、产品数据管理（PDM）主要功能如图 9-8 所示。

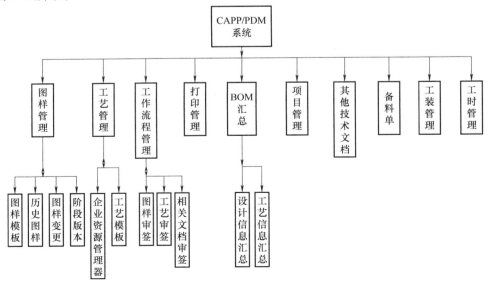

图 9-8　CAPP、PDM 主要功能

9.3.3　生产过程透明化

利用 MES，基本实现生产调度、产品跟踪、设备状态、作业执行、任务派发、看板监控、统计分析及可视化能效管理的功能。生产过程由"黑匣子"逐渐变得透明、可控，生产计划执行情况快速汇总反馈，为生产经营决策、资源调度提供数据。

9.3.4　管理过程科学化

为进一步整合内部资源，规范管理过程，启动实施了 SAP ERP 系统，进行业务经营管理过程的流程再造，现已上线应用，具体包括会计核算、财务管理、生产控制、物流、采购、销售与库存的集成计划管理，进一步整合企业内部资源数据，实现经营管控一体化。全新的 SAP ERP 系统对经营管理过程进行了全业务链的强关联，建立以产品 BOM 数据为核心的数据联调，贯穿销售、订单、生产、库存全过程，实现"采购到付款""销售到收款""生产到成本"的一体化，以及经营管理过程数据模型化，管理措施更为科学有效。

9.3.5　内外部趋向协同化

建立平台门户统一登录，基于专有云平台门户集成协同产品数据管理（CPDM）、协同制造执行系统（CMES）和虚拟工厂应用，提供用户统一入口和消息通知、统一搜索、用户管理、组织管理等功能。通过云端商务实现基于航天云网、专有云的线上商务对接功能，航天液压公司借助云平台进行供需双方的商户对接过程。CPDM 系统完成供需双方在航天云网内进行图样、工艺技术文件的审签与在线浏览、设计标准查看、设计工具应用、仿真资源调用以及跨单位研发协同。生产云管理功能借助 CMES 实现航天液压公司设备接入云平台，实时显示设备当前状态与运行参数；实现设备综合效率（OEE）状态云端展示；实现基于云平台的云端视频；完成检测测量报告文件上传云端功能的开发。

虚拟工厂部分建立了 VR 虚拟车间，并集成设备 OEE、MES 任务数据等内部信息系统，后期接入设备全数字模型，形成数字化双胞胎。VR 虚拟工厂如图 9-9 所示。

图 9-9　VR 虚拟工厂

9.4　总结

航天液压公司作为中国航天科工集团智能制造试点单位，先期开展了一些探索性实践，特别是针对自身特点的高度离散型的定制化生产制造、"多品种、小批量"生产制造进行了研究，取得了一些阶段性成果，也认识到更多的不足，后续将紧紧把握产业发展方向，借助智能制造提升企业核心竞争力，促进高质量快速发展。

1. 理论结合实际，整体规划，重点突破

智能制造在现阶段仍需要大量依靠传统信息化、自动化基础，在没有形成颠覆性整体方案前，仍需按部就班整体规划建设内容与方向，在相对成熟、投资回报率合理的重点领域予以突破。紧紧把握问题导向、目标导向，以自身市场、管理与技术问题改进为导向，以业务目标实现为着力点，提升企业经营价值链。

2. 持续性改进与投入

结合自身特点对智能制造已实施改造或已推进内容，进行持续性审视、优化和上下游集成，不断提高单点价值与综合价值。

第 10 例

新乡航空工业（集团）有限公司　多品种小批量航空关键零部件数字化车间

10.1　简介

10.1.1　企业简介

新乡航空工业（集团）有限公司（以下简称新航集团）是中国航空工业所属大型现代化企业集团。新航集团航空产品为国产军用飞机和发动机配套，多数产品是航空战术指标保障的关键和核心，现有产品涉及零组件近万项，其中关键零部件近千项。新航集团拥有自己的核心技术和技术创新能力，在飞机环境控制技术、流体污染测控技术、流体压力与流量控制技术、流体热交换和金属钣焊技术、电子元件冷却技术以及高目金属丝网编织技术等方面居行业和国内领先水平。

10.1.2　案例特点

新航集团航空关键零部件数字化车间项目属于航空航天装备领域，产品为战术指标保障的关键机电部件。产品具有多品种、小批量的典型特点，研发周期长，生产组织、排产困难，制造、装配过程大多基于人工作业，产品制造周期、质量与一致性不能得到保证，按节点交付困难，为传统军工离散型制造模式。

新航集团通过项目的实施取得了以下成果：在航空产品研发设计方面，解决了研发设计周期长、节点保证困难、缺少各类基础数据、研发难度大、过程反复、技术要求确定困难等问题；在制造方面，解决了制造周期长、节点难于保证、制造过程质量把控难度大、不可控因素多等问题；在研发生产组织模式方面，解决了航空产品多品种、小批量生产模式下计划排产难、组织生产难、质量保证难的典型"老大难"问题；在信息化方面，实现数字化设计、计算及仿真，建成面向全生命周期的单一数据源集成管理能力。

10.2　项目实施情况

10.2.1　项目总体规划

新航集团作为国内一流的航空机载设备研发生产基地，正处在从部件级供应商到系统级供应商的转型时期。为主机装备提供机载系统解决方案，是新航集团的核心价值。项目建设围绕航空工业智能制造的主要特征"动态感知、实时分析、自主决策和精准执行"（图 10-1），结合航空工业智能制造总体架构（图 10-2）相关要求实施，主要在企业管理层、生产管理层和控制执行层。

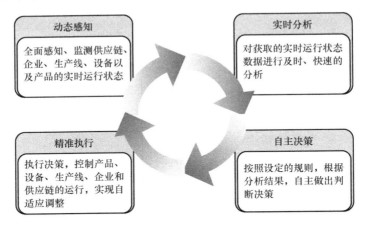

图 10-1　航空工业智能制造典型特征

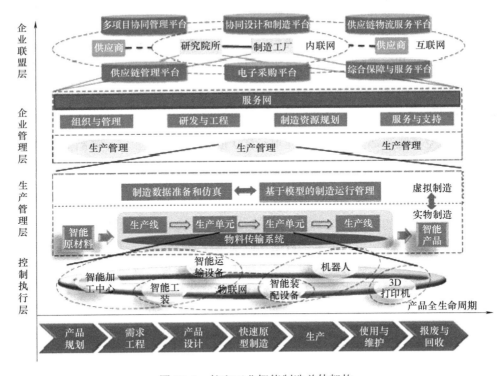

图 10-2　航空工业智能制造总体架构

1）企业管理层：面向产品生命周期维度开展产品规划、需求工程、产品设计、快速原型设计平台搭建；面向生产系统生命周期维度开展目标产品价值链规划、车间设计、生产单元设计、单元建设平台搭建；面向价值链维度构建贯穿企业资源计划、物流配送，生产运行及客户服务的支撑平台；面向组织与管理维度，构建协同与决策、知识工程的支撑平台。

2）生产管理层：涉及虚拟制造和实物制造两个层次。虚拟制造基于产品模型，通过工艺设计、仿真实现面向具体生产资源的工艺设计，形成工艺数据及资源集，同时与设计协同积累工艺知识，优化设计；实物制造围绕信息流、物流开展精益制造单元建设，通过现场传感网络、物联网络、底层控制实现制造过程的智能检测和控制。

3）控制执行层：主要是数控、工控设备，同时为上游反馈加工工艺参数、质量信息等。

根据航空工业智能制造总体架构和新航集团科研制造业务流程，新航集团数字化车间总体架构如图 10-3 所示。

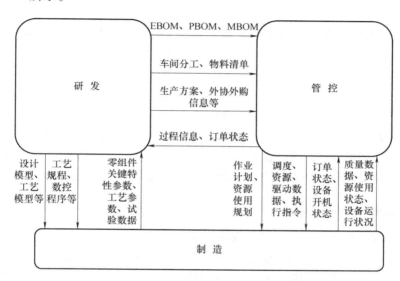

图 10-3　新航集团数字化车间总体架构

10.2.2　建设内容

根据新航集团数字化车间总体架构，数字化车间项目建设内容包括研发、制造、管控三个方面。

1. 研发

1）基于模型的系统工程（MBSE）。以基于模型的系统工程思想为指引建立需求驱动的正向研发设计流程，包括产品需求分析及捕获、功能模块建模及分析、需求评价及验证等。

2）产品三维数字化设计及仿真工具。引入数字化设计及仿真工具 CATIA，建立材料库、元器件库及标准件库等，开展产品结构/流体仿真及多学科联合仿真，实现设计与仿真协同。

3）PDM 与 CAPP 系统。建立航空产品数据管理系统 PDM 及结构化工艺数据平台 CAPP，实现研发数据全面结构化管控，基于模型的 EBOM-PBOM-MBOM 数据链自上而下贯通。

2. 制造

1）多族混线精益加工单元及柔性精益装配单元。建立翻板式单向阀活门板类零件生产线、翻板式单向阀活门座类零件生产线、通道类零件生产线、回转类壳体零件生产线、非回转类壳体生产线共 5 项机械加工柔性生产单元，建立 2 项座舱压力调节器柔性装配单元。实现产品加工、装配、测试等过程自动化，提高生产效率，保证产品制造质量和一致性。

2）机床联网系统 DNC 及 MDC。建立覆盖车间的 DNC 及 MDC 系统，实现数控程序的下发、机床监控和生产现场设备动态数据采集分析。

3. 管控

1）门户协同与决策支持系统。建立公司级门户协同与决策支持系统，实现各项业务的协同管理，为公司领导决策提供支撑。

2）生产管控系统。建立 ERP，实现主生产计划、资源需求计划、库房实时信息、订单信息等的管理，提升管理水平。

3）MES。建立车间级 MES，实现产品计划排产、计划下发、进度跟踪、看板管理等功能。

4）质量管理系统。建立公司级质量管理系统，覆盖供应商管理、制造过程质量控制、计量管理、外场服务过程质量控制、质量体系审核管理、质量统计分析等环节，实现质量信息的追溯。

5）编码管理系统。构建信息编码标准体系，建立公司级信息编码管理系统，实现产品、设备、生产资源等的统一编码，并与航空工业统一代码进行对接。

6）系统集成与互联互通。通过企业服务总线实现研发、制造、管控环节的集成与互联互通，实现从客户需求到产品设计试制、下单、物料供应、零组件供应、生产排产、制造组装、过程监控、品质确认、物流保障、收货确认、回款及合同闭环的全流程管理。

10.2.3 实施途径

航空关键零部件数字化车间项目实施分为五个阶段：项目启动、资源准备阶段；方案策划阶段；实施阶段；试运行阶段；验收阶段。各阶段具体实施内容如下：

（1）项目启动、资源准备阶段：建立组织机构，明确项目分工，制定项目章程、工作制度，制订项目各阶段工作计划等。

（2）方案策划阶段：调研学习，工艺流程梳理优化，单元设备布局、工艺流程、系统详细设计方案制定、评审、优化等。

（3）实施阶段：开展基于模型的系统工程，仿真软件及系统平台建设，硬件设备厂家调研、商务招标、采购、安装、调试、验收，设备及单元工程整备，系统开发、测试，系统之间集成，开展软硬件综合整备等。

（4）试运行阶段：文件、数据、资源准备，生产线运行，运行评估，问题改善。

（5）验收阶段：验收资料编制、评审，单元准备及运行，验收文件提交，形成企业智能制造标准，完成相关专利、著作权的整理申报等工作。总结项目实施经验，在集团同类型车间推广应用，逐步向企业、集团内部以及集团外其他车间推广应用。

10.3 实施效果

10.3.1 项目实施效果

通过数字化车间项目的实施，解决了航空关键产品原有模式下设计研发、制造、生产组织以及信息化管理方面存在的瓶颈问题。

1) 在设计研发方面，改变了原有通过生产试错、研发迭代的模式，打造出新的虚拟产品实现流程，建立了基于模型的正向自主研发体系，实施以模型为中心的产品协同研发过程（产品需求模型—产品设计模型—产品仿真模型），缩短了产品研制周期，提升了产品研发质量。

2) 在产品制造方面，实现了基于管控平台的订单拉动式精益制造模式，生产现场建立多族混线精益制造单元和座舱压力调节器柔性精益装配单元，关键工位实施"设备代人"，搭建设备状态监控平台和实物质量数据采集系统，改变了原有的手工作业、人为记录的制造模式，实现新航集团航空机电产品制造升级，确保产品质量数据和制造数据的可靠追溯，大大提升了产品加工效率，保证了产品的制造质量与一致性。

3) 在信息化管理方面，搭建了生产管理系统、制造执行系统、质量信息管理系统、编码信息管理系统、产品数据管理系统、结构化工艺管理系统、门户协同与决策支持系统等，从根本上解决了生产排产及生产准备困难，生产组织混乱、运行不畅，生产信息不透明、交付不及时，产品质量信息无法追溯等问题，实现了从订单接收→产品 EBOM、PBOM、MBOM 生成→物料供应→生产排产→作业计划安排→物料、资源配送→单元作业→完成入库的生产管理模式创新，确保产品 BOM 数据的有效存储、传递，生产计划自动合理化排产，制造资源精准配送，生产中断及时报警、解决，库房库存透明管理，打通了生产各环节的信息孤岛，实现了产品全生命周期的价值链贯通。

4) 在人才队伍建设方面，项目组专门成立了航空关键零部件数字化车间项目组织机构，组建了一支由 50 名核心成员构成的项目团队，注重智能制造专业团队人员的培养，搭建了交流学习平台，组织项目人员到国内智能制造先进单位学习交流，并组织行业内智能制造领域专家进行专项培训，实现项目人员从"认"到"知"。同时，从需求到研发设计、仿真、工艺、生产计划、采购供应、生产制造、信息管控等，在各部门培养种子选手，深入项目方案策划、建设实施过程，对创新型人才培养产生了积极的促进作用。

10.3.2　标志性成果

1) 申请 6 项软件著作权、10 项实用新型专利、1 项航空工业管理创新成果，形成 2 项行业标准、25 项企业标准、48 项数字化车间规范。

2) 基于模型的正向自主研发体系。以客户需求为驱动，利用需求管理、逻辑分析及仿真工具，建立了以模型为中心的产品正向研发流程，如图 10-4 所示，通过对需求及设计方案进行分析、验证和迭代，降低了产品研制风险，提高了设计质量和效率，同时使知识和数据得以有效积累和传承。

3) 数字化设计及仿真优化能力。以三维数字化设计软件为基础，利用仿真软件实现产品的数字化设计、虚拟仿真分析、验证及优化（图 10-5），降低了产品研发成本，缩短了研发周期，提高了产品研制质量。

4) 生产系统规划与仿真优化能力。与机械工业第六设计研究院有限公司共同完成数字化车间的建模、仿真，对生产准备单元、机械加工单元、装配单元的设备布局、工艺物流、生产节拍、产能等方面进行全方位的规划设计、仿真及优化（图 10-6），指导了生产线的建设实施过程，并为持续改善奠定了基础。

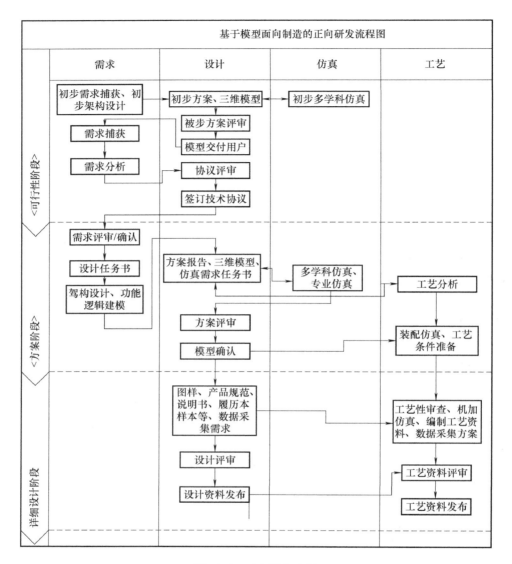

图 10-4　正向研发流程

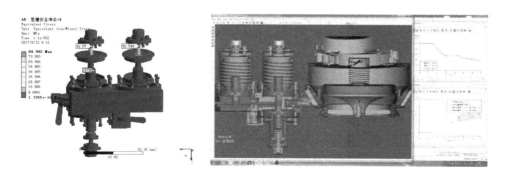

图 10-5　产品多学科仿真示意图

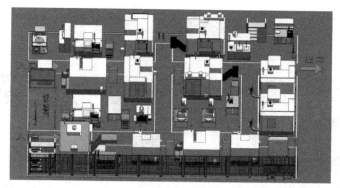

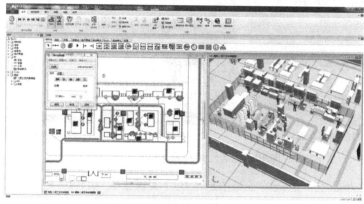

图 10-6　机械加工/装配单元建模及工艺物流仿真示意图

5）多族混线精益加工单元及柔性精益装配单元（图 10-7、图 10-8）。生产现场功能集群式布局转变为多族混线精益加工单元流程式布局，实现了多品种小批量离散型产品制造模式的创新。单元智能化升级，通过引进六轴机械臂、研磨自动调节装置等智能设备，改变了原有人工作业方式，实现了产品装配、测试等过程自动化，在提高生产效率的同时，保证了产品制造质量与一致性。

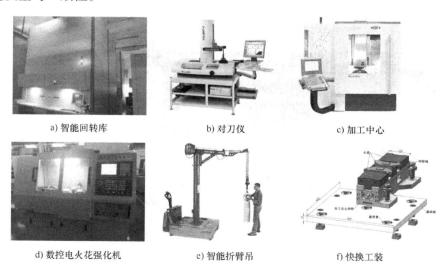

a) 智能回转库　　　　b) 对刀仪　　　　c) 加工中心

d) 数控电火花强化机　　　e) 智能折臂吊　　　f) 快换工装

图 10-7　多族混线精益加工单元主要设备

a) 智能开关研磨机

b) 活门研磨机

c) 伺服压铆机

d) 非挥发介质自动清洗机

e) 智能装配台

f) 智能检测台

图 10-8　柔性精益装配单元主要设备

6）建立贯穿产品主价值链的各类信息系统并实现集成（图 10-9）。通过编码管理系统，实现物料统一编码管理；通过 PDM、CAPP、ERP 与 MES 的集成，实现产品数字线贯通；通过 MES、编码系统、DNC/MDC、ERP 的集成，进行生产过程信息化管控，实现生产计划的生成下达、生产准备和配送及时、生产进度可监控、设备及检测信息数据自动采集，完成从合同到生产计划、生产、检测、入库发货的闭环。

图 10-9　企业信息化系统示意图

10.3.3　指标改善

通过项目实施，实现多品种小批量军用航空产品研制周期缩短 57%，生产效率提升 39%，不合格品率降低 54%，运行成本降低 24%，能源利用率提高 42%。

10.3.4　模式推广

新航集团航空关键零部件数字化车间项目基于目标产品主价值链系统、全面、全业务流程实施，从研发、制造与业务管控各个维度均有相应的带动作用：

1）研发维度。建立了基于模型的正向自主研发体系，形成了整套技术规范，有利于缩短产品研制周期，提升产品研发质量，可推广至公司其他产品研发中。

2）制造维度。提出了数字化车间整体规划、工艺与物流规划、设备（软件）选型、系统集成等方面的详细解决方案，使多品种小批量柔性精益制造的系统解决方案得以真正落地。数字化精益制造系统建设的原则、流程、工具等经验可为公司以及行业内军用航空关键零部件制造车间建设提供思路和参考。

3）业务管控维度。全面提升了企业信息化系统的总体规划能力，提出的方案得到行业系统解决方案供应商的认可，有望在行业内得到推广应用。

10.3.5　复制推广情况

目前，在航空关键零部件数字化车间项目应用成功的基础上，通过将基于模型的系统工程思想、工具和方法在新航集团内部子公司推广、应用，显著提升了正向研发效率和产品研发质量。同时，航空关键零部件数字化车间建模技术和工艺物流仿真技术在新航集团豫北转向器子公司智能制造示范生产线建设中得到应用，在建模过程中不断优化设备布局、工艺流程等，通过生产线建设整体规划，为实体线建设打下坚实的基础和支撑。

新航集团航空关键零部件数字化车间项目的建设实施，实现了航空机载附件传统离散制造模式向数字化精益制造模式的转变，为军用航空关键零部件企业探索出了一条数字化转型的技术路径。下一步将在新航集团节能汽车转向系统智能制造新模式应用项目、节能汽车电动空调智能制造新模式应用项目中进行推广，引领新航集团智能制造新发展。

10.4　总结

1）坚持建设"以我为主，为我所用"基本原则。项目策划初期，以问题为导向，找准自身需求定位，制定项目实施标准。项目实施过程始终坚持"以我为主，为我所用"的原则，立足自身需求，创新建设适合新航集团航空关键零部件产品研发、制造、管控模式的数字化车间。

2）总体规划，全面推进。项目以新航集团复杂系数最高、制造难度最大的某产品作为目标产品，打造先进的航空关键零部件数字化车间。为实现项目目标，分别从研发、制造及管控三个维度，规划 14 个子项目，全面推进。通过并制定项目协同工作制度、流程，促进子项目之间的协同工作，保证项目实施过程可控、可靠。

3）高层领导负责制。数字化车间项目是在新航集团军用航空产品制造中的首次实施，集团高层领导高度重视，作为集团战略项目进行重点推进。项目组每月向高层领导进行项目汇报；在单元设备到位后，采取在精益单元现场进行实物展示的会议汇报形式，促进高效开展现场实施工作。

4）打造标杆，示范引领。建成的多品种小批量航空关键零部件数字化车间已成为新航集团智能制造升级改造样板工程。通过对项目规划、实施过程经验进行沉淀与深度提炼、总结，建立了一整套数字化车间项目标准体系，为集团内部其他项目的复制及推广应用提供了宝贵经验，并具有重要的指导意义。

节能与新能源汽车篇

第11例

郑州宇通客车股份有限公司 发展智能制造新模式 打造企业核心竞争力

11.1 简介

11.1.1 企业简介

郑州宇通客车股份有限公司（以下简称宇通客车）是一家集客车产品研发、制造与销售于一体的大型现代化制造企业。不断创造具有质量、服务和成本综合优势的产品是宇通客车竞争优势的源泉。目前，公司已形成了 5 ~ 25m，覆盖公路客运、旅游、公交、团体、校车、专用客车等各个细分市场，包括普档、中档、高档等各个档次的完整产品链。

宇通客车是工信部、科技部等部委认定的首批国家创新型试点企业、国家创新型企业、国家火炬计划重点高新技术企业、国家技术创新示范企业、国家级信息化和工业化深度融合示范企业、国家级智能制造试点示范企业。2016 年 1 月 8 日，在国家科学技术奖励大会上，宇通客车凭借《节能与新能源客车关键技术研发及产业化》项目荣获国家科学技术进步奖二等奖，成为汽车行业首个因主导新能源项目而获奖的整车企业。

11.1.2 案例特点

客车作为典型的离散型制造行业，其生产方式是多品种小批量订单式生产，依然属于劳动密集型产业，很大程度上依靠人力劳动。客车制造主要存在自动化程度和设备智能化程度较低、设备与信息体系联系割裂、软件体系不够完整、整体方案不够系统化等突出问题，这些问题制约了客车智能化制造的整体进程。

宇通客车通过智能制造项目实施，结合已有的工业基础优势，在提升企业资源、能源利用效率的同时，为宇通新能源客车产业建立一套覆盖市场、订单、设计、仿真、生产组织、物流、装备、售后服务的端到端的信息集成和纵深的数字化、智能化解决方案，为新能源客车未来市场拓展奠定更加坚实的基础。

11.2 项目实施情况

11.2.1 项目总体规划

宇通客车智能制造的实施是以自上而下的整体规划为指导，以自下而上的瓶颈问题解决为核心，全面识别、有序推进。

宇通客车基于企业运营需求，从产品生命周期价值链、订单生命周期价值链及工厂生命周期价值链进行全流程策划，涵盖市场销售、研发设计、工艺、订单计划、采购、生产制造、物流、设备、工厂设计等各个业务领域，围绕各个领域明确智能制造实施的主要策略和方法，并推进实施。宇通客车智能制造总体架构如图 11-1 所示。

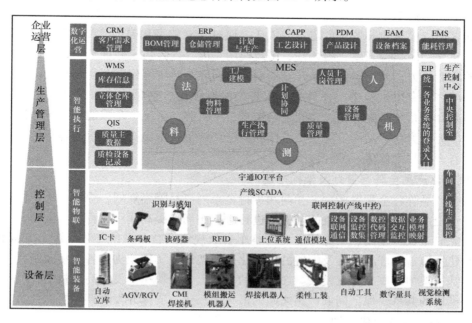

图 11-1 宇通客车智能制造总体架构

11.2.2 建设内容

基于整体规划内容，通过业务分析识别主要的业务痛点和短板，优先推进实施，并同步进行各项业务基础的建设，逐步扩大实施范围，最终达成整体目标。具体从以下四个方面展开建设：

1）产品数字化体系建设。以 PLM、模块化开发平台建设为依托，通过 3D 设计、虚拟验证、工艺设计及仿真的推进，实现产品研发过程的数字化、智能化。随着产品模块化、智能化的不断完善，最终实现数字一体化、智能化的协同研发与设计。

2）订单数字化驱动和系统集成。持续优化 ERP 系统，形成集成一体的信息化管理平台。以 MES 为核心，横向打通营销、订单评审、计划排产、采购物流、质量预防改进的信息流和业务流，深化信息系统集成应用。通过业务规则模型建立、数据集成打通，最终实现需求、订单、计划、生产、售后一体化高度协同。

3）工厂智能化建设。联合开发或引入高档数控机床、机器人、RFID 等智能化装备或技术，建设客车白车身分总成数字化加工装备群、白车身总成数字化制造体系、涂装智能化柔性制造体系，不断夯实宇通客车的工业自动化基础。在车间建立工业通信网络，明确通信标准和数据定义，通过 IOT 平台实现数据采集、解析、存储，支持设备利用率和质量分析应用。通过 MES 实时下发关键工艺参数到设备控制系统，以实现对设备精确控制，最终实现数字化、智能化工厂的全面建设和改造。

4）工业互联网平台建设。面向数字化、网联化、智能化要求，构建基于云计算、大数据、物联网、移动互联网、人工智能等技术的工业云综合平台，实现工业设备、工业产品的网联化、数据采集、智能监控分析、远程诊断、预测性维护等，推动工业制造资源泛在连接、弹性供给，实现资源、流程高效配置。

11. 2. 2. 1　产品数字化体系建设

宇通客车以模块化开发平台建设为依托，通过建立数字化模型，逐步推进 3D 数字化设计，建立包含产品结构强度、耐久性、用户使用工况等综合仿真验证平台，确保新产品开发的高品质和竞争力，缩短了新产品开发周期。宇通客车自主筹建客车行业规模最大、技术能力最全面的客车专用试验中心，具备整车骨架刚度强度、整车性能、车身碰撞和翻滚安全性、电磁兼容、系统匹配优化、控制策略仿真、电机驱动系统、车载能源系统等试验验证和计算分析能力，为新产品研发提供全方位的验证和评价技术支撑，为宇通客车产品品质的提升提供了有力的技术保障。

1. 模块化产品全阵容策划及架构搭建

引入全产品阵容全配置概念，在前端进行全系列产品阵容规划，提前考虑不同产品的配置差异，在全产品阵容和全配置的前提下进行总体布局，提高通用化程度。同时，在产品阵容范围内完成车长、车高、车宽等重要的整车参数规划及整车系统工程匹配，并固化到 3D 环境中。建立覆盖全产品阵容及配置的模块化产品架构，实现架构内各车型及配置的快速演变，形成基于架构的产品开发模式。在架构的基础上可以快速开发出高质量的产品，并实现零部件、模块的共享，保证同群产品之间的最大通用化，支撑开发周期缩短。

2. 模块及零件通用化规划

通过组织总布置及专业设计人员学习培训，将产品架构的规则落实到底层模块及零部件规划，并结合变因分析、系列化设计等手段降低模块及零部件规格数量，形成模块规格表，供设计人员选用，大大降低总成复杂度，实现快速响应客户需求变化。

3. 模块化产品开发

在产品、模块及零件规划完毕后，按计划进行模块化产品开发。目前，在后置模块化试点产品开发中，整车采用空气动力学造型，匹配宇通客车新一代节能技术——发动机热管理二代，结合轻量化的设计，综合油耗比竞品低约 10%。同时在安全性、舒适性等方面相比于老产品都有显著提升，同时相对上一代产品单车生产总工时降低约 16%。模块化试点公交产品通过模块优化、集成设计、CAE 分析仿真，产品在相同配置、满足可靠性要求的情况下，比现有车型轻 1050kg，支撑单车总工时降低 40%。纯电公交 CAE 分析模型及实车模型如图 11-2 所示。

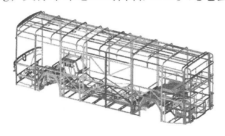

图 11-2　纯电公交 CAE 分析模型及实车模型

4. 模块化产品生产工艺

结合模块划分结果，进行生产工艺规划，以稳定的生产主线为宗旨，通过线下分装或模块采购及标准化的接口实现标准化的生产主线，降低生产周期。例如立体前围线下分装实现焊装生产线上周期降低 95min/车。

5. 虚拟仿真及试验验证

通过整车电子样车运动校核分析、人机工程分析以及数字化工艺装配分析，在设计前端对产品功能、制造装配和使用便利性进行虚拟验证，提升产品开发质量。通过开展电子样车整车及零部件动静态结构强度分析，对车辆运行安全性进行虚拟和实验相结合的充分验证。在动力性、燃油经济性、空气动力学、多刚体运动学、声学等多方面进行领先的计算分析（图 11-3），并将这些技术运用于传统客车、新能源客车的优化设计。

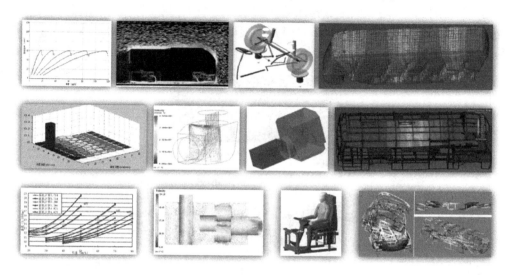

图 11-3　产品仿真优化分析示意图

6. 工艺仿真及应用

3D 装配工艺仿真主要在新产品开发阶段进行产品装配可行性、可维护性虚拟验证。在前端发现问题，同时工艺人员针对问题进行分析，优化装配轨迹、顺序、加工工艺等，避免问题流转到实际生产过程，有助于提高新产品一次性交检合格率，降低生产成本。

机器人焊接仿真主要包含焊接过程仿真、焊接可达率分析、离线编程三部分功能。在机器人生产线规划及工作站设计阶段进行仿真、在夹具设计阶段进行焊接可达率模拟、在现场生产调试阶段进行离线编程，提升生产线规划、设备集成的水平，提高生产效率。

11.2.2.2　订单数字化驱动和系统集成

在国家工信部两化融合思想的指导下，宇通客车遵照"整体规划、分步实施"的原则，先后实施了 ERP、CRM、APS（Advanced Planning and Scheduling，高级计划排程）、MES、SCM 等信息化系统，逐步集成了产、供、研、销、财务等业务。借助于 ERP、配置器、SCM、APS、MES 等信息系统的建设和深入应用与完善开发，快速响应和满足客户订单需求，对生产制造过程进行实时、准确监控，持续提供质量稳定的产品和服务，对订单全过程运营成本进行合理管控。

1. 实施 ERP，形成集成一体的信息管理平台

宇通客车凭借良好的信息化基础，成功上线实施了销售与分销、物料管理、仓库管理、生产计划、质量管理、客户服务、项目管理、财务控制、财务会计等 10 个 ERP 系统业务模块，建立了高度集成的销售、生产、采购、物流和财务信息平台，形成了集成一体的信息管理平台，提高了公司整体运作、协同效率。ERP 成为业务快速发展有力的助推器，是宇通客车企业运营的核心系统，各种一线运营系统都与 ERP 进行流程集成、数据集成。

2. 以 MES 为核心，深化信息系统集成应用

宇通客车将 MES 定位于订单计划层和现场自动化系统之间的执行层，主要负责车间生产管理和调度执行。MES 集成计划排产、生产追踪、物料管理、质量控制等功能，同时为生产部门、质检部门、工艺部门、物流部门等提供车间管理信息服务。根据企业实际情况，整体规划 MES 架构，计划、质量、物流等功能模块按照不同项目实施。通过 MES 与其他系统集成实现业务流程和数据打通（图 11-4），实现计划和生产整体协同，有效支撑生产节拍降低和生产过程质量提升。

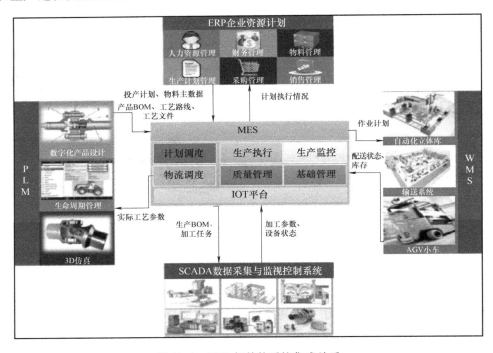

图 11-4 MES 与其他系统集成关系

11.2.2.3 工厂智能化建设

以白车身分总成数字化加工装备群、白车身总成数字化制造体系以及涂装智能化柔性制造体系建设为主线，以"分层分类、先试点后推广"为实施原则，逐步完成生产系统的智能化建设。

1. 白车身分总成数字化加工装备群建设

重点围绕钣金加工装备群建设、型材加工装备群建设以及机器人自动化焊接群建设，投入大量自动化、数字化加工设备，有效提高了材料利用率、缩短单车工时，保证了产品精细

度及产品一致性，从而提升了产品下线一次交接通过率。

2. 白车身总成数字化制造体系建设

基于分层分类焊装自动化、智能化的实施策略，以侧围高效自动化焊接作业岛、前后围机器人焊接工作站、数控化合装胎 3 个代表项目分层开展：

1）侧围高效自动化焊接作业岛。集成弧焊机器人集群系统、柔性工装系统、移载变位机系统、工装切换系统、工装库系统、除尘系统 6 大系统，实现机器人集群同步焊接、激光视觉焊缝识别、焊接参数智能选择、工装自动切换、工装库自动存储、重型移载变位机精确位控。通过多种扫描及寻位技术综合运用，同时配合多焊种焊接参数专家库，保证了焊接合格率目标达成。

2）前后围机器人焊接工作站。按照低成本、通用化的规划策略，工作站系统自主集成，自制焊接工装，实现设备选型标准化、工装接口通用化、机器人编程模块化。

3）数控化合装胎。通过数控化合装胎软硬件升级改造，试点应用了合装胎综合管理监控系统，实现合装胎设备联网和后台管理。

3. 涂装智能化柔性制造体系建设

涂装智能化柔性制造体系建设主要从柔性化物流、生产管理系统、颜色快换等方面进行优化和提升。

11.2.2.4　工业互联网平台建设

宇通客车工业互联网平台的实现是基于一个数据模型（面向物的描述），一个基础技术平台（集成物联网、大数据、移动、云计算的技术平台），实现多业务领域解决方案（车联网、智能交通、自动驾驶、工业云应用、厂区能源管理等）。目前平台已完成整体架构规划及部分功能开发应用。

11.2.3　实施途径及下一步工作计划

宇通客车智能制造整体实施分为三个阶段：基础建设和重点领域实施突破阶段、扩展应用阶段、全面集成阶段。宇通客车已初步完成第一阶段工作。在第一阶段开展过程中，基于业务成熟度、技术成熟度、对标等方面综合考虑，分层分类推进实施生产精益化、自动化、智能化改造，夯实宇通客车工业化基础。同时深化产品数字化、工艺数字化以及设备数字化建设，建立健全信息化系统及平台，确保智能制造落地。

下一步，宇通客车将围绕第一阶段取得的成效，进行总结、固化。同时，进一步围绕资源的高效配置，从以下四个方面深化智能制造建设：

1）完善产品设计、工艺设计平台，扩展产品数字化设计、虚拟验证和工艺仿真的应用深度，实现产品研发全过程的数字化、智能化。

2）建立企业级 BOM 系统实施机构，整体策划实施规划，为后续搭建一体化 BOM 平台做好准备，以实现配置与各类 BOM 之间的相互打通和订单运营全过程的数据打通。

3）总结自动化、智能化试点经验，持续深入开展自动化提升和硬件升级改造工作。完成底层设备、过程控制、车间执行、管理控制等 MES 功能的深度开发，并与智能仓储及物流项目对接，实现从生产计划的下达、排产、生产、质量检验、物料拉动等过程透明化和可视化，为生产过程调度和管理改进提供决策依据。

4）完善基础平台（IaaS、PaaS、物联网、大数据平台等）建设，实现数据实时分析和应用展示，支撑宇通客车未来百万级车辆、千万级智能设备接入，建立亿次消息交互吞吐、日均 TB 级别的数据存储及深度学习模型训练处理能力。

11.3 实施效果

11.3.1 企业综合效率提升

通过智能制造推进实施，公司各项核心业务指标及经济效益对比情况如下：

1）核心业务指标：截至 2017 年年底，相较 2013 年，宇通客车新能源工厂的综合生产效率（8h 产能）提升 55%，单车制造能耗降低 40%，运营成本（单车工时）降低 34%，产品下线一次交接通过率提升 41%，产品研发周期缩短 50%。

2）经济效益方面：2017 年，宇通客车销售 67268 辆，其中销售新能源客车 24865 辆，实现营收 332.22 亿元，销售业绩在行业继续位列第一。在客车行业整体销量同比大幅下滑的背景下，宇通客车产销量不仅优于行业平均水平，而且在关键细分市场不降反升，进一步彰显出其硬实力。同时，基于产品整体竞争力的提升，海外市场覆盖范围也逐步扩大，批量远销至古巴、委内瑞拉、俄罗斯、以色列、沙特阿拉伯以及我国澳门、台湾等 30 多个国家和地区。

11.3.2 关键技术及装备创新应用

宇通客车通过联合开发或自主研发，取得了全自动数控型材直切锯床、型材三维激光切割加工中心、平板数控激光切割机及自动上下料系统、侧围高效自动化焊接作业岛、喷涂机器人走珠换色系统、车辆智能远程升级等多项关键技术装备突破创新。

1. 全自动数控型材直切锯床

开发套料软件和排版逻辑，可批量加工也可混合排产，实现柔性化加工。开发动态进给锯切模式和零料头锯切功能，降低加工节拍，提高材料利用率，实现了型材自动上料、自动锯切、自动出料，生产过程无须人工干预，同时解决了进口设备不适合小批量、多批次加工的难题。设备产品加工精度 ±0.5mm，材料利用率 95% 以上，达到国内领先水平。设备实物如图 11-5 所示。

图 11-5 全自动数控型材直切锯床

2. 型材三维激光切割加工中心

开发集束式料架，可实现 5~10m 定尺、20mm×20mm~80mm×120mm 截面之间任意规格型材的自动筛选、上料。开发智能排版套料切割技术，实现零件共边套裁切割。开发参数化建模软件，可自动生成圆形和马蹄形电泳孔，提高编程效率。开发智能轨迹算法，可加工 400mm 超长切口。加工质量、效率达到国内领先水平。设备实物如图 11-6 所示。

3. 平板数控激光切割机及自动上下料系统

该系统由激光切割主机、全自动料库、自动上料和自动下料四部分组成，上下料系统与多台激光切割主机衔接，并由工控机对整套系统和激光切割机进行控制，实现全自动化运

图 11-6　型材三维激光切割加工中心

行，切割精度达 ±0.2mm。其智能料库和自动上下料系统实现"一拖二""一拖三"的模式，实现不同规格原材料的快速切换，解决钣金行业多品种、小批量加工过程中原材料切换效率低的问题。设备实物如图 11-7 所示。

图 11-7　平板数控激光切割机及自动上下料系统

4. 侧围高效自动化焊接作业岛

侧围高效自动化焊接作业岛集成了弧焊机器人集群控制系统、移载变位机系统、柔性工装系统、工装库系统、工装切换系统、除尘控制系统 6 个子系统（图 11-8）。其中柔性工装运用 CAE 模拟分析，应用弹性 BASE 结构设计，优化主框架和辅助梁的力学结构，有效降低了大型工装的自重，通过多种快速切换装置的开发和应用，实现站内"小切换"功能，工装定位精度达 ±0.2mm，焊接总成精度达 ±2mm，工装重量达 4.5t。控制系统采用集散式控制思路进行设计，由主控 PLC 和分布式 PLC 构成，PLC 间通过工业以太网和现场总线网络进行数字化通信。该工作站能够根据订单排产计划，实现工装自动切换、焊接过程智能识别、机器人焊接程序自动选择、生产状态监控等功能。

5. 机器人焊接工作站

通过开发免示教工艺和柔性伺服夹具，实现了多品种、小批量产品的柔性自动焊接，在客车分总成自动化焊接免示教技术上实现突破。开发的伺服夹具，可自动切换、自动复位、自动夹紧，可进行无级切换，满足 1000 多种产品共夹具生产，解决夹具频繁切换和转运的问题。机器人焊接工作站如图 11-9 所示。

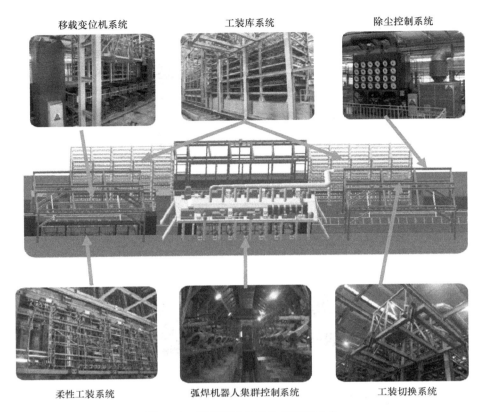

移载变位机系统　　　工装库系统　　　除尘控制系统

柔性工装系统　　弧焊机器人集群控制系统　　工装切换系统

图 11-8　侧围高效自动化焊接作业岛

图 11-9　机器人焊接工作站

6. 喷涂机器人走珠换色系统

运用走珠换色系统，实现了面漆喷涂的柔性化，既可以实现按需调漆，解决单台订单、少量订单喷涂经济性的问题，又能确保无论是否批量车均可采用机器人喷涂。在提高喷涂效率和质量的基础上，每种油漆填充浪费减少 3.5L，每年节省约 48 万元。

7. 数控合装胎管理系统

实现合装胎设备参数的集中存储、远程更新、设备信息集中管理、维护跟踪、故障专家库的建立。10s 内通知维护人员故障信息和解决方案，节省工艺人员 0.5h/人次。

8. 零件柔性排版技术

提出下料设备自动排版软件逻辑，提高了材料利用率、实现自动分拣功能，并通过有限料框循环使用来达到实现无限种物料自动分拣的功能。

9. 车辆智能远程升级

基于宇通客车联网平台，实现新能源车辆电子单元的在线远程智能升级。该技术运用身份认证技术，通过车内模块间身份认证、车与云端身份认证，防止恶意篡改程序，保护升级部件安全。采用独立升级网络、多线程处理方式，开发了断点续传、在线重置等功能，解决了可靠性差、升级时间长等问题。

11.3.3　智能制造模式实践

1. 产品设计模式

在产品设计模式培育方面取得了较大突破，产品设计从传统的 2D 设计逐渐转变为 3D 数字化设计，从传统的基于整车总布置框架进行各系统、总成设计的模式转化为基于模块封包和接口进行设计、基于模块定位坐标系进行定位的模式，从而借用模块快速调用并将相应模块置于整车合适位置，有效应对多样的客户需求，缩短产品开发周期。

2. 加工模式

通过装备自动化、智能化升级，如联合开发应用激光切割设备及上下料系统、机器视觉、焊接及搬运机器人、柔性工装等，实现了质量、效率、柔性的共同提升。结合布局设计的精益化，实现了节拍的均衡化、生产的同步化。通过对生产工艺及各类设备参数的采集和管理实现了问题的提前预防和设备的预防性维护。逐步将依靠个人经验、事后补救的粗放型加工方式转变为依靠工艺和装备、用前序保证后序、事前预防及事中控制的精细化加工方式，大幅提升了生产效率、质量，并有效改善了生产一线的作业环境，降低了制造成本。

3. 计划模式

通过使用价值流分析方法，完成半成品、焊装、涂装、车架焊接、底盘装配、承装、分装、线下全工序作业计划覆盖、打通及编制，作业计划全面覆盖各工序，能够有效指导一线员工生产，实现以订单中心合装计划为输入的全工序作业计划系统编排，支撑物流准时配送。

4. 物流模式

对标乘用车，建立适合客车行业的物流配送模式。引入物流执行系统（LES），取消二次分拣，优化物料核查机制，优化签收工作，让物流作业的所有环节纳入系统化管理，保证配送的精准、实效性。基于客车行业车型与配置多、混线生产的特点，建立零件的工位信息维护机制，支持零件准确配送到装配工位。建立物流基础数据库，进行零件 PFEP[⊖] 规划，提升物流管理专业性。

5. 质量信息模式

贯彻全面质量管理的理念，建成涵盖产品质量全过程的信息收集、分析、应用的工作系

⊖　PFEP 为 Plan for every part 的简写，即为每个产品做计划、为每个零件做规划。

统，实现质量信息平台与各业务系统的集成共享。通过信息技术实现质量信息全面、准确、迅速地传递和响应，提高各环节质量信息规范和质量语言标准化，并对质量信息充分运用，为管理者科学决策、整合资源、优化管理提供依据。

11.3.4　行业影响及带动

宇通客车通过资源共享、联合开发及沟通交流，拉动相关装备行业技术水平提升。在高端管材锯切装备方面、钣金加工自动化成套设备、自动化焊接等方面，取得了创新突破，带动了相关行业的快速发展，举例如下：

1. 高端管材激光切割装备

传统的冲床加工或锯切、火焰、等离子等切割方式，因加工精度差，加工效率低，不能满足管材加工要求。随着工业的发展，对自动化要求的提高，全自动数控激光切管机应运而生。但 2013 年以前全自动数控激光切管机市场基本上被德国、意大利等发达国家占领，价格昂贵，本地化服务较差。宇通客车以自身需求及工艺特点为基础，通过项目合作与国内设备厂商联合开发应用了 P10018D 系列激光切管机，其高速大行程回转夹头组合匹配自动上下料装置、管材辅助支撑、切管软件等，解决了多种形状管材和复杂廓形切割难题，极大地提高了管材切割柔性、质量和生产效率，同时设备供货周期短、性价比优、服务便捷。通过宇通客车的创新性应用和优化，目前该系列设备已形成产业化，打破国外产品垄断，解决了客车、农机等行业在管材加工工艺上的难题，有效提高了生产效率，带动了行业快速发展。

2. 平面钣金激光加工装备

激光切割在钣金加工方面，由于其加工速度快、变形小、柔性高以及节能环保等独特的优点，在机械、汽车、钢铁等工业部门获得了日益广泛的应用。国外主流厂家如德国 TRUMPF 公司、瑞士 Bystronic 公司、意大利 PRIMA 公司、日本 AMADA 等公司技术水平国际领先，占领高功率激光加工系统 80% 以上的全球市场份额。通过项目实施，宇通客车与国内设备厂商联合开发了平面钣金激光加工装备，打破了国际垄断。该系列装备与国外进口产品相比，在同等质量的情况下实现了明显的价格优势和服务优势。同时，在切割加工工艺数据库、套料排版软件等方面获取了新的技术突破。目前该设备运行稳定、可靠，技术成熟度高，采购成本降低 60% 以上，并成功实现产业化。

3. 激光扫描智能传感器

客车行业一般是小批量、多品种生产模式，物料种类多、结构变化大。如何提高焊接过程中机器人对焊缝的自动识别、自动修正能力，已成为焊接质量提升的重要瓶颈。国外激光视觉应用起步早，但技术服务无法满足定制化需求且价格高。宇通客车以型材自动化焊接应用效果为基础，通过与国内厂商合作，将激光视觉传感器焊接跟踪速度由原来的 2m/min 提升到 8m/min，精准程度由原来的 0.5mm 提升到了 0.2mm，取得了技术突破，有效解决了自动化焊接过程中的瓶颈问题。目前该技术已成功应用在寻位、跟踪、识别等方面，在薄壁管焊接等领域形成了较好的示范带动作用，促进了行业的发展。

11.4　总结

智能制造的实施"因企而异"，企业自身情况不同，智能制造的实施路径也会不尽相同。因此，企业实施智能制造是持续探索、不断完善的一个过程。宇通客车基于实践经验，总结出以下几点实施经验与建议：

1. 智能制造整体规划、分步实施

在智能制造推进初期，企业内部对智能制造内涵的认识和理解差异较大，对推进智能制造的发展路径不够清晰，过程中通过咨询、交流、培训等方式，加强了企业内部对智能制造的理解和认知。

首先，基于统一理解，公司进行了智能制造整体规划，涵盖从销售、研发、工艺、生产、供应链到售后的全流程，从业务架构和信息架构上进行整体布局，保证规划完整。其次，从自身实际需求出发，从业务流程中最有价值、快速见效的维度入手，分步实施，快速建立信心，避免盲目求全求大，仓促上阵。

2. 以"四化"为核心，逐步实现生产智能化

客车生产各环节自动化、智能化程度差距很大，且难易程度不一致。针对该问题，宇通客车以精益化、标准化、自动化、信息化"四化"为核心进行生产作业改善。通过对每一个工艺环节进行分析，逐点、线、面进行深入，然后逐步推进关键工序的自动化建设，总体围绕先试点后推广的原则，同时结合信息化的推广应用，实现智能制造建设的逐步推进。

3. 快速建立智能装备通信协议、标准

通过宇通客车自身智能制造的推进和过程对标调研发现，当前大多企业智能制造的推进是通过对现有工厂、生产线的改造开展实施的。在推进过程中一方面需要对当前的设备和系统进行联网和集成，另一方面新增采购相应的智能装备，企业对智能装备的需求越来越大，但当前面临着设备与设备间的通信协议缺失、通信标准不统一等问题，造成智能制造推进难度加大。因此，企业应快速建立智能装备的通信协议及标准，从而为设备与设备之间、系统与系统之间的互联互通、数据流动奠定基础。

4. 打造智能制造人才队伍

在智能制造推进的过程中，由于面临着全新的领域，企业内部原有人才队伍已经无法独立面对挑战，因此，就需要有针对性地引进与培养人才：①信息化知识的精深专业人才，既要能够充分把握住未来信息化专业发展的方向，又要具备技术成熟度分析能力，从而保证技术层面应用可行性和经济性；②既懂业务又要懂专业的全面型人才，保证业务推进过程中信息化落地和原有业务的信息化提升；③负责业务模式创新的复合型人才，对信息化和工业化的高度融合实现方式负责，为技术应用和创新建立基础，实现全业务流程的提升。

未来，在国家政策引领和各级政府的支持下，宇通客车将持续实践，全面深入推进智能制造，探索客车智能制造模式。在立足企业发展的同时，发挥行业龙头作用，带动行业及周边产业共同发展，建立生态圈，充分发挥企业价值和社会价值，为国家制造业水平提升贡献力量。

第 12 例

豫北转向系统（新乡）有限公司　汽车转向系统智能工厂

12.1　简介

12.1.1　企业简介

豫北转向系统（新乡）有限公司（以下简称豫北公司）成立于 1969 年，隶属中国航空工业集团有限公司，位于河南省新乡市。豫北公司是国内汽车转向行业龙头企业，主要产品为各类汽车动力转向系统，主要配套客户包括福特、东风日产、一汽、北汽、吉利、长城等国内外知名汽车厂家。豫北公司是国家高新技术企业，连续 14 年被评为全国百佳汽车零部件供应商，拥有国家级试验检测中心、省级企业技术中心和工程技术中心。

12.1.2　案例特点

豫北公司着力推进智能工厂建设，调整产品市场布局向中高端转型，加快推进企业智能装备应用、信息系统集成，使公司转向系统产品在国际市场更具有竞争力，引领国内汽车转向行业向智能制造转型升级，促进中西部地区装备制造业发展。

豫北公司通过完善 PLM 系统、设计工艺仿真等实现智能设计；通过升级完善 ERP、CRM 系统实现智能经营；通过 MES 与智能装备、智能检测、智能仓储物流、数据采集系统集成，实现智能生产；通过全价值链信息集成和大数据平台，实现设计、制造、检测、仓储物流等环节无缝对接和持续提升；通过工业互联网建设实现生产物料、设备、产成品的物联网。智能工厂的建设使豫北公司实现生产效率提升、运营成本降低、研制周期缩短和产品不合格率降低，同时使豫北公司成为国内汽车转向系统智能制造的典范，带动汽车及零部件行业的发展。

12.2　项目实施情况

12.2.1　项目总体规划

豫北公司智能工厂的总体架构如图 12-1 所示，主要涵盖了智能设计、智能经营和智能生产，通过工业网络的构建和安全保障体系的完善实现 MES 与 PLM、ERP 的系统高效协同集成，建立大数据平台实现企业运营全过程的质量数据分析、优化，为后续制造大数据、运营大数据的建设提供技术支撑和经验保障。

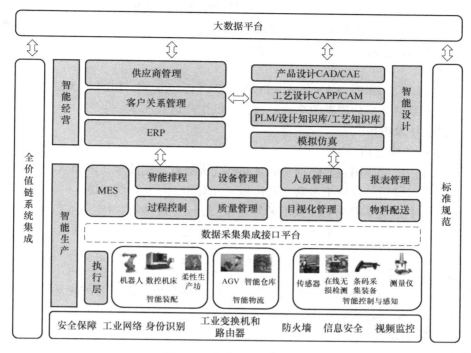

图 12-1　智能工厂总体架构

本项目通过新建生产线以及对现有生产线进行系统集成智能化改造，通过高档数控机床、工业机器人、柔性智能装配线、自动上下料、在线检测、仓储物流和信息系统交互集成，并对 ERP、MES、PLM 等改造升级并进行高效集成；建成汽车转向系统智能工厂；建设工业互联网覆盖到设备、物料以及各信息系统的集成。

12.2.2　建设内容

12.2.2.1　四大体系

本项目颠覆传统转向系统生产管理模式，研发和生产过程运用仿真模拟、信息化集成互联互通、全生命周期产品质量追溯、智能测控等，构建了具备"状态感知、实时分析、自主决策、精准执行"四大智能特征的智能制造体系。

（1）运用高档数控机床、工业机器人、柔性智能装配线、自动上下料、在线检测、仓储物流等安全可控核心智能装备，设备数控化率达到 90% 以上，安全可控核心智能装备投资比例达到关键设备的 73.06%。

（2）通过 PLM 系统的实施，实现集产品、工艺和质量检验策划设计于一体的系统，管理产品研发的全过程，可有效降低设计周期和试验成本；通过设计、工艺数据库的不断完善，实现设计的智能化，最终收到缩短产品升级周期和降低产品设计不合格率的效果。

（3）通过 ERP 进行整个企业的管控，全面实现业务财务一体化、供应链管理、生产制造、CRM 和建设智能决策系统智能经营。

（4）以 MES 为核心，通过视觉传感器、RFID、条码等数据采集系统装备进行产品的过程数据采集，实现产品的质量追溯，降低不合格产品的流出，减少召回造成的损失；通过智能上下料系统、AGV、立体仓库等智能物流仓储的应用，可减少工序间的等待，提高产品的物流顺畅度，满足产品先进先出的质量要求和减少人员配送的等待；通过 MES 与智能装备、智能物流仓储等的无缝对接，进行生产计划、生产准备、物料管理和设备运维管理等，降低企业的运营成本。

（5）通过 PLM 与 ERP、MES 集成，PLM 与 CAX 系统集成，ERP 与 MES 集成，MES 数据集成，实现产品整个生命周期的高效管理，降低生产运营成本。

12.2.2.2 关键技术应用

1. 高档数控机床应用

本项目对数控机床应用主要体现工业互联网和大数据应用技术，例如数控机床直接接入主服务器，所有刀具信息及加工参数实时传输，并对加工尺寸在线检测，一旦系统检测到工序尺寸出现偏离中位值（趋向上差或下差均能检测到）的趋势，即使尺寸仍在公差范围内，系统也会给出指令，实现自动更换刀具。这一技术通过对加工尺寸的大数据分析，实现了刀具最大化利用。

2. 典型人工智能装备应用

典型人工智能装备主要包括工业机器人、智能传感与控制装备（如视觉传感器等），主要进行自动上下料、工件定位、工序识别等任务。

3. 智能检测装备应用

智能检测与装配装备应用过程中主要体现了工业互联网、可视化、大数据分析等技术应用。智能检测主要是通过力传感器、位移传感器、加速度传感器、扭矩传感器等信息采集传输系统，经过数据分析处理、图像识别和分析系统、探伤系统、尺寸检测对比等手段对产品进行检测。智能检测主要包括对零件的尺寸检测、表面质量检测、重量检测、亚表层缺陷检测等。

4. 柔性化装配

根据总成的装配工艺流程将生产线进行自动化、柔性化设计，生产线采用随行夹具对工件进行装夹和自动转运，并通过 RFID 卡对加工过程中的每台产品进行标识，使设备能够自动识别产品的型号和状态，实现自动化和柔性化生产。

装配线采用半 U 形布局，采用随行夹具和无级调速差速链实现工件的线内流动，保证工件在加工过程中有序流动。装配生产线与 MES 对接，进行实时通信。生产线的所有加工结果和试验数据都会通过工业以太网实时上传到 MES，MES 收到数据后会对数据进行验证和保存，并将加工数据和产品的二维码编号进行绑定，实现装配过程的 100% 可追溯性。

磨合工序是总成装配生产线加工节拍最长的工序，为了能够与装配线整体节拍相匹配，总成装配线共设置了 5 台磨合机进行同时作业，但是 5 台磨合机在同一条生产线上的协调调度成为实施的难点。在本项目中，总成装配线利用位置传感器实时监测线体上的工件数量和位置，并通过对设备的联网实时获取设备的加工状态，并将所有信息汇总到生产线的专用服务器中进行分析，并自动生成产品的最优加工路线，实现产品的高效生产。

5. 生产过程数据采集与分析系统

数据采集与分析系统广泛采用扭矩、压力、位移、流量、光学等传感器作为感应元件，将各种物理信号变更为电信号，通过工控机收集处理数据。

豫北公司与设备厂家联合开发的数据采集与分析系统使整条后装配生产线的所有设备同时和一台生产线服务器实时通信，保证各工序设备高效协同生产，同时将各工序分散的数据汇总到生产线服务器中，方便过程信息的处理和查询。

6. 质量追溯技术

1）批次追溯和查询。豫北 MES 产品质量追溯过程如图 12-2 所示。

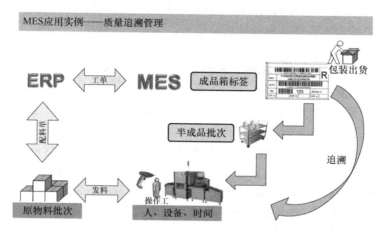

图 12-2　产品质量追溯过程

① 正向追溯：输入产品所包含的任意一个零件的批次号或内制件二维码编号，可以查询到包含此批次零件的所有总成的总成编号，如果总成已经包装发货，还能够查询到此总成所在的包装箱号、订单号、发货单号等信息。

② 逆向追溯：输入任意一个产品总成标签上的总成编号可以查询到所有包含零件的批次信息、零部件加工过程参数信息、合格/不合格信息、是否为返修件信息等，查询结果按照装配关系分层级显示。

③ 通过输入任意一个内制件的零件编号可以直接查询到对应总成包含的所有零部件批次信息，即使用内制件的编号代替总成编号进行逆向追溯查询。

④ 所有查询结果可以直接导出 Excel 文件格式。

⑤ 批次追溯和查询的实时性要求：≤60s。

2）加工过程数据追溯和查询：

① 零件加工线过程数据查询：输入任意一个内制件的零件编号，可以查询到此零件的加工工艺流程、原材料的来料时间和批次信息、粗加工时间和班次、渗碳热处理时间和炉批号、精加工时间和班次、生产线名称，以及所有关键工序的加工时间和加工参数信息。

② 零件加工线的关键工序包括渗碳热处理工序、高频热处理工序、探伤工序，以及各种试验和检测等工序。

③ 装配线过程数据查询：输入任意一台总成的总成编号，可以查询到此台产品在后装配线、前装配线、配钻线、螺杆扭杆组装线等各装配线的加工工艺流程、加工时间、加工班次，以及各工序装配过程参数信息、是否经过返修、各工序加工结果（OK/NG）等信息，并能查询到是后装配 1 线还是后装配 2 线加工，部分工序还要追溯到是哪台设备加工的。

④ 按照加工过程数据查询：可以按照生产线名称、加工时间、加工班次、渗碳热处理

批次、作业人员等条件查询所对应的零部件编号，并且可以选择多个条件组合进行查询，且所有查询结果可以直接导出 Excel 文件格式。

⑤ 加工过程数据追溯和查询的实时性要求：≤60s。

3）不合格品信息的追溯和查询：

① 不合格品信息的记录。对于设备能够自动判定加工结果的工序，在每个工件加工完成后 MES 必须自动采集本工件的判定结果和不合格原因。在设备无法输出判定结果的工序，系统通过采集生产线内不合格品通道的感应信号，记录不合格品产生的时间、数量、加工班次、加工人员，以及零部件编号或批次信息。

② 不合格品信息的查询。有单独的不合格品信息查询页面，能够按照零部件种类、零部件型号、生产线名称、加工时间、加工班次、加工人员、不合格品产生原因、零部件批次等条件进行查询，并且可以选择多个条件组合进行查询，输出结果为不合格品数量和不合格品的零部件编号。

③ 能够自动统计每条生产线内不同时间段不合格品的数量，针对每条生产线产生的不合格品数量，系统能够按照不合格原因进行分析统计，并能够用图表的形式表示，且所有查询结果可以直接导出 Excel 文件格式。

④ 不合格品信息追溯和查询的实时性要求：≤60s。

7. 三维数字化设计

数字化产品设计系统主要是实现工业产品的快速设计，为了实现产品的数字化设计，本项目引入了快速设计模块。该模块主要是根据各种技术要求、设计说明、材料信息以及各结构之间的相对位置，利用运动学、动力学、虚拟装配等设计、分析、验证、模拟仿真的技术，对所需进行设计的零件进行仿真和分析，使其能够满足设计需求，并在此基础上实现产品数字化三维设计；同时根据装备及工艺要求，利用 CAE、CAPP 等相关技术，进行产品工艺的设计、仿真及优化；利用 CAM、CAE 等产品虚拟加工及仿真技术，实现产品虚拟制造及智能管控，最终搭建集产品数字化三维设计、工艺智能化仿真及优化、产品虚拟加工、智能管控及数字化作业指导于一体的数字化产品设计系统。

12.2.3 实施途径

12.2.3.1 智能工厂建设实施途径

1. 智能工厂总体设计重点

重点对智能工厂总体架构进行设计，对工程布局进行模型建立，对工艺路径进行仿真验证。

2. 生产装备购置，生产线建设

根据智能工厂总体设计，本阶段重点对智能制造设备进行调研、招标、采购，智能制造装备涵盖高档数控机床与工业机器人、智能传感与控制装备、智能检测与装配装备、智能物流与仓储装备四大类，其中包括高精度全自动数控多工位组合机床、数控双主轴车铣磨复合加工中心、高效高精数控蜗杆砂轮磨齿机、高精度数控丝杠磨床、六轴关节型自动上下料机器人等，并根据前期论证，对生产线进行建设。

3. 设备联网与数据采集

智能化生产以信息化为基础，而将工厂里各式设备接入网络，采集设备的数据，则是信息化的基础。本阶段重点针对不同工业设备，制定数据采集方式：有数据接口的设备，如机器人、机床、PLC 控制器、智能化仪器仪表等，将设备数据传输到网关；对没有现成数据的设备，通过安装传感器或进行智能化改造，增加通信能力，基于有线或无线方式，将数据传输到网关。

数据传输到网关后，网关基于边缘计算进行数据就地分析和存储，或将数据、分析结果汇总，通过有线或无线的方式，传输到公有或私有云服务器进行显示和后续分析。

4. 数据集成

除了设备处采集的数据，MES、PLM、ERP、CAX 等软件也存在很多数据，这些数据以离散的数据孤岛形式存在，彼此信息隔离，各级管理数据不能很好地综合分析。本阶段重点是对工厂的数据进行整合打通，并在此基础上提供更高效的信息传递、生产管理和协同。

5. 数据智能分析与应用

本阶段重点以工业大数据搭建为核心，开展在智能工厂各个领域的应用，重点围绕预防性维护、智能生产优化。

12.2.3.2　智能工厂后续计划

豫北公司经过前期智能化工厂建设，生产线建设和改造工作已经基本完成，下一步将重点围绕数据集成和大数据分析应用等工作展开。

1）根据豫北公司智能设计规划将继续推进 CAE 和 PLM 系统的深度集成，利用 CAE 软件，对设计产品关键承载件及产品整体做不同类型的有限元分析，工程师可以修改结构参数，经过计算就能直观地判断和分析各构件是否满足受力和实际工程要求，并实现零部件和整体结构的优化，节约用材，降低产品成本。

2）结合生产经营需要，重点对 MES 功能扩展，包括操作工检查、设备维护处理、设备故障预警功能、产品返修管理、监控管理、生产线 Andon 系统等。

3）大数据高效集成，以 MES 为核心，逐步推进 MES 和生产设备系统、ERP 系统、PLM 系统等高效集成，实现实时的生产状态反馈，通过大数据的分析检测，做出生产管理的决策指令。

12.3　实施效果

12.3.1　经济效益

项目建成 2 条智能化柔性装配线、10 余个生产加工检测单元，形成年产 35 万台高端循环球式动力转向系统的生产能力。产品配套美国福特等国际高端客户，实现产品销售收入 4 亿元。通过智能工厂建设实现生产效率提升 37.5%、运营成本降低 20.7%、研制周期缩短 32.5%、产品不合格率降低 40%、能耗降低 14.3%，智能制造达到国际先进水平。

12.3.2　典型智能制造装备应用效果

12.3.2.1　高精度全自动数控多工位组合机床

壳体是目标产品的重要零件，其外形结构复杂、加工部位多、要求精度高，传统工艺采用加工中心，但需要设备数量多，加工效率低，不同设备装夹过程中产生的定位误差大，影响加工精度，且需要操作人员数量多。

为克服上述问题，本项目采用组合机床代替加工中心的加工方式，其中下壳体采用 2 台独立机组共 31 个动力头，并实现机器人自动上下料，上壳体则由一台机组 21 个动力头组成，加工效率和加工质量方面都有很大提高。参照行业传统加工方法，年产 35 万台壳体，需要单独设置一个分厂（车间），与之对比，本项目选取组合机床构成加工单元，达到了行业传统加工方法中一个分厂的实际效果。具体对比如下：设备台数由 31 台（加工中心）减少为 3 台（组合机床）；操作人员由 69 人减少为 16 人，减少操作人员 53 人；设备总功率减少 1441kW，单件电费节省 6.72 元；占地面积减少 1500m²；加工不合格率降低 50%；每年节省支出 939.45 万元。含自动上下料机器人的高精度全自动数控多工位组合机床如图 12-3 所示。

12.3.2.2 工业机器人

机器人在本智能工厂广泛应用，其中壳体加工线、热处理生产线的 6 台机器人已经投入使用，包装线也采用机器人实现自动装箱。

以机器人与机器手臂取代人力，执行高重复性、高负重度、高疲劳性、高伤害性、高危险度等作业，提高制造时数与生产线效率。图 12-4 是热处理单元六轴机器人。

图 12-3　高精度全自动数控多工位组合机床　　　　图 12-4　热处理单元六轴机器人

六轴机器人的主要作用为：用于渗碳热处理线零件自动上下料；热处理线环境条件差，代替人工作业，降低作业人员劳动强度；提高工作效率，提高零件装夹的稳定性；机器人安装有视觉系统，自动调整零件的抓取位置，自动识别零件缺陷，避免缺陷产品的流出和传递。

12.3.2.3 AGV 应用

本项目选用 AGV 如图 12-5 所示，使用激光导航方式，地面无任何诱导线，可比较灵活地改变路径，使系统的柔性更大。项目所使用 AGV 主要用于半成品的构内物流，比现有人工配送的方式减少物流人员 4 人，每年节约人工成本 20 余万元。

12.3.2.4 自动选钢球设备

原有钢球的组装完全依靠人工操作进行，操作人员根据经验将钢球装入螺杆螺母组件，根据转向手感反复更换不同组别钢球，直到自己认为转向手感合适。这种操作方式效率非常低，并且转向手感没有明确的界定标准，完全依靠操作人员的经验。

本项目与设备厂家联合开发自动选钢球设备。该设备设置 11 个钢球料仓，分别放置不

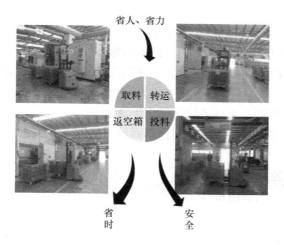

图 12-5　AGV

同组别的钢球，根据前工序螺杆螺母中径信息自动计算，设备可根据扫描获得的中径信息自动选择正确组别的钢球。

当组件在后工序（滚道旋转力矩检测）检测不合格需要重新返工时，设备首先可以识别此组件为返工件，并且可以按照服务器反馈的不合格信息（力矩超大或超小），自动递减（反馈信息超大）或递增（反馈信息超小）相邻一级组别的钢球，以更好地满足滚道预紧力矩的要求。

利用 PLM 技术，将钢球组别信息，压板螺栓的拧紧力矩、角度信息与上壳体序列信息绑定在一起存储在设备内，并将绑定的信息上传至服务器，过程数据按照日期建立文件夹存放在设备内，不合格记录信息单独存放，方便追溯。

12.3.2.5　视觉传感器应用

视觉传感器属于智能传感与控制装备，在产品的加工、转运、装配过程中，通过广泛应用视觉传感器，加上位置传感器、RFID 等技术，确保生产流的顺利运行。

豫北公司智能工厂采用的二维码追溯技术，在国内率先应用在转向系统的生产管理上。项目使用二维码刻蚀机对所有零部件刻上代表其身份证的二维码，实现产品的质量可追溯。利用此技术，可以 100% 追溯产品状态、产品关键零件的工艺参数、尺寸大小等，而且可以对产品的售后服务、失效分析、产品改进提供可靠的追溯信息。激光打印上二维码的产品如图 12-6 所示。

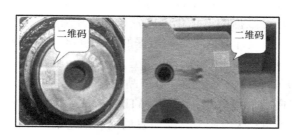

图 12-6　二维码追溯

二维码刻蚀机的特点如下：设备可在同一工位雕刻设定的多个不同的二维码等内容，并可读取确认、操作方便、快捷、易维护；激光可采用端泵和绿色激光，最小可雕刻出 $1.6mm \times 1.6mm$ 多达 16 位字符的二维码，且条码枪、CCD 均可顺利读取；采用视觉精确定位，可对雕刻内容进行识别和检测；打标位置精度达 $\pm 0.1mm$；提高效率，雕刻 1 个 $2mm \times 2mm$ 的二维码的时间小于 20s。

位置定位用视觉传感器，通过系统集成判断夹具的精确位置，并进行二维码内容识别，如果出现位置偏离，传感器会给出信号到控制系统，控制系统做出判断后，给出指令调整工件位置。

12.3.2.6　高效高精数控蜗杆砂轮磨齿机

高效高精数控蜗杆砂轮磨齿机属于高档数控机床与工业机器人中的高效机器，通过更换滚轮，可以加工各种高精度齿条。本项目引进了 2 台杭州机床集团生产的型号为 MKL7132×8 的高效高精数控蜗杆砂轮磨齿机，并且均已安装调试结束，投入使用。

MKL7132×8 型高效高精数控蜗杆砂轮磨齿机主轴驱动功率为 30kW，定位精度为 0.006mm，重复定位精度为 0.004mm。纵向、横向、垂直行程分别为 800mm、320mm、500mm。磨头采用成组精密角接触球轴承，应用磨头热平衡、气体密封等高端技术来保证磨头的精度、稳定性和使用寿命。磨头可根据加工工艺和用户要求配置 9kW、17kW、30kW 等伺服主轴电动机。同时机床可配置高精度光栅、动平衡系统、测量系统等。

MKL7132×8 型高效高精数控蜗杆砂轮磨齿机运用高效磨齿工艺和技术，在保证高精度的同时，大大提高了生产效率，以满足 60s 的生产节拍；设备配备高精度伺服系统，实现高定位精度和高重复精度。

12.3.2.7　车铣复合加工中心

车铣复合中心采用的是高档数控机床与工业机器人中的数控双主轴车铣磨复合加工机床，可以用于加工所有尺寸相近的轴类零件。本项目引进了 3 台车铣复合加工中心，均已投入使用。车铣复合中心 M08SY 具有安全光幕，防止操作过程中设备对人身造成意外伤害；设备配备高精度伺服系统，实现高定位精度和高重复精度；设备具备刀具监测功能，实时监控刀具使用状态；具备刀具寿命管理功能，刀具达到使用寿命时，设备会自动报警，提示更换刀具；各种高精度压力、扭矩、温度传感器的使用，保证设备处于良好的运行状态。

12.3.3　软件系统应用与集成效果

目前，PLM 已上线运行，产品研发实现了以物料为核心的设计 BOM，建立物料 BOM 的生命周期定义，实现阶段化发布；完成 PLM 与 CAD 集成，通过集成工具实现设计数据进入 PLM 系统；实现了公司设计数据的电子化签审发布和集中管控，进一步提升了公司的产品研发业务管理水平；实现了设计数据与工艺数据的有效链接，基于 EBOM 智能搭建 MBOM，并构建详细的工艺路线与 MBOM 相关联，建立工艺文件资料库进一步实现工艺文件的电子化审签和发布，完成 PLM 与 ERP 系统的基础产品数据集成，实现了物料属性、BOM、库存和价格等数据的自动传递和信息共享；完成 CATIA 与 PLM 系统集成，制定设计三维模板，实现三维数据的电子化签审；大大提升产品研发周期和工艺策划效率。

设计研发和工艺策划上，实现 PLM 和 ERP 的数据集成，PLM 设计和工艺 BOM 数据直接发布至 ERP 系统，设计工艺人员也可从 PLM 系统直接读取相关产品物料的 ERP 库存、价格等有效信息，实现了两大系统的数据互通，大大提升了产品设计研发效率。

12.4　总结和建议

12.4.1　智能制造应用总结

12.4.1.1　促进公司经济效益提升

近年来公司营业收入持续保持 20% 以上的增长，利润率不断提升，通过转型升级，豫北公司经济效益保持高速增长，盈利能力不断增强。

豫北公司在生产经营各环节不断进行优化与改进。在加工层面，通过高档数控机床和在线测量提升产品加工质量，保证设计要求；在装配层面，通过柔性化装配，提升装配效率；在检测层面，通过在线检测判定，杜绝不合格品流出。产品质量表现稳定，指标逐年向好，满足客户需求。

12.4.1.2　过程管控能力不断增强

豫北公司坚持"技术引领，创新驱动"经营理念，推进公司生产经营模式向智能制造转型升级，通过智能工厂建设，豫北培养了一批具有智能制造思想和实践能力的技术管理人员，通过优化生产线布局，推进连续流生产，消除潜在质量隐患，规范了现场管理与工作流程，公司过程管控能力不断增强。

12.4.1.3　供应链合作共赢

智能制造在企业内部进行推行的基础上，发挥溢出效应，相关经验向上下游延伸，强化供应链安全，实现供应链的合作共赢。

12.4.2　企业发展智能制造建议

12.4.2.1　企业发展智能制造结合实际，精准发力

不同类型企业特点不同，发展智能制造路径也不尽相同，企业要围绕实际工作中的切实需求和关键点，找到适合企业发展的智能制造手段。

12.4.2.2　打造智能制造人才队伍

智能制造需要企业决策层改变经营理念、管理方式、专业知识结构，需要大数据、自动化等专业人士组成的智能化团队。一是需要企业构建多层次人才队伍，培养一批能够突破智能制造关键技术及进行技术开发、技术改进、业务指导的创新型技术人才；二是健全人才培养机制，通过产学研用相结合的新模式，培养一批高素质专业人才。

12.4.2.3　智能制造做好总体规划

智能工厂的打造最终要实现设备、研发、经营等各个层面数据的集成共享，因此企业在进行智能制造起始，就要对最终的大数据集成应用有一个统筹的规划，避免因为各层面独立开发而后期无法集成造成的返工和浪费。

第 13 例

中航锂电（洛阳）有限公司　高性能车用锂电池及电源系统智能生产线

13.1　简介

13.1.1　企业简介

中航锂电（洛阳）有限公司（以下简称中航锂电）是中国航空工业集团有限公司及所属单位共同投资组建的专业从事锂离子动力电池、电源系统研发及生产的新能源高科技公司，是国内动力电池行业领先企业。中航锂电是中央企业电动车产业联盟成员单位，是全国电源行业（动力锂电池系统）标准起草核心成员单位，参与 7 项行业标准的编写，并完成 19 项企业标准制定。经过不断的技术创新和突破，中航锂电形成了完善的产品体系，现有产品涵盖了磷酸铁锂塑壳电池、磷酸铁锂金属壳电池以及三元体系软包电池三个系列的电池，确立了多款主导型号电池及模块产品。

13.1.2　案例特点

目前，国内外大部分锂电池生产线关键设备单机自动化水平已较为成熟，但这些设备均为单个"孤岛"设备，尚未实现整条线生产的自动化、智能化和信息化。因此，本项目主要解决和实现生产线工艺装备智能化、在线检测实时化、物流转运自动化、环境控制精准化、信息控制网络化的目标。

本项目携手国内一流动力锂电池生产线系统集成设备企业凯迈机电（洛阳）有限公司联合攻关，通过新一代信息技术与制造技术的创新融合，集成、应用高精度仪器仪表与控制系统、机器人等智能装备，通过在线检测、远程诊断，应用大数据技术、智能化软件等技术，生产线由自动化向智能化升级，提升动力电池及电源系统的智能制造水平和全生命周期管理水平。

13.2　项目实施情况

13.2.1　项目总体规划

本项目通过联合攻关，使国产锂动力电池生产线关键智能部件、装备和系统自主化能力和智能化水平大幅提升。智能生产线系统总体构架如图 13-1 所示，生产线采用涂布在线测厚闭环控制技术、辊压全液压控制技术、切片 CCD 检测技术、叠片 X 射线检测技术、化成能量回馈技术、电池自动分选技术、电池信息管理系统等先进控制技术，实现电池生产全过程的自动化控制，自动在线监控。建立每个锂电池的生产全过程数据库，实现按数据对电池在线自动分组，对故障电池原始数据可追溯查询。

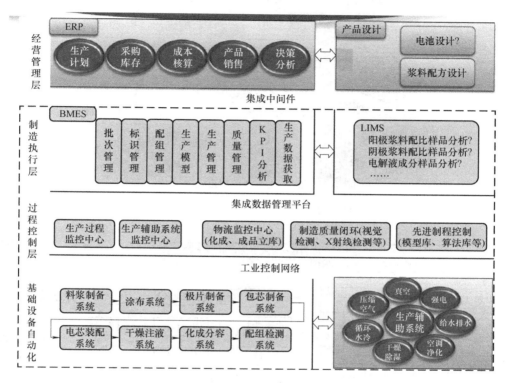

图 13-1　智能生产线系统总体构架

生产线的设计原则是：工艺装备智能化、在线检测实时化，物流转运自动化、环境控制精准化、信息控制网络化。

1）工艺装备智能化：工艺装备实现智能化，从上下料、产品制作、质量控制等各方面实现全自动化操作。

2）在线检测实时化：应用激光、CCD、X 射线等先进检测手段，实现电池、模组及电源系统产品的在线实时化检测。

3）物流转运自动化：整线物流采用 AGV、传输线、堆垛机等专用物流设备，实现各工序无缝衔接。

4）环境控制精准化：产品生产环境控制全程受控，温度、湿度等参数实时监控，使产品处在一个干燥、洁净的环境内，保证电池生产环境受控。

5）信息控制网络化：应用 DCS、BIS、MES 等软件系统，实现整条生产线的网络化控制，实时监控设备工作状态，采集产品信息，进行智能分类处理，建立产品大数据库，保证产品信息可追溯、查询，实现产品的全生命周期管理。

根据《生产线设计文件》，锂电池生产线工艺技术路线为合浆、涂布、辊压、分条、切片、叠片、装配、注液、化成、封孔和定容，如图 13-2 所示。模组及电源系统生产线工艺技术路线图如图 13-3 所示。

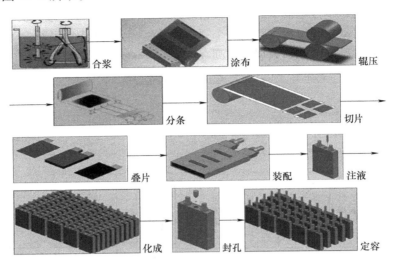

图 13-2　锂电池生产线工艺技术路线图

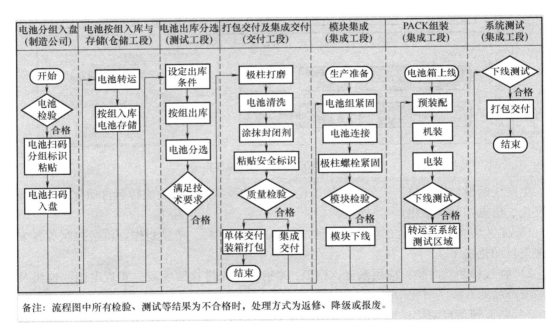

图 13-3　模组及电源系统生产线工艺技术路线图

整条生产线是在考虑各工序间产能匹配和厂房物流、信息流的基础上进行整体设计，锂电池、模组及电源系统生产线工艺布局效果图如图 13-4 所示。

13.2.2　建设内容

1）采用 CAD、CAPP、CAM、设计和工艺路线仿真等先进技术，实现产品研发设计数字化，产品研制周期缩短 50%。实现电池的 PLM，电池信息和制造信息贯穿于制造、生产

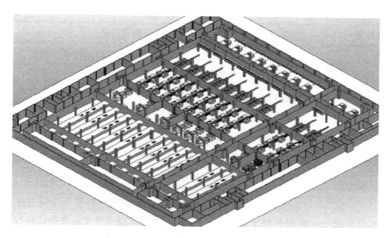

图 13-4　锂电池、模组及电源系统生产线工艺布局效果图

管理、质量管理等制造过程的全部环节，实现运营成本降低 25%。

2）建立车间 MES，在计划、排产、生产、检验的全过程闭环管理的基础上，实现了从原材料入厂检验到成品发货全流程的信息采集、监控及追溯；建立数据实时采集系统，能准确、高效地采集制造进度信息、现场操作人员信息、质量检验信息、设备状态信息、工艺参数信息、环境信息等生产现场信息，为提升产品质量及工艺水平提供了保障，产品不合格率降低 22%。

3）建立车间级的工业互联网，前后工序不同装备之间实现信息互联互通和有效集成，实现了物料按需配送、成品电池自动分组直接交付入库、各工序间采用 AGV、传输线或半自动转运车进行物料周转，生产效率提高 20%。

4）建立 ERP 系统，实现采购、外协、物流的管理与优化，利用云计算、大数据等新一代信息技术，不仅降低库存时间、提高采购及交付效率，而且实现经营、管理和决策的智能优化，资源综合利用率提升 30%。

5）在集成企业 MES、ERP 及车间自动化设备的基础上，实现了生产数据的自动化采集及生产信息的正反向追溯，为实现智能制造打下了信息化和自动化融合的坚实基础。

13.2.3　实施途径

该项目制定了严格的项目年度任务和考核指标，主要分为两大阶段：2015 年重点根据项目生产线设计的技术路线完成基础设施建设，实现软包电池和方形铝壳电池混流共线生产，达到生产效率提高、运营成本降低、产品不合格率降低、产品研制周期缩短、资源综合利用率提升等智能生产线重点指标的改善；2016 重点实现模组生产线自动化生产。实施阶段及任务表见表 13-1。

表 13-1　项目实施阶段及任务表

年度	任务阶段	目标	研究内容	时间节点
2015 年	缩短产品研制周期	产品研制周期缩短 50%	采用 CAD、CAPP、CAM、设计和工艺路线仿真等先进技术，实现产品研发设计数字化	2015 年 6 月

（续）

年度	任务阶段	目标	研究内容	时间节点
2015 年	单体电池智能生产线设计和研发	实现软包电池和方形铝壳电池混流共线生产	采用涂布在线测厚闭环控制技术、辊压全液压控制技术、切片 CCD 检测技术、叠片 X 射线检测技术、化成能量回馈技术、电池自动分选技术、电池信息管理系统等先进控制技术，实现电池生产全过程的自动化控制和自动在线监控。建立每个锂电池生产全过程数据库，实现按数据对电池在线自动分组，对故障电池原始数据可追溯查询	2015 年 12 月
2016 年	模块生产线设计和研发	实现模组生产线自动化生产	模组集成生产线采用"模组化中间通过式"设计，生产线关键工序全部使用机器人自动完成，实现模块堆垛、激光焊接等一系列复杂的工作	2016 年 12 月

13.3 实施效果

13.3.1 实现两提三降

该项目自 2015 年 1 月开始实施，2016 年 12 月实施完毕。项目通过采用信息技术与制造技术的创新融合，集成、应用高精度仪器仪表与控制系统、机器人等智能装备，通过在线检测、远程诊断，应用大数据技术、智能化软件等技术，自主集成和研制了自动化生产线，项目建立了智能化、柔性化生产制造管理系统、全方位生产线网络监控系统、全生命周期产品质量追溯系统、实时智能测控系统、精准的环境监测系统和智能物流自动化传输系统；研制了智能化、高效率、高精度的柔性电池生产线和全自动化的模组装配线；建设了年产 6.9 亿 W·h 软包电池和方形铝壳电池混流智能生产线、2 万组/年模组生产线和系统装配线。

项目的成功实施达到了当初项目申报所预期的两提三降的建设目标，即生产效率提高、运营成本降低、产品研制周期缩短、产品不合格品率降低、环境效益提高，具体测算过程如下：

13.3.1.1 生产效率提高

该项目引进了智能化生产线，建立了车间级的工业互联网，前后工序不同装备之间实现了信息互联互通和有效集成，实现了物料按需配送、成品电池自动分组直接交付入库，各工序间采用 AGV、传输线或半自动转运车进行物料周转，生产效率显著提高。

该项目引入了智能自动化物流传输系统可以实现工序间的无缝衔接，物流更加顺畅。该项目引进了模组自动化生产系统，基于标准化电池模组，以自动化为最终目标，电池模组集成生产线各工站采用"模组化中间通过式"设计，各工站设备可以是自动线中的一个工位，也可以单独进行作业，各工站采用全自动化生产方式，实现模组自动化生产率 100%，提高生产效率与质量。模组生产线能根据当前的生产程序要求，将单体电芯组装成电池模组，集成速度快、精度高。每分钟可集成 20 支电池，按每组 240 支电池计算，生产节拍可以达到

12min/组。与国内手工作业模式相比，生产效率提高了 10 倍以上。

13.3.1.2　运营成本降低

该项目应用 DCS、BIS、MES 等软件系统，实现整条生产线的网络化控制，实时监控设备工作状态，采集产品信息，进行智能分类处理，建立产品大数据库，保证产品信息可追溯、查询，实现产品的全生命周期管理，如图 13-5 所示。

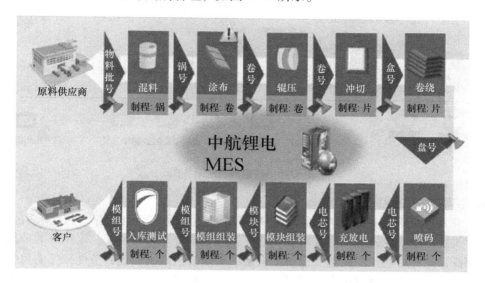

图 13-5　产品全生命周期管理

本项目建立 PLM 系统，实现电池信息和制造信息贯穿于制造、生产管理、质量管理等制造过程的全部环节；建立车间 MES，实现计划、排产、生产、检验的全过程闭环管理；建立车间级的工业互联网，不同装备之间实现信息互联互通和有效集成；建立企业 ERP，实现采购、外协、物流的管理与优化，利用云计算、大数据等新一代信息技术，实现经营、管理和决策的智能优化，实现运营成本降低 25%。

13.3.1.3　产品研制周期缩短

为解决产品研制周期长的问题，建立全流程管理体系，产品经理对全流程负责，打破部门之间的壁垒。根据项目总体计划对项目和项目计划进行分解，制订每一阶段的详细计划。每个人和部门主管都要签订相关的产品开发任务书，明确项目的任务，包含项目完成的时间、质量、进度安排、项目目标，都要制定可以量化的指标，明确目标和责任。在产品研发阶段采用 CAD、CAPP、CAM 设计和工艺路线仿真等先进技术和软件，实现产品研发设计的数字化，产品研制周期缩短了近 50%。

13.3.1.4　产品不合格品率降低

为有效降低产品不合格率，在控制执行层利用过程可视化组态工具提供的监控手段，按照生产的实际需要，以系统模拟图的方式显示生产现场的数据结果，反映出生产现场系统运行的实际情况。实时监控所有设备的工作状态，并记录设备的各项技术指标和产品参数，进行智能分类处理，保证产品品质，实现生产线全过程的信息化控制。质量部门对相产品质量抽检结果显示，产品不合格率降低 22%。项目控制执行层系统如图 13-6 所示。

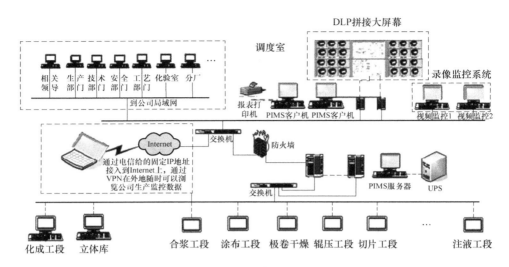

图 13-6　控制执行层系统图

13.3.1.5　环境效益提高

项目引入智能化自动化生产线，采用 MES 管控生产采购的全流程；通过采用一系列的工艺改造项目，以减少缠绕膜、浆料、级片、涂碳铝箔等原材料消耗；采用高效节能电机和高能效设备，并针对在用的高耗能设备提出多项节能改造措施，达到节能减排的目的。据统计，单位产品二氧化碳排放量由 2015 年的 1.71t/万 A·h 下降到 2016 年的 1.29t/万 A·h，下降明显；同时，通过对生产过程的严格把控，做到有毒有害物质的零排放。

13.3.2　实现装备和软件创新

该项目针对传统锂电池生产工艺、装备进行全新优化和改造升级，颠覆传统锂电池生产管理模式，创建以自动化控制技术和智能网络控制技术为基础的新型锂电池、模组及电源系统智能生产管理新模式，其先进性体现在以下几个方面：

1. 智能化、柔性化生产制造管理

生产线整体生产制造通过离散式 DCS 在中央控制室集中控制生产，控制系统通过指令传输直接改变各生产单元设备工艺参数，设备根据参数自动调用该产品工装信息，实现自动换型，满足软包电池和方形铝壳电池混流共线柔性化生产需求，满足电池模组及电源系统的快速换型，实现柔性化生产。同时总控制系统直接和 MES、ERP 系统对接，自动生成生产计划及物资配送计划，实现生产全过程闭环管理。

2. 全方位生产线网络监控系统

生产线所有设备的状态与实时数据经采集器采集并自动上传至服务器，监控人员只需上网即可监控生产线设备的运行状态、生产数量、生产效率，并通过网络或短信对设备进行参数设置，可实现远程操作。当生产线设备发生故障或产品合格率达不到预定目标时自动报警，并上传故障信息，方便工作人员及时查找故障原因并尽快给出相应的处理对策。同时，模组生产线采用互动连锁控制技术，控制工件传输节拍，实现设备故障、不合格率超标自动报警功能，保证生产线运行处于良好状态。

现场监控系统是电池生产线的重要组成部分，视频监控以其直观、准确、及时的信息确保电池生产的可靠及安全，同时增加红外感应及烟雾感应综合控制系统，保证电池的生产安全。智能车间系统在车间内部各处重点防护区都设有感应监控。监控信息通过无线局域网（WLAN）将数据上传服务器，当电池或电解液出现异常时，监控系统自动控制局部消防喷淋系统启动，同时发出相关安全警报，监控人员可以随时调用回放视频信息，更加提高了车间的安全性。

3. 全生命周期产品质量追溯系统

从产品的开发设计、生产制造到销售整个过程都做到规范化、科学化、制度化；质量控制点的设置，不仅提高了生产效率，减少了不合格率，同时也降低了经营成本，提高了企业管理效率。

每一个产品有自己唯一的 ID 号，通过 ID 号可以查出生产日期、生产时间、生产线体号、产品版本、测试项目。系统为每一个重要的环节都设置了质量控制点，检测通过的产品进入下一个环节的生产，未通过的剔出生产线进入后续处理环节，通过 ID 号查询出错环节，有目的地对产品进行维修。ID 号随产品出厂，永久记录产品信息，增强了产品质量可追溯性，方便用户通过互联网技术对产品进行有关信息查询。

4. 实时智能测控系统

该项目采用了激光在线测厚闭环控制技术、辊压全液压控制技术、CCD 检测技术、激光定位、激光焊接等离子体与反射光监测、X 射线检测技术等先进的智能测控系统，对锂电池及电源系统产品的生产过程进行实时质量监控，实现生产线的过程控制、运动控制、安全控制及设备管理中所需的智能功能，提高了设备的技术性能和稳定性，保证了电池生产过程中的质量控制。

5. 精准的环境监测系统

智能生产线系统内含温度、湿度、洁净度检测，通过无线传输设备将数据发送至服务器进行集中判断处理。如果监测结果超出预定范围，系统发出报警信息并通知相应设备做出调整，以保证产品的品质及安全。当生产线车间内（化成静置车间）的温度和洁净度超标时，相应传感器将检测到的室内温度和洁净度信息通过无线传输设备发送到服务器，服务器接收到信息后与相应的设定值做比较，当环境测量值高于设定值时，系统会自动起动空调及过滤系统对室内温度、洁净度进行调节，直到室内温度、洁净度低于设定值后自动关闭空调。

6. 智能化工艺装备

工艺设备性能方面，攻克了国内外的一些瓶颈工序，涂布采用国际领先的挤压喷涂的方式，速度快，精度高；正极片采用热辊辊压机，极片的压实密度更好；正极切片机采用伺服电动机驱动曲轴完成五金模具冲切，速度高；叠片采用 Z 字形叠片的方式，电芯的对齐度好，效率较高；电芯装配采用全自动装配流水线，自动化程度高；电池干燥采用带热风循环的真空干燥的方式，温升快，温度场均匀，烘干效率高；电池化成采用能量回馈型化成，将化成中放电这一部分电返回给电网，既环保节能又高效。

模组生产的涂胶工序采用辊胶方式，效率高，维护方便；模组生产的电池堆垛工序采用了 CCD 拍照结合激光定位的方式，对齐精度高，保证产品合格率；间隙检测采用了探针物理检测，检测精度高；系统装配采用自动化配料系统，节省了劳动强度；螺栓拧紧设备具备高效统计流程控制功能，可以在不影响拧紧过程的情况下分析处理数据，控制拧紧的扭矩、角度、时间及流程。

7. 智能物流自动化传输系统

智能自动化物流传输系统可以实现工序间的无缝衔接，物流更加顺畅。从涂布到分条工序的极卷转运系统，主要是由 AGV、机械人手臂等完成极卷在涂布、辊压、分条工序的上、下料及工序间的转运。

极片电芯转运系统主要是实现极片从切片机经过倍速链传输送到叠片机，并根据叠片机需要调整极耳方向，将空料盒送回切片机；叠片后电芯通过该系统自动输送到装配区域，并实现电芯托盘自动回流到叠片机内。输送系统以倍速链传送方式为主，辅以层间升降机、正负切片过渡升降机、叠片过渡升降机、空中线、顶升旋转、过渡线及返板升降机等设备。电池转运系统主要由输送线、提升机、AGV 和堆垛机组成，并通过自动化仓库管理系统完成各工序间的调配。注液后电池经传输线和提升机由一楼转至二楼，通过 AGV 分配到各个工序的巷道口。电池经输送线进入工序巷道，堆垛机将电池从输送线上取下，送入静置货架或者化成针床，完成电池静置、化成、定容和测试。模组及电源系统装配配料系统主要是实现装配物料的自动配送，由物料库以及 AGV、穿梭车、堆垛机、输送机等设备组成。生产过程中，配料系统将电源系统零配件自动配送至各个装配工位，提高了生产效率。

智能仓储主要由入库、出库、盘点、分拣等环节组成。成品电池附有 RFID 标签，标签内容包括产品 ID、类别、测试信息、物料批次等信息。在仓库入口/出口处安装射频标签阅读器，产品入库/出库时，阅读器读取电池条码信息，并在立体库系统中更新，实现单体电池、托盘及库位的绑定。

业务系统基于 Internet 环境，采用 C/S 体系结构，基于 Java 平台设计实现 WMS 业务，系统包括用户信息管理、基础数据维护、仓库作业管理、数据查询中心、任务管理、日志管理和接口管理。

13.3.3 项目成果应用及其经济社会效益

通过项目实施，为公司生产线由自动化向智能化升级，提升动力电池的全智能化制造水平，积累了丰富技术经验，从而为公司后续大规模建设高性能锂动力电池生产线奠定了坚实的基础。项目实施期间共申请专利 37 项，其中发明专利 20 项，制定了行业标准 2 项和企业标准 8 项，项目成果成功应用到江苏公司大规模智能生产线建设中。

13.4 总结

智能制造是国家制造业大势所趋，企业所选项目必须符合国家相关产业政策、符合国家可持续发展战略、符合市场发展的需要，根据市场需求和企业发展的实际情况，提出项目要求和制订项目计划，集中优势力量，确保项目如期运作。

在项目实施的过程中要提前制订完整的计划，制定合理的投资进度及建设进度，满足项目建设的需求。

按照工艺设计、生产流程、生产管理、市场经营等方面的要求明确分工，实施先进的制造业生产管理方式，为项目的顺利实施及如期竣工投产奠定坚实的基础和保证。

建立明确的责任制度，确保在项目建设过程中责任落实到人，保证项目的整体进度。

第 14 例

多氟多新能源科技有限公司 新能源动力电池数字化车间解决方案

14.1 简介

14.1.1 企业简介

多氟多新能源科技有限公司（以下简称多氟多公司）是一家专注于聚合物锂离子电池和电源解决方案技术研发、制造和销售的高科技企业。主要生产及销售大容量、高功率锂离子动力电池、储能电池、通用电池及个性化方案定制产品。依托母公司雄厚的资金、研发实力和先进的管理经验，引进世界一流的技术和国内外先进设备，采用尖端技术、一流工艺和科学严谨的生产管理方式组织生产，采用品质优异的正负极材料和功能型电解液，日产聚合物锂离子电池 50 万 A·h，是国内最大的锂离子电池生产企业之一。

多氟多公司技术力量雄厚，拥有国家认定企业技术中心、国家认可实验室、河南省博士后研发基地等。研发团队由经验丰富的博士、硕士和资深工程师组成，并与清华大学、香港科技大学、香港理工大学等著名高校建立了良好的科研协作关系，为技术领域的持续创新搭建了平台。通过不断的技术攻关、科技创新，公司产品性能和质量均达到国际领先水平，顺利通过了 ISO9001 国际质量管理体系、ISO14001 环境管理体系、UL、CE、RoHS 等认证。

14.1.2 案例特点

多氟多公司针对项目中选用智能设备的种类、厂家、接口、协议繁杂的问题，基于产品工艺特点和生产设备情况，编制了设备数据采集规范要求，并对车间主要业务数据（如物料编码、设备编码、质量检验编码、质量缺陷编码等）进行了规范处理，实现企业内部基础数据的统一规定，支撑信息化系统的应用实施。

多氟多公司针对锂电池行业设备与工艺灵活多变的特点，在信息化系统中应用了大量的人工配置功能，避免因为变化而导致的程序频繁变更，并通过对生产线、工艺流程的模块化建模，实现主要信息化系统在生产车间之间的较快复制与推广。

多氟多公司针对产品质量追溯困难的现状，通过 SCADA 系统与 MES 集成，实时掌握现场关键点数据，并根据工艺标准进行预警管控，提升车间人员和品控人员对现场的管控能力，并为事后分析提供数据参考。MES 记录从原料的领出、投料到产出的全过程数据，在系统中建立原料批次和产出品批次的投入产出关系，替代人工记录投料和产出，实现产品批次到原料批次的一键追溯，避免人工记录错误导致批次无法追溯的情况。

14.2　项目实施情况

14.2.1　总体设计情况

通过对企业现状与需求的分析，结合国内外先进的制造理念和制造技术，提出车间总体规划方案。依据制定的智能化车间总体技术架构，综合利用车间三维设计与仿真、精益生产、物联网、数字孪生、大数据等技术打造新能源汽车动力电池智能生产平台。项目建成后总结提炼建设模式和经验，形成企业相关行业标准，并在新能源内部电池制造车间进行推广应用，随后拓展至集团下属的多氟多化工及新能源汽车制造产业中去，最终形成针对多氟多集团的整体智能工厂解决方案。项目实施路线如图 14-1 所示。

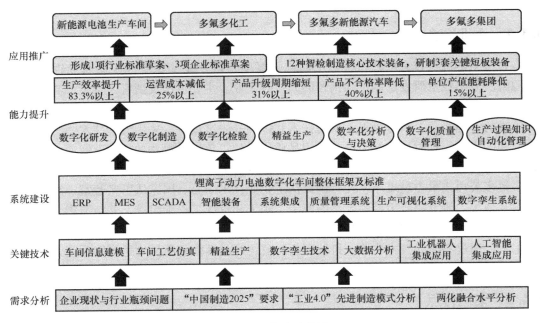

图 14-1　实施路线图

14.2.2　建设内容

新能源汽车动力电池智能化车间以扩大产能、提升质量、提高效率、减少人力资源、提升智能化程度为目标，重点建设智能化生产线、制造运行管理系统、仓储与物流系统、企业资源管理系统等，具体内容如下：

1. 工艺流程及布局

新能源汽车动力电池制造工艺复杂，不同型号锂离子电池的生产工艺不同，主要涉及混料、涂布、辊压、分切、模切、叠片、注液、化成、分容、PACK 等工序。工艺流程及布局模型如图 14-2 所示。

工艺设备方面，挤压式涂布机主要完成浆料在基体上的均匀涂覆、烘干，配合专用的测量系统进行在线检测，对涂布质量进行实时监控，同时信号输出反馈至伺服系统实现闭环控

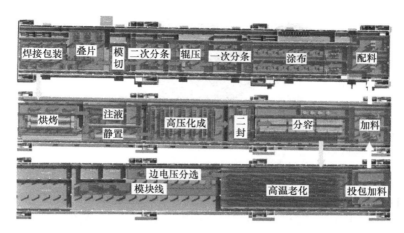

图 14-2　新能源汽车动力电池工艺流程及布局模型

制，达到涂布工序的智能化；采用国际先进的切叠一体组装方式，设备上料时卷料上料，将极卷裁切成小片后，进行 Z 字形叠片，自动贴胶下料。由于横切、叠片、粘胶等工序均在同一设备上完成，并有检测和 NG 剔除功能，有效降低产品质量风险；采用国际首创技术开发适用于软包装锂离子电池的全自动真空静置隧道炉，将传统的 2 ~ 3 天的静置时间缩短至 8h 左右，缩短了工序时间，降低了制造成本。

2. 车间建模与工艺仿真

依据动力电池生产流程，建立具有针对性的车间仿真分析逻辑模型，对原料库存量、物流配送过程进行仿真优化，寻找物流瓶颈，最大限度地提高现有生产装备的生产力，同时对整个生产线进行线平衡仿真，依据仿真结果，调整工厂和车间的布局规划。本项目还对生产线中的人工工位进行人机工程仿真，运用人机仿真及相关分析技术对指定工位进行人机分析及优化，实现生产工艺流程的标准化。

1）创建设备的几何模型、物理模型（功能、性能模型）和模块化模型，描述设备的几何特征、装配关系、功能及性能等信息，满足设备创新设计和仿真分析优化的需求。动力电池智能模块组装线模型如图 14-3 所示。

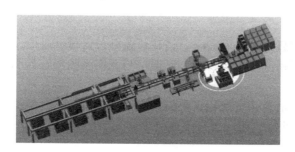

图 14-3　动力电池智能模块组装线模型

2）创建车间的几何模型、物理模型（功能、性能模型）和模块化模型，描述车间的几何特征、功能及性能等信息，满足生产系统仿真的需求，辅助车间创新设计，指导车间运行维护。车间模型如图 14-4 所示。

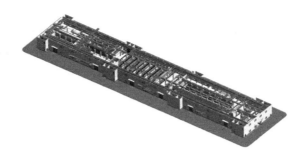

图 14-4　车间模型

3）创建工艺流程仿真分析模型，包含由原材料到产成品输出的各工艺环节，支撑瓶颈分析、顺序优化、任务单元重组、资源配置优化等功能，实现平衡生产线节拍、减少等待时间、缩短生产周期的目标。工艺流程仿真模型示意图如图 14-5 所示。

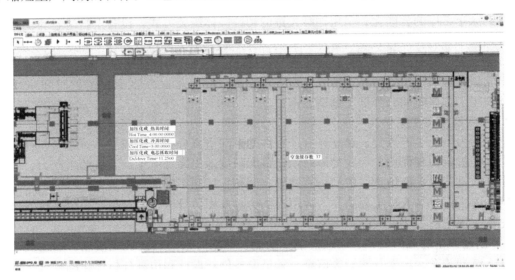

图 14-5　工艺流程仿真模型示意图

3. 工厂通信网络

根据生产流程及信息系统建设需求，搭建覆盖办公区域和整个车间网络环境，并具备一定的冗余与扩展性保障系统稳定运行。工厂通信与网络系统架构如图 14-6 所示。

4. 信息化系统

建立了比较完整的信息系统架构，包括生产线基础自动化、数据采集与监视控制、制造执行系统、ERP 及 WMS 等，建成了自下而上纵向集成的信息化体系，即信息系统架构，如图 14-7 所示。

5. SCADA 系统

建立 SCADA 系统，不仅实现生产过程监控、实时报警和可视化，还实现了制造装备的协同控制和联动运行。SCADA 系统通过开放的服务总线向 MES 提供实时数据、历史数据、报警事件等类型的数据服务，并接收来自 MES 的生产指令，成为工厂信息化系统与自动化系统的黏合层，如图 14-8 所示。

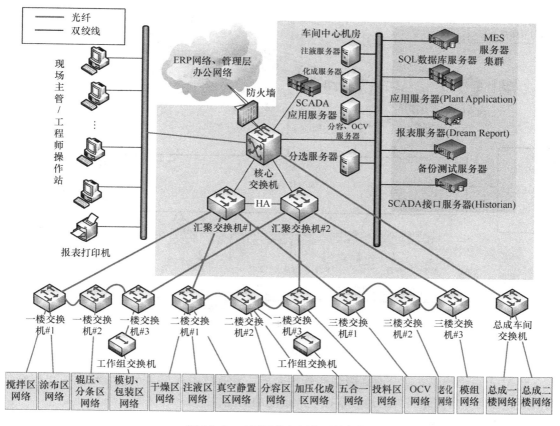

图 14-6　工厂通信与网络系统架构

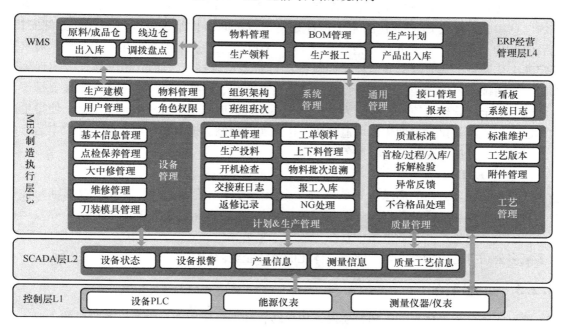

图 14-7　信息系统总体架构

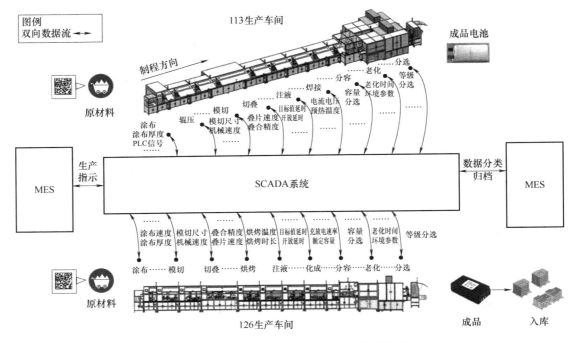

图 14-8　生产线、SCADA、MES 的集成关系

SCADA 系统的建立使企业高级生产管理人员、专业技术人员、车间管理人员可以在任何时间、任何具备网络条件的地点掌握生产现场的情况。

6. 制造执行系统

针对动力电池制造的特征，建立面向动力电池企业完整的 MES，MES 通过与企业级系统的信息集成，接收 ERP 下达的主生产计划，制订车间级详细作业计划和任务分配安排，然后向 ERP 反馈生产、质量等信息；MES 与 SCADA 集成后，能够根据生产工艺控制需求按特定频次从设备上提取数据并监控车间设备运行状态及时报警。通过 MES 建设，实现生产部门在计划排产、生产调度、过程管控、产品工艺路线、设备、物料、质量和人员安排等各生产环节的全面管理与控制功能，为企业搭建一个可扩展的生产管理信息化平台，使得生产过程透明化、高效化、柔性化、可追溯化，达到实时控制、提高客户满意度、低成本运行的目的，从而充分提高企业的核心竞争力。

7. 企业 ERP

根据对多氟多公司的需求分析建立统一企业资源计划管理平台，实现主数据唯一性管控，从而出具更加准确的数据统计分析报表，使 ERP 系统真正成为多氟多公司的高效运营平台，实现公司生产经营业务集中管控，适应未来公司的高速发展和市场竞争机制的需要，将多氟多公司打造成为专业财务业务一体化的整体企业。ERP 总体规划如图 14-9 所示。

14.2.3　实施路径

项目实施分为总体规划、项目实施、成果转化和推广应用四个阶段，各阶段的主要工作内容如下：

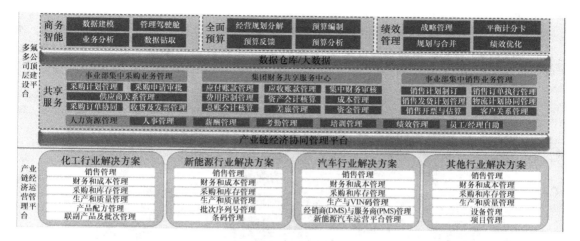

图 14-9　ERP 总体规划

1）总体规划阶段：智能化车间现状调研及规划设计，包括工艺流程布局及数字化建模、工艺物流仿真、信息化总体规划等工作。

2）项目实施阶段：项目级智能制造标准编制；智能生产线设计，智能物流系统设计、设备研制/选型及安装；ERP、MES、SCADA 等系统的开发、应用及集成；车间调试及试运行等。

3）成果转化阶段：形成企业智能制造标准；相关专利、著作权的整理申报等。

4）推广应用阶段：总结项目实施经验在同类型车间推广应用，并逐步向企业、集团内部其他车间推广应用。

14.3　实施效果

14.3.1　项目实施效果

14.3.1.1　实施效果

1）应用三维建模和仿真技术对新能源动力电池的生产过程进行仿真分析，发现工艺方案中的薄弱环节，提出优化的车间工艺布局和生产组织方案，提升了工艺方案的科学性和可实施性。

2）制定了软硬件设备招标采购指导意见，要求设备厂商提供电气控制说明、仪表清单、备件清单，软件商提供软件接口、数据清单等，降低了企业后期技术改造和系统升级的风险，节省了大量的人力物力成本。

3）项目组注重对项目阶段成果的整理与转化，已形成多项企业标准。

4）信息化系统在 113 及 126 车间的成功实施经验，为多氟多公司智能工厂建设之路奠定了良好的基础，现已针对通信接口、协调配置、网络建设、设备改造等问题形成了多个规范文档，便于项目在企业内部进行有效的推广。

具体实施效果如下：

1. SCADA

SCADA 共接入主辅设备 181 台套，33 个系列 199 台 PLC，人机界面（HMI）165 台，水电气能源改造 25 台套，增加温湿度采集设备 51 台，实现数据采集点 7 万多个。SCADA 系统界面示意图如图 14-10 所示。

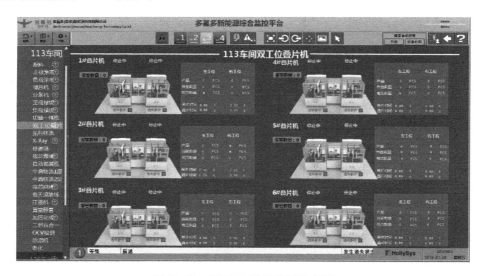

图 14-10 SCADA 系统界面示意图

2. MES

MES 项目覆盖计划、工艺、质量、设备、生产五大功能模块、61 项功能点，实现以下效果：

（1）纵向计划生产，提升对生产进度的控制能力

公司计划部门、生产车间、生产管理部门均可通过系统查询每日生产订单的执行情况，加强了生产管理的透明度和信息传达的及时性；生产订单与成本管理相结合，生产订单中的成本信息可作为管理者进行管理决策的依据。通过对设备、人员、物料情况的合理安排进行优化，以及生产订单优先级的考虑，使生产安排更加合理，提高按时交货的能力。生产看板界面示意图如图 14-11 所示。

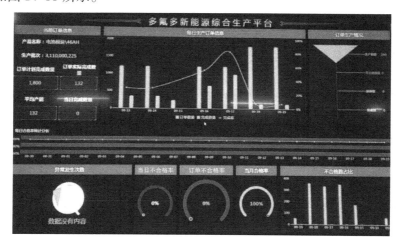

图 14-11 生产看板界面示意图

（2）生产透明化，提升生产监控和管控能力

通过 SCADA 系统与 MES 的对接，掌握实时的现场关键点数据，并根据工艺标准进行实时预警管控，能够提升车间人员和品控人员对现场的管控能力，并为事后分析提供数据参考。MES 记录从原料的领出到投料到产出的全过程数据，在系统中建立原料批次和产出品批次的投入产出关系，替代人工记录投料和产出，实现产品批次到原料批次的一键追溯，减少人工成本，避免人工记录错误出现批次无法追溯的情况。

（3）设备管理标准化，提升设备使用效率

MES 通过明确定义不同设备的生产节拍，并以量化的标准安排生产，可以更加合理地分配生产任务到设备，提高设备利用率。系统监控设备的实际使用过程，对设备的故障原因进行分析，以此指导设备维护活动的开展。对关键刀装模具进行管理，通过与 SCADA 系统对接，统计设备刀装模具使用次数、时间，实现刀装模具的周期更换维护提醒，杜绝刀装模具维护不及时影响产品质量。

（4）一体化质量标准执行，提升质量管控能力

质量模块通过系统对设备运行数据以及相关检测设备数据的采集，实时记录生产过程中的工艺数据，实现工艺参数实时监控，实现正向和逆向质量追溯，提供质量分析数据支持，而且通过全线质量工艺管控，不仅能做到事后分析，更能做到质量预防，提升质量管理水平。产品追溯界面示意图如图 14-12 所示。

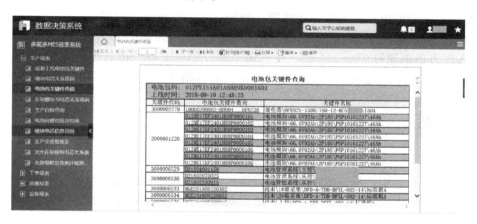

图 14-12　产品追溯界面示意图

（5）投料防错，条码管理，提升对物料的控制

在工单进行主料投料时，通过扫描物料外包装上的物料信息，并与 MES 中设定的投料仓与物料信息进行比对达到物料防错的作用。通过对物料投料量的实时记录与监控，生产人员可以准确地获取每个工单对应的主物料投料信息，结合 ERP 中的线边物料信息，可以较准确地掌握线边物料的使用情况。根据物料的实际情况进行补料或退料操作，提高对生产中物料的使用控制水平。

14.3.1.2　标志性成果

1）标准制定方面，通过对企业目前动力电池生产线的现状摸排，查找出生产过程中存在的问题，并将问题进行分析总结，制定出《多氟多新能源智能制造标准化导则》，并以公司文件下发确保项目全过程实施贯彻。

2）信息化系统实施方面，已于 2017 年年底上线 ERP 系统，2018 年 6 月完成 MES、SCADA 系统的上线，搭建了多氟多新能源的信息化平台，消除了信息孤岛，初步实现了车间的数字化生产。

3）智能装备研发方面，形成多项知识产权，见表 14-1。

表 14-1 知识产权明细表

序号	申请号	申请名称	专利类型	授权日期	状态
1	201621198756.2	一种锂电池的定位装置及其定位机械手	实用新型	2017-09-29	授权
2	201621198504.X	软包装锂离子电池用热封装置	实用新型	2017-06-27	授权
3	201720296600.6	一种电池真空烘干装置	实用新型	2017-12-19	授权
4	201720297101.9	辊压机穿带装置及使用该装置的锂电池辊压机	实用新型	2017-12-19	授权

14.3.1.3 指标改善

建立了数字化、可视化的生产车间管理平台，实现生产过程中人员、物料、设备、工艺、生产等数据的采集，并通过管理终端、监控终端、电子看板和移动应用等进行展示，实现生产过程的全流程跟踪，生产过程透明、可控。工单完成率达 100%，电芯成品合格率达 100%，入库直通率超过 95%，A 品入库直通率超过 94%，在线电芯配组率超过 98%，模组装配一次下线合格率超过 95%，电池包入库前报检合格率超过 95%，设备 OEE 超过 60%。

14.4 总结

1. 编制智能制造实施流程，明确相关部门的职责

在项目实施过程中，从需求调研阶段，就开始对各业务部门的流程进行梳理优化，但各业务部门很少有书面性的文件，基本都靠语言来描述，很多流程还要通过讨论来确定。在推进一些涉及几个部门的工作时，不知该由谁来牵头去做，容易产生推诿、时间节点无法确定的情况。

2. 加强组织管理，为项目推进保驾护航

从日常业务部门、职能部门抽调人员成立项目实施小组，明确项目人员组成和对应职责。项目组定期召开进度会议，讨论实施过程中存在的技术、资金等问题。加强项目前期在技术、设备、资金、人才等各方面的详细论证。建立梯队形科研人才体系，重视人才培养，避免人才更迭或流失导致的技术流失。

节能环保与新能源装备篇

第 15 例

河南森源电气股份有限公司　高端节能变压器智能制造数字化车间

15.1　简介

15.1.1　企业简介

河南森源电气股份有限公司（以下简称森源电气）创建于 1992 年，始终坚持"依靠机制创新引进高素质人才，依靠高素质人才开发高科技产品，依靠高科技产品抢占市场制高点"的创新发展战略，汇聚了来自全国的多名国家、行业标委会委员及行业技术专家，构建了优秀的技术研发团队。拥有国家级企业技术中心、博士后科研工作站，以及省级工程技术中心和工程实验室等研发平台。承担国家重大电力装备自主化专项、国家智能制造专项等省部级重点科技项目 20 多项。获得"河南省创新龙头企业""国家知识产权优势单位""河南省技术创新示范企业"等荣誉。

森源电气经过 26 年的发展，已发展成为电力装备制造行业大型骨干企业，其产品覆盖电力系统的发电、输电、配电、变电等各环节。森源电气是国内综合配套能力最强、最具竞争力的电力装备制造商、系统集成商和工程总承包商之一。

15.1.2　案例特点

森源电气以数字化为基础，实现了营销、设计、制造到服务的端到端无缝集成，包括数字化营销、数字化研发设计、数字化制造、数字服务等应用，实现数据在森源电气公司内无缝的快速流转。

森源电气通过 ERP、MES、OA、产品全周期生产质量管理、发运服务等系统进行技术对接，将产品的设计、生产、库存等各节点质量数据进行集中采集管理，实现产品全生命周期数据与流程的集成覆盖。基于三维工艺与仿真技术，实现对变压器制造工艺的快速设计，并对关键工艺进行仿真验证与优化。通过信息技术与制造技术的深入融合，实现生产过程的远程监控，提升了产品制造的质量和生产效率。通过构建多车间 MES、传感器等，实现生产过程监控与调度。通过与质量检测设备集成、条码技术应用，实现质量管理与追溯。通过变压器智能监控装置的研发，提高了变压器的智能化水平，支持了智能电网建设。

15.2　项目实施情况

15.2.1　项目总体规划

针对森源电气节能变压器大尺寸、结构复杂的产品特点和多品种、单件小批、长周期的生产模式，以推进产品全生命周期（设计制造管理服务）的"数字化、网络化、智能化"为建设方向，以生产/试验设备数字化改造、虚拟制造与物理制造融合、信息物理生产系统构建、产品智能化升级为建设重点，通过全面应用工业自动化技术、IT 技术、制造物联网技术、数据驱动的智能决策技术来构建智能制造数字化车间，为节能变压器产品的研制、生产和服务提供先进的技术支撑和管理保障体系。森源电气"高端节能变压器智能制造数字化车间"项目总体框架分为 4 层：

第一层为基础设施层，主要包含物联网、工业安全防护等基础保障，为上层的系统提供基础支撑。

第二层为系统应用层，主要为数字化工厂的生产经营提供业务和数据层面的支撑，包含计划管理、采购执行、物料配送、远程服务等。

第三层为生产执行层，作为数字化工厂的核心，作为智能制造的核心体现，包含了关键生产过程的自动化和智能化，包含数字化的油箱生产线，自动化的铁芯剪切线，以及检验、试验的数字化。

第四层为技术层，包含三维设计、三维工艺、仿真分析计算、可视化等为数字化工厂提供技术支撑。

15.2.2　建设内容

"高端节能变压器智能制造数字化车间"项目主要包含 6 个模块，分别为：数字化虚拟产品设计平台；精益生产管理系统；变压器数字化车间系统；产品质量全生命周期管理系统；制造装备在线监测、故障诊断与预警系统；产品运行在线监测、故障诊断与预警系统。

本项目主要应用领域涉及变压器的设计、工艺、加工、装配、检测、质量控制、物流传送等全生命周期过程。通过数字化虚拟产品设计平台实现设计生产制造的并行协同。通过基于优化和仿真的虚拟数字化车间技术进行工艺的优化与仿真，以及车间布局的优化仿真。通过现有生产线数字化改造，引进数字化制造装备，提升关键车间与工序的数字化制造能力。通过三维可视化装配实现装配的可视化以及装配干涉的检查和装配路径的优化，生成装配指导手册。通过数字化检测实现变压器关键工序的检测与数据的传输与存储，方便进行质量分析和信息追溯。

15.2.2.1　数字化虚拟产品设计平台

基于世界领先的虚拟仿真平台成功地实现车间、生产线、物流的规划设计及过程优化。基于统一产品研发平台的产品设计过程，实现产品的模块化、参数化设计及产品的 3D 设计及装配过程虚拟仿真技术应用，确保产品研发过程及生产过程的标准化，如图 15-1 所示。同时机器人仿真及数字化样机技术在各个车间不断扩大应用，将实际生产过程中的场景在虚拟世界中再现，提高了实际生产过程的效率和质量稳定性。通过建设基于产品数字化设计、模块化工艺及生产的数字化虚拟产品设计平台，并通过产品数据打通设计、工艺、制造等环节，有效降低了产品的研发周期，提高了生产效率及质量。

图 15-1　产品 3D 设计示意图

15.2.2.2　精益生产管理系统

构建从产品销售、定制化设计、智能生产、质量控制、售后服务全生命周期的智能管理。大量应用数字化生产线、数字化物流、智能机器人、智能物流仓储、数字化检测等高端设备，依托云技术及统一平台的 PDM 系统做到多个生产工厂的协同研发、协同制造。基于 MES 的智能化管理，将车间的生产、计划、物料、质量、设备等业务环节相互协同管控，保证产品各类数据完全可追溯。高端产品从运输、安装、日常维护到生命周期结束，均在森源电气统一的监控平台下管理，确保产品运行稳定。

15.2.2.3　变压器数字化车间系统

对叠片工序、绕线工序、冲剪工序进行数字化改造，通过机器视觉和激光测量等技术，进行检验过程的自动化改造，为这些关键工序的加工质量和效率方面提供设备保障，提升产品的质量和工作效率。通过引进全自动铁芯剪切线，结合跨工厂矽钢片套裁以及相应的余料和废料管理模式，提高铁芯片的加工效率和矽钢片的利用率。在 MES 中构建数字化在线集中监控模块，通过与 MES 的集成应用，将产品工艺数据传递到数字化在线集中监控系统，实时监控设备状态与干燥过程，对出现的异常现象及时进行分析与处理。引进等离子切割机、焊接机器人、喷砂机器人建设数字化的油箱生产线，在油箱焊接及喷砂工序中采用机器人作业，提高油箱加工质量及加工效率，降低油箱制造成本。

建设全新的数字化试验管理平台，各测控系统、设备和仪器实现通信互联，可实时获得设备运行状态、试验数据。通过有线或无线网络将数据传至中央控制室显示屏幕和上一级总线，实现对试验数据的自动采集、高效管理和集成分析等功能，以便管理人员即时获得成品检测状态信息。

15.2.2.4　产品质量全生命周期管理系统

建立质量全生命周期管理系统，对物料供应、设计、制造、试验检测、发运、服务等相关环节质量信息进行统一集中管理，通过条码、二维码、RFID、工业相机及视觉识别等技术的应用，实现质量信息 100% 可追溯，通过与 MES 的集成，实现制造过程质量控制。建立质量信息采集网络、嵌入式质量信息采集终端，自动采集产品制造过程中相关质量反馈信息。通过统一集中的质量数据库，提升企业产品质量分析能力，找出影响产品质量的关键因素；通过质量分析的反馈机制，提高设计能力与制造过程质量控制能力。

15.2.2.5　制造装备在线监测、故障诊断与预警系统

建设集中统一的制造装备可视化监控平台，清晰、直观地监控设备运行情况。通过设备的集中式监控和调度，合理安排设备加工任务，提升设备利用率。改造现有制造装备，增加相应的传感设备及数字化接口，提升现有制造装备的数字化能力。

15.2.2.6　产品运行在线监测、故障诊断与预警系统

进行变压器智能监控装置的研发，使变压器具有监控、保护系统高度集成，装备先进适用、经济节能环保、支持调控一体等智能化特点，使变压器具有智能"大脑"，具备自采集、自分析、自判断、自处理等人工智能特点。开发变压器状态智能分析软件，将变压器智能监控装置采集到的变压器本体各组件、在线监测装置、冷却装置信息进行集中展示、数据存储及查询；基于在线监测算法，实现数据分析；同时进行高级分析功能的嵌入，实现健康指数监测、寿命分析、最优化负荷监测和初始数据比对分析。

15.2.2.7　实施 NC、PLM、PDM、ERP 及 MES 一体化的信息集成管理平台

森源电气已经搭建 NC 系统、PLM 系统、PDM 系统、ERP 系统和 MES 相集成的统一数据管理平台，引进先进的柔性智能钣金加工技术和柔性智能装配技术等制造技术，以及项目管理、财务管理、质量管理等业务模块，并通过工业通信网络实现互联和集成，从而实现了研发、生产、财务、销售、管理的信息化、数字化、节能化以及集成化，基本建成数字化工厂。

15.2.3　实施途径

通过基于产品数字化设计、模块化工艺及生产的建设，并通过产品数据打通设计、工艺、制造等环节，有效降低了产品的研发周期，提高了生产效率及质量。森源电气通过 PDM 与 CAD/CAE/CAPP 的集成，使三维设计、工艺数据处于同一平台，设计数据得以重复利用，实现设计数据直接引入 PDM 统一数据库，从而直接完成车间的工艺准备工作，进行工艺建模、自动编程和程序仿真并下传到车间现场。PDM 与 CAD/CAE/CAPP 的集成如图 15-2所示。

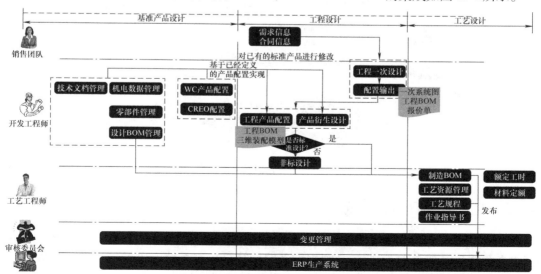

图 15-2　PDM 与 CAD/CAE/CAPP 的集成

15.3　实施效果

15.3.1　信息化系统

　　森源电气已建成的系统包括 ERP、PLM、MES、钣金柔性智能加工生产系统、WMS、开关柜柔性智能装配生产系统、断路器柔性智能装配生产系统、铜排自动加工系统及其配套的智能在线产品质量检测系统等多项管理和生产、加工、检测系统，如图 15-3 所示。通过 MES 与 ERP 系统的集成、MES 与设计管理 PLM 系统的集成、ERP 与立体仓库 WMS 的集成以及 MES、ERP 与柔性线加工装配系统 FMS 的集成，从而实现车间设备、生产、人员、质量、物料、环境等方面的全流程的智能化、绿色化和信息化管理，建成智能制造数字化工厂，达到制造资源数字化、生产过程数字化、现场运行数字化、质量管控数字化、物料管控数字化、生产进度可视化、数据采集实时化、生产管理无纸化、生产物流精益化目标。

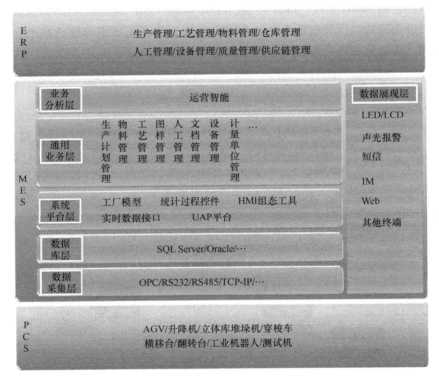

图 15-3　企业信息化系统架构

15.3.2　生产基础自动化系统

　　钣金柔性智能加工生产线主要由冲剪复合中心、多边折弯中心、折弯机器人和机器人自动堆垛系统组成，如图 15-4 所示。利用先进的计算机控制系统、机械加工工具精确操作技术、新型传感器技术、智能元器件集成、自动传导输送和数学模型集成管理等技术，将机械、电器、电子和软件工程的知识彻底结合在一起，实现物流系统和信息集成的管理和控制，以此形成原材料自动上料、加工、成形，成品卸料、仓储等加工程序，可以高效率、大批量生产多种零部件的自动化加工生产线。另外，利用程序集成接口，生产基础自动化系统与公司的 ERP 等生产管理软件连接，对生产调度和计划提供有力的支持，并极大地提高生产效率和设备利用率。

图 15-4　钣金柔性智能加工生产线

1）冲剪复合中心由自动上料装置、柔性冲剪复合系统、自动卸料堆垛装置组成，形成一条自动进料、冲剪加工、自动卸料堆垛或仓储的加工生产线，可以单独使用加工半成品和成品；也可以与多边折弯中心联合使用，形成柔性加工生产线。其核心在于柔性冲剪复合系统的运用，通过复合冲头库、一体化的直角剪、精确的机械手和板料旋转器，进行板料的冲剪，实现了高精度、低能耗、无废料、高效率生产。

2）多边折弯中心由自动上料装置、多边折弯单元、自动卸料装置、机器人自动堆垛系统组成，形成一条自动进料、折弯加工、自动卸料堆垛或仓储的加工生产线，实现了板料输送、折弯加工、编程操作、诊断和控制等过程的精益化生产、自动化生产和柔性化生产。

3）立体仓库主要由立体货架、轨道堆垛机、传输机、机械手、行驶轨道和移动机器人等设备构成。采用先进 PLC 集成模块化自动控制技术、射频数据通信、条码技术、扫描技术和新型传感器等技术，形成货物储存系统、货物存取和传送系统、控制和管理三大系统，实现各个系统的集成化、智能化、信息化，从而使原材料的储存、输送、取出过程能够在无人处理的情况下，自动化完成；具有基本控制功能、步进控制功能、模拟控制功能、定位控制功能、网络通信功能、自诊断功能、显示监控功能。以上设备和技术大大提高了立体仓储线的先进性、可靠性、稳定性和实用性。

15.3.3　产品全生命周期的信息系统深度集成及应用

MES 集成计划排产、生产追踪、物料管理、质量控制等功能，同时为生产部门、质检部门、工艺部门、物流部门等提供车间管理信息服务。根据企业实际情况，整体规划 MES 架构，计划、质量、物流等功能模块按照不同项目实施。通过 MES 与其他系统集成实现业务流程和数据打通。项目实施后，实现计划和生产整体协同，有效支撑生产节拍降低和生产过程质量提升。

15.3.4 实施 NC、PLM、PDM、ERP 及 MES 一体化的信息集成管理平台

森源电气已经搭建了 NC 系统、PLM 系统、PDM 系统、ERP 系统和 MES 相集成的统一数据管理平台，如图 15-5 所示，引进先进的柔性智能钣金加工技术和柔性智能装配技术等制造技术，以及项目管理、财务管理、质量管理等业务模块，并通过工业通信网络实现互联和集成，从而实现了研发、生产、财务、销售、管理的信息化、数字化、节能化以及集成化，基本建成数字化工厂。

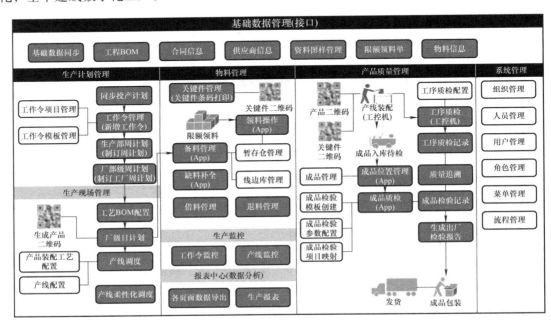

图 15-5　森源电气统一数据管理平台

15.3.4.1 研发管理

建设基准设计管理标准体系，统一定义产品开发数据和流程规范，利用公司当前和未来的标准体系，提升产品开发规范和标准化管理；搭建森源电气产品参数化智能选配平台，产品的设计周期从平均 7～10 天缩短为 2～4 天，提高效率 60% 以上。

15.3.4.2 财务管理

建成统一的物资编码平台 BMS 系统，实施统一的财务 NC 系统，并实现了 BMS、ERP、NC、WMS、MES 五个管理系统的紧密集成。目前已经实现森源电气及所有子公司全部上线 BMS 系统和 NC 系统、财务制度完全对接、财务流程统一设置、外购物资统一招标协议价格、外购合同和付款计划自动生成等功能，电气集采业务模式基本形成，公司内控更加严谨和规范。

15.3.4.3 生产管理

通过 MES、ERP 系统、工艺管理 PLM（PDM/CAPP）系统的集成，实现从设计、工艺、管理和制造等多层次数据的充分共享和有效利用，实现在统一平台上集成生产调度、质量控制、故障分析、产品跟踪、生成报表等管理功能。

15.4　总结

1）以系统集成带动产业链完善。森源电气实施的"高端节能变压器智能制造数字化车间"项目可切实加强产学研用结合，形成用户、制造、研发的良性互动机制和产业链协作配套体系，推动产业整体、系统发展。企业研制、生产信息化和产品结构调整、技术结构调整紧密结合，真正推进产品和技术结构的优化升级，提高企业与产业链上下游的协调能力。

2）加快提升了森源电气数字化制造的快速复制能力，通过技术溢出，将森源电气数字化制造技术及成功经验复制到了输变电行业乃至其他装备制造业，通过两化深度融合支持国内装备制造业的转型升级。

3）加快了新一代智能化变压器产品的开发，采用了一体化设计理念，实现了变压器向数字化、智能化发展，使产品具有状态监控、在线诊断等功能，逐步推进企业的转型升级。

冶金新型材料篇

第 16 例

河南济源钢铁（集团）有限公司 钢铁行业数字化工厂建设之路

16.1 简介

16.1.1 企业简介

河南济源钢铁（集团）有限公司（以下简称济源钢铁）始建于 1958 年，中国大型钢铁骨干企业、中国企业 500 强、中国民营企业 100 强、中国制造业 500 强和世界钢铁企业 100 强，中国钢铁工业协会和中国特钢企业协会理事单位。企业具备铁、钢、材各 400 万 t 的年生产能力，其中优特钢所占比例达 70%。公司主导产品有高洁净轴承钢、窄淬透性齿轮钢、合金结构钢、弹簧钢、易切削钢、石油钻具用钢、高压锅炉管用钢、曲轴用钢、帘线钢、铁路车辆用钢、工程机械用钢、耐磨钢球用钢、硬线等中高端优特钢及建筑用 III 级、IV 级、V 级螺纹钢和 30MnSiPC 钢棒等。

公司检测中心被列入"国家认可实验室名录"，主导产品连续四次荣获原国家质量监督检验检疫总局颁发的"国家产品质量免检"证书，曾荣获过"冶金行业产品实物质量金杯奖""全国守合同重信用企业"等荣誉称号。2013 年被工信部确定为第一批符合《钢铁行业规范条件》的 45 家钢铁企业之一。

16.1.2 案例特点

近年来为实现公司提出的具有全球影响力的优特钢精品基地的战略目标，信息化建设在原有基础上，积极推进"互联网＋"工业创新模式，全面建设面向订单的数字化智能工厂管理系统。通过工艺设备智能化、控制系统智能化、信息系统智能化的提升，逐步将公司各个时期实施的系统串联起来，消除信息孤岛，实现产销一体化。产销一体化是以订单为核心，以产销为主线，以生产制造和成本为根本，全面建设企业管理信息系统。通过管理信息化建设，实现企业信息资源的高度集成，支持企业运营管理和战略决策，实现精细化管理，实现物流、资金流、信息流、工作流的整合统一，推动企业管理水平和员工素质的全面提升，提高企业运行效率和效益，准确把握市场信息，增强企业市场竞争力，实现企业价值最大化。

16.2 项目实施情况

济源钢铁智能制造系统的建设按照企业智能控制、企业智能制造、企业高级应用三个层

173

次进行规划、设计、实施和运行，在充分结合特钢企业特点的基础上，遵照"中国制造2025"纲要，基于"智能制造、大数据、互联网＋"，通过两化深度融合，建立具有特钢特色、集中高效的智能制造系统，全面提升企业的综合竞争能力和客户保证能力。

16.2.1　项目总体规划

济源钢铁智能制造系统总体架构如图 16-1 所示。智能制造系统分为三层：第一层为企业智能控制层，包括了实时数据库，以及数据采集系统、过程控制系统、专家系统等；第二层为企业智能制造层，包括了各生产厂的 MES、产销系统、能源管理系统、设备管理系统、物流管理系统、财务与成本管理系统等；第三层是企业高级应用层，提供大数据分析平台，为企业提供决策支持，协同供应、质量分析等服务。

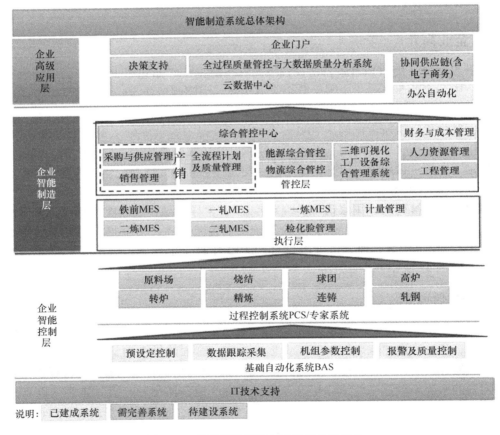

图 16-1　济源钢铁智能制造系统总体架构

16.2.2　建设内容

16.2.2.1　基础网络建设

1. 网络结构

济源钢铁网络结构如图 16-2 所示。其网络分为三个部分：

1）ERP 办公网：覆盖济源钢铁各主要生产厂，是济源钢铁的主干网。济源钢铁的办公、生产、物流等系统均由该网承载，信息点也以接入该网为主。

2）物资计量网：覆盖的信息点均在 ERP 网的空白点。计量信息已通过与 ERP 网连接的光缆进入 ERP 系统。

3）生产网：收集现场控制信息，不与 ERP 办公网共用网络，因此将该网建设成为生产控制网。生产部机房成为各生产厂生产管理系统的核心节点。

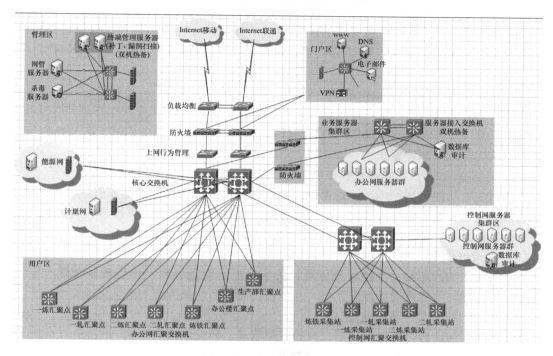

图 16-2　济源钢铁网络结构

2. 网络安全

在网络安全方面，划分成不同的安全域，各个安全域均有不同的安全措施，主要划分为互联网接入区、门户区、服务器群区（业务区）、安全管理区、用户区。此外，采用服务器双网卡通信方式，生产网与管理网不直接相连，通过服务器交换数据，如果服务器本身防护得好，则可以保证系统安全。这是一种性价比较高的方式，比较适合冶金企业应用。

16.2.2.2　五级信息化系统建设

1. 一级系统 L1

济源钢铁各生产线均已建有较为完整的基础自动化系统（L1），沿用现有基础自动化系统，加以完善，可满足整体信息化对生产线的数据跟踪需求。

2. 二级系统 L2

L2 是用来管理生产过程数据的计算机系统，为 L1 提供设定值计算、模型优化、实时计算、协调全线设备运行等服务；同时从 L1 中收集生产过程实际数据、产品质量数据、设备运行数据等，协调各控制系统间的动作和数据传递。根据生产工艺和生产管理的需要，L2 过程控制计算机系统包括：

（1）原料综合计算机系统

该系统主要功能包括：原料场作业管理；数据采集和数据维护管理；作业监控，即对各作业流程、库场情况、设备情况、原料性能、料仓情况等进行监视；人机接口；打印报表；数据通信。

（2）高炉过程控制计算机系统

该系统主要功能包括：原燃料数据管理；装料称量管理和装入数据处理；热风炉数据管理；高炉本体数据管理；铁渣数据处理；煤粉喷吹管理；一代炉龄数据记录管理；数据显示、打印报表；数据通信；配料计算模型；高炉多环布料料面计算模型；高炉炉缸侵蚀模型。

（3）转炉过程控制计算机系统

该系统主要功能包括：生产计划管理；炉次跟踪；操作指导；数据库管理；生成报表；数据通信。其过程控制模型涉及主原料装料计算、溶剂计算、铁合金装料计算、熔池液位推定计算、吹炼静态控制计算。

（4）钢包精炼炉（LF 炉）过程控制计算机系统

该系统主要功能包括：生产计划管理；炉次跟踪；操作指导；数据库管理；生成报表；数据通信。其过程控制模型涉及能量平衡及温度预报模型、合金料计算模型、脱硫剂计算模型、脱磷剂计算模型。

（5）连铸过程控制计算机系统

该系统主要功能包括：生产计划管理；炉次匹配；设备管理；铸坯质量跟踪；操作指导；数据库管理；生成报表；数据通信。其过程控制模型涉及铸流关停优化计算等。

（6）轧钢过程控制计算机系统

该系统主要功能包括：生产计划及原始数据管理；物料跟踪；加热炉设定；优化燃烧控制模型；生产实绩数据收集和处理；轧制规程（轧制表）管理；操作画面；报表管理；设备维护和监视；报警管理；数据通信。

L2 能够为建立完善的全流程计划系统及各 MES 平台打下良好的基础，从根本上实现管理、经营、生产等全面数字化，实现管控一体化。

3. 三级/四级系统 L3/L4

以综合管控中心系统为核心，构建智能制造系统的三级/四级系统架构，实现企业内部对于生产、品质、成本、物流、能源、设备、仓储、运输等业务的综合管控。L3/L4 系统包括：

（1）综合管控中心系统

以系统集成和业务应用集成为基础，建立起集生产、质量、物流、能源和设备集中操控与管控于一体的集中管控中心，实现企业生产运行模式、生产组织模式、生产作业模式以及组织架构的深层次整合、协调。通过集中管制，建立快速响应、集中高效、政令畅通、步调一致的扁平化一级管控模式。

（2）全流程计划系统

将从铁前原料场进料开始一直到轧钢后部处理的所有工序视为一个整体进行全流程的一体化排产、一体化组织、一体化跟踪、一体化联动，实现"整合同管理"和"连续、流畅、集中、高效"的总体设计，并提出对铁水的需求计划、能源需求计划以及质量要求。同时涵盖仓储管理、物料跟踪、动态监控和生产指令下达与反馈等。

（3）物流综合管控与执行系统

遵循"保客户，保顺畅，降费用，环境和谐"的原则，建立实时高效、流畅严密的现代物流/物料管理系统。通过实时、交互的信息共享平台，满足生产、管理、调度等职能需求，实现采购、生产、销售的高效协同、全程跟踪以及低成本运营。通过协同网络办公连接到"两个端"（场内物流和场外物流），即覆盖从车站、供应商到厂内的物流和车辆运输的各个环节，覆盖厂内各工序间的生产物流和回收物流业务，覆盖从成品发运到车站客户的销售配送物流业务。实行全程一卡通闭环控制，并把相关配套的管理制度和标准融入系统中，同时与其他信息系统密切衔接。结合协同网络办公，实现提货车辆持自助二维码信息自助发卡、自动排队、自动拍照、自动车号识别、自动抬杆进厂、自动计量（人工确认装货）、单向行驶、越界自动报警、自助打印秤单、自助打印材质单、自动生成电子出门证（人工查验车辆）、自助收卡、自动抬杆出厂。

（4）能源综合管控系统

以实现能源集中操控与管控为目标，将全公司能源系统的生产、输配、调度管理、运行操作、能耗分析、异常处理等进行全方位集中管控。以能源管网为对象，管控能源系统（水、电、风、气）的整个生产过程，以及相关管网和主要用户，直接调度和操控全厂各种能源介质的供应和分配，并对现场无人值守的能源站点进行监测和遥控。主要功能包括：能源计划管理、能源实绩管理、能源运营支持管理、能源质量管理、能源环保管理、计量设备管理、重点能源设备管理、能源统计分析管理、能源综合监视和诊断等。

（5）全过程质量管控与大数据质量分析系统

基于质量一贯制体系，建立一套针对钢铁企业的全流程、全工序、全产品的质量管控平台，达到生产可管控、异常可预警、过程可追溯、缺陷可诊断、能力可评价、质量可预测、研发可推理。依据大量历史数据分析找出各工序关键过程质量指标项目，并针对指标进行评级，评级结果作为中间产品转序以及产品质量判定的重要参考依据，构建过程质量判定体系。

（6）三维可视化工厂设备综合管理系统

以设备跟踪、在线监控、维护、维修作为管理的核心内容，支撑设备预知维修模式的建立。通过三维建模技术对设备的位置、运行状态可视化展示，通过有效的先进设备管理理念对设备进行全生命周期管理，使设备管理人员充分了解设备运行的整体状况、性能状况、维修策略、运营成本。

通过先进的地理信息系统（GIS）技术，建立一套功能完善、科学实用、高度集成的满足济源钢铁中长期管网及在线设备资源管理需求的信息平台，实现地下管网资源及在线设备的可视化、逻辑化、智慧化管理及信息共享。

（7）MES

1）铁前 MES 模块：依据铁前各工序生产实绩，完成对实际生产的组织、管理和指导，包括铁水、球团、烧结的生产作业计划跟踪，生产实绩收集，能源数据收集，物流跟踪管理，散料仓储管理，中间产品/成品库存信息，质量信息收集，计量信息收集等。

2）钢后 MES 模块：依据整体钢轧一体化生产计划进行钢区、轧区的生产组织和管理，包括作业计划指令下达与跟踪、质量过程控制、生产实绩收集、能源数据收集、生产准备管理、物流跟踪管理、散料仓储管理、中间产品/成品管理、订单跟踪管理、质量信息收集、计量信息收集等。

图 16-3 与图 16-4 分别为炼轧一体化系统流程和一体化 MES 架构。

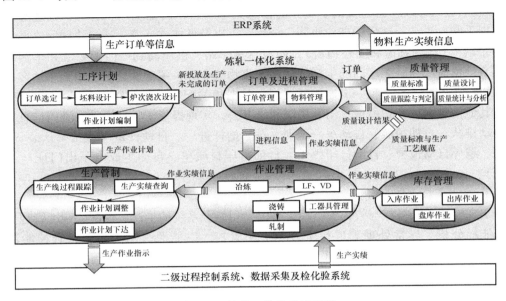

图 16-3 炼轧一体化系统流程

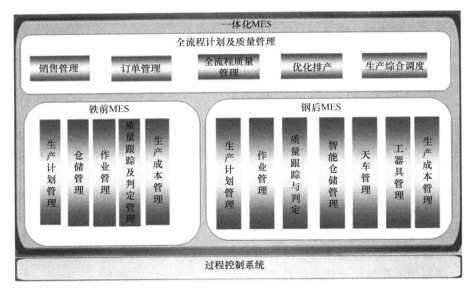

图 16-4 一体化 MES 架构

（8）检化验系统

建立覆盖原燃料进厂、厂内调拨、铁前生产、钢后生产、销售出厂全过程的检化验实验室平台。采用多种防作弊手段，堵塞管理漏洞，固化检化验和取制样流程，保证质检数据的追根溯源、信息共享，缩短判定周期和结果发布时间，实现检验结果按合同标准自动判定、自助打印材质单。检化验系统软件架构如图 16-5 所示，主要功能包括：检验标准管理、检验过程管理、控样校正、化验数据自动采集管理、产品标准自动判定、异常数据处理、化验结果修约处理、检化验台账管理及综合统计与查询、检验质量控制管理、样品检测流程跟踪、检验设备使用履历管理。

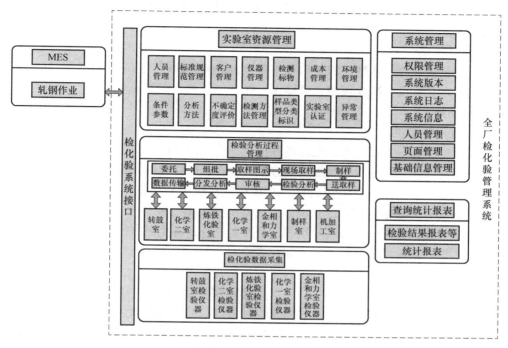

图 16-5 检化验系统软件架构

（9）远程无人计量系统

在 RFID 车辆智能识别的基础上，采用计算机及现代网络监控技术，实现远程无人计量，能够自动对过秤车辆进行车号识别、位置调整、数据采集储存和统计打印。远程集中计量监控系统使各种信息及时沟通和共享，更加高效，整体提高物资计量的运行效率和服务水平，形成信息化、智能化、无人化的新型计量数据采集系统。

（10）销售管理

销售管理模块对客户订单实现质量、交期、财务的确认与监控；具备灵活的价格管理方法，满足价格随行就市以及企业内部价格政策管理的需要；实现订单创建、变更以及产品交货环节对客户进行信用管控；通过与全流程计划系统联动实现灵活发运管理，满足库存供应给不同客户需求；通过与全流程计划系统联动实现结算管理；系统根据要求实时生成相应的管理报表，对销售业务数据以及有关财务的数据进行汇总和分析。

（11）采购与供应管理

通过对物料进行有效管理，优化企业的流程，增强企业的物料管理水平，提升企业的竞争力。包括：实现采购合同跟踪，提高采购活动效率，降低采购成本；通过有效的采购库存管理，保证生产及时供应，同时优化库存结构，降低库存；实现对大宗原燃料库存的实时监控。

（12）财务与成本管理

实现与各业务模块应用的紧密集成、无缝连接，自动获取业务数据，完成相应凭证生成、生产量统计、费用计提和分配、账务登记等操作。同时财务会计系统与管理会计系统无缝集成，财务会计中记录的业务信息，如收入、成本、费用等数据能自动更新到管理会计系统。通过财务和业务系统的集成，加强财务数据的准确性和透明度，实现数据跨业务、跨部门流动。提供灵活的数据查询、数据下载、财务报表编制及打印功能以满足不同角度的查询、分析等需求。

（13）人力资源管理

通过人力资源模块，实现组织架构和人事架构的统一管理，达到信息互通共享，提高对信息维护的自动化程度，减少使用人员操作，提高公司人力资源管理水平。

4. 五级系统 L5

（1）决策支持系统

利用大数据搜集与分析技术，通过各种报表、交互式分析、即席查询、数据检索、仪表盘及移动应用等方式，满足不同层级人员方便、直观、可视化的分析需求。设定公司管理业绩目标以及核心业务目标，对公司目标的实现程度提供考核依据。建立企业多层级、多业务、多应用的统一的数据仓库。建立企业的战略决策模型、业务分析模型、预警应急模型，实现企业战略管控、业务分析和风险预警，帮助企业管理者全面掌控企业运营情况，及时采取应对举措，提升企业经营绩效，增强综合竞争力。

（2）智慧营销平台

平台以济源钢铁现有销售体系和厂内信息化建设基础为依据，以新建互联网销售平台、原料物流管理平台和钢材物流管理平台为核心，将钢厂的质检系统、门禁系统、生产管理系统、财务管理系统串接起来，形成一体化的信息体系，实现全流程去人力化、去人为化，数据不落地，指令无死角。用信息技术、通信技术、视频技术、物联技术、自动识别技术等现代科技手段，建立实时高效、流畅严密的现代物流/物料管理系统。建设内容包括电销平台、钢材销售物流平台、原料运输物流平台和厂内系统对接。图 16-6 与图 16-7 分别为智慧营销平台整体架构和电商平台功能模块图。

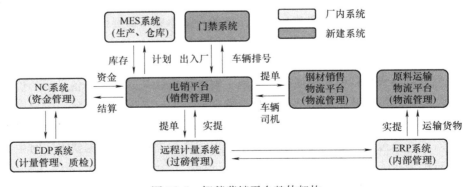

图 16-6　智慧营销平台整体架构

（3）办公自动化系统

优化系统流程，进一步推广无纸电子商务化办公。建立各单位二级网站，实现各二级单位办公系统的统一规范。建立统一的各类信息及公文交换的接口，使其能够适应各种不同的技术平台，实现各单位办公系统间的信息及公文交换。通过规范信息发布范围以及不同角色

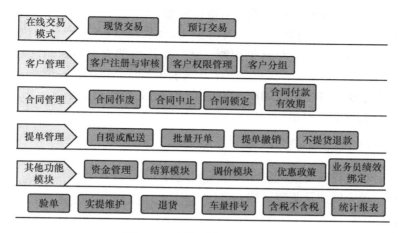

图 16-7　电商平台功能模块图

用户的信息查询范围，不仅能够做到信息最大限度的共享，也能够保证信息内容浏览与业务管理范围、各级人员的管理权限的一致性。从应用层面保证主要功能（如邮件、公文、信息发布等）以及用户界面的统一性，在各级单位人员（特别是领导岗位）发生调动的情况下，保证用户对办公系统使用体验的一致性。

经过各个阶段、各个系统集成，最终形成综合产销管理系统，如图 16-8 所示。综合产销管理系统由销售管理、全流程计划及质量管理、销售发货管理以及业务数据接口四个主体模块构成。

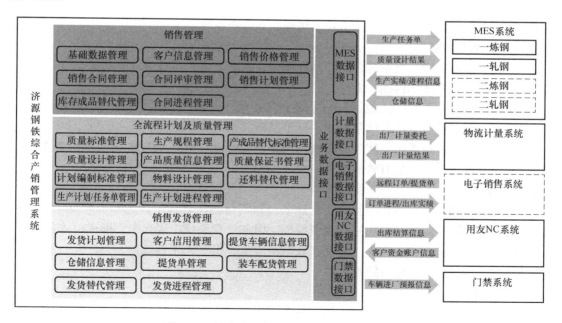

图 16-8　综合产销管理系统功能架构示意图

通过销售管理实现客户信息、各生产线销售订单（含电子销售订单）、预排产订单、试验订单的统一管理，各生产线销售计划的编制与下发，销售计划及订单生产进程的跟踪。通过全流程计划及质量管理实现各生产线产品执行标准、放行标准以及生产制造规范的统一管理、各类订单向生产任务单的转化、生产任务的生产线分配以及生产计划执行进程的跟踪。销售发货管理实现客户订单的发货计划编制、客户信用度的查询与控制（包括客户资金的加锁与解锁）、仓储信息的查询、客户提货单及其装车配货信息的统一管理。业务数据接口实现综合产销管理系统与各生产线 MES、物流计量系统、电子销售系统、用友 NC 系统以及门禁系统的业务数据通信与同步。

16.2.3　实施途径

济源钢铁信息化建设整体规划分为多个阶段进行。

16.2.3.1　第一阶段：框架及基础设施

1. 基础设施

重新规划整体网络，并逐步实施网络改造，完善网络结构，建设信息化中心机房。

2. 生产管理系统

建立一轧钢 MES，实现生产管理信息化。

3. 管理系统

搭建协同办公、成本财务系统等。

16.2.3.2　第二阶段：提升及扩展

1. 基础设施

搭建生产控制网，解除生产网络、控制网络、管理网络之间的耦合连接，增强网络安全管理，如设置，网络防火墙，建设办公区无线接入点（AP）等。

建设生产中心机房，采用虚拟云技术搭建企业生产系统基础。

2. 生产管理系统

建立一炼钢各工序二级系统，增加制程能力、误工、成本等各类管理功能，进一步完善并提高一轧钢 MES 的使用效果。

建立全厂检化验系统、大数据分析系统，实现生产过程与质量系统的全流程收集与分析，为后续的全流程质量控制体系的建立打下基础。

建立全厂能源管控系统，实现能源管理的信息化、数字化，通过能源实绩的各类分析，为之后的能源管理工作提供有效的工具。

3. 管理系统

以新建互联网销售平台、原料物流管理平台和钢材物流管理平台为核心建立电商平台，将钢厂的质检系统、门禁系统、生产管理系统、财务管理系统串接起来，形成一体化的信息体系，实现全流程去人力化、去人为化，数据不落地，指令无死角。

16.2.3.3　第三阶段：完善与持续发展

1. 基础设施

进一步完善管理网的网络结构，建立企业级云数据中心。

2. 生产管理系统

建立铁前、二轧钢二级及 MES，实现生产管理全覆盖。

3. 管理系统

建立决策支持系统，建立企业的战略决策模型、业务分析模型、预警应急模型，实现企业战略管控、业务分析和风险预警，帮助企业管理者全面掌控企业运营情况，及时采取应对举措，提升企业经营绩效，增强综合竞争力。

目前各系统实施状态如图 16-9 所示。

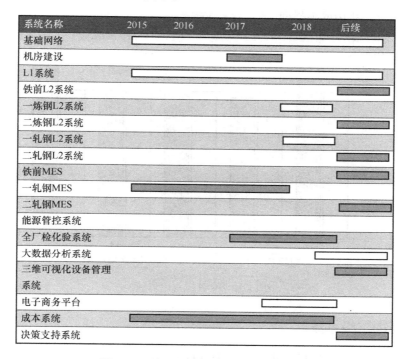

图 16-9　济源钢铁信息化系统实施状态

16.3　实施效果

随着一系列智能制造系统的建设、改造和提升，公司在人力资源、效率、安全、节能、环保等方面均取得了一定的成效：

1）集中计量及智能烧炉项目等，不仅解放了人力劳动强度，实现了安全生产，各岗位还节约 50 人左右。

2）在节能降耗方面，仅智能烧炉一项，使煤气节约 5% 左右，节约煤气 8000 万 m³/年。

3）2018 年与 2017 年相比，智能制造系统使成本节约 6953 万元，降幅达 1.04%；产品价值提升 1560 万元，升高 0.2%；生产效率提升 2% 左右。

16.3.1　MES

1）计划动态排程：以甘特图形式完整呈现生产计划的执行情况，从整体上多角度为炼钢计划提供更丰富的信息，使计划调整更方便快捷。

2）误工模块：找出生产操作过程中频繁出现问题的节点，针对频繁出现的问题，找到解决方案，优化操作过程，提高工作效率，解决生产过程的瓶颈。

3）分析模块：利用曲线、直方图、数据表等丰富的表现形式，方便各级领导从纷繁复杂的数据中快速了解生产情况，为生产决策、管理改善、工艺提升提供强有力的数据支持。

4）成本模块：以精细化管理为核心，消耗为基础进行实时生产成本管理。对生产中涉及的成本消耗的各个环节严密地实时监控，获得第一手的成本信息，为决策者节能降耗提供依据。图 16-10 为一轧钢成本界面。

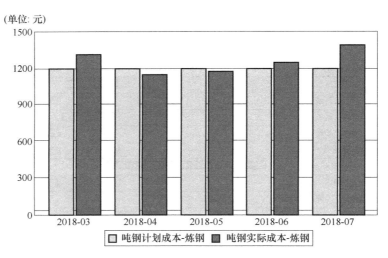

图 16-10　一轧钢成本界面

16.3.2　一炼钢二级系统

二级系统连接 MES 和基础自动化层的关键控制层，主要实现计划下达、跟踪及数据采集、设定值计算、停机管理、质量和报表管理等功能，以及相关工序的模型，实现各工序数据采集。

16.3.3　大数据系统

以精简高效的业务架构为基础，以合理流畅的管理流程为导向，以规范先进的管理标准为依据，实现管理过程的高度规范化、科学化。对炼钢生产进行全流程、全工序、全产品的分析，达到生产可分析、异常可预警、过程可追溯、缺陷可诊断、能力可评价、质量可预测、研发可推理。辅助管理人员进行过程质量分析、过程质量控制、过程质量追溯等质量管理工作。

16.3.4　能源管控系统

能源管控系统集过程监控、能源调度于一体，监控管理的能源介质主要有电力、高炉煤气、转炉煤气、焦炉煤气、蒸汽、压缩空气、氧气、氮气、氩气、天然气、生产水、软化水等。能源中心的建立对济源钢铁能源系统的统一调度、优化煤气平衡、减少煤气放散、提高环保质量、降低吨钢能耗、提高劳动生产率和能源管理水平将起到十分显著的促进作用。

16.3.5　智慧营销平台

智慧营销平台建设可达到下列效果：

1）通过在线交易、在线提货、在线结算以及统计报表等功能增加工作效率，节约人工成本。

2）整体信息化管理，有效提高各部门之间工作的对接、数据的及时性以及准确性，方便领导层决策。

3）客户实时查看自己在钢厂的资金账户明细、提货明细，从而增加客户体验度，提升济源钢铁综合竞争力。

4）物流平台有效对济源钢铁承运方进行管理，多种发单方式以及不断扩大的车源更加可以有效地降低运费。

5）电商平台、物流平台与厂内系统对接，形成完整信息化管理，不仅有利于内部管理，还提高了客户服务水平，提升了整个济源钢铁的品牌价值。

16.4　总结

济源钢铁高度重视生产信息化及智能制造的建设，主管由生产副总挂帅，主要业务由信息化仪表处具体实施。

在项目合作方面，选择实力强、技术成熟的信息化公司提供技术服务。项目管理上，由信息化仪表处组织，各相关单位配合实施，建设过程中，在信息化仪表处协调下相互协作，并形成奖罚制度，保障项目顺利推进。

现代化工材料篇

第17例

河南心连心化肥有限公司 绿色高效施肥下的"化肥＋"智能工厂

17.1 简介

17.1.1 企业简介

河南心连心化肥有限公司（以下简称心连心公司）于1969年建厂，是一家集研发、生产、销售、服务于一体的化肥行业龙头企业。心连心公司率先在行业内提出"中国高效肥倡导者"的品牌定位，创新推出聚能网、控失肥等一系列明星产品，并成为全国首家掌握内置网式缓控尿素生产专利技术的生产企业，以差异化产品赢得市场。心连心公司拥有河南新乡、新疆两大生产基地，拥有两座煤矿、一条铁路专用线和完善的市场营销网络和农化服务体系。

17.1.2 案例特点

心连心公司通过建立集团、分子公司生产工艺流程数字化模型，实现生产流程数据可视化，模拟仿真优化生产工艺，实现生产装置安全稳定运行，增加安全保障。建立以DCS为核心平台的全厂数据采集和监控系统，生产工艺数据自动数采率达到95%以上；解决了分散管理的低效、冗长的缺点，实现企业物流、能流、资产的全流程监控与高度集成。采用先进控制系统，工厂自控投运率达到95%以上，关键生产环节实现基于模型的先进控制和在线优化。建立MES，通过成本、质量、交货期动态跟踪，实现原材料采购、制造、产品销售一体化信息协同。建立企业资源计划系统NC、SRM系统、CRM系统，实现企业经营、管理和决策的智能化管理。建立年度经营目标、月度生产计划、班组生产目标的信息协同。

心连心公司对于存在较高安全风险和污染排放的项目，实行四级网格化管理，对有毒有害物质排放和危险源具备自动检测与监控、安全生产的全方位监控能力，将数据与视频集成到一个网络平台，并结合GIS开展应急和预警。通过主数据管理系统，建立了工厂内部互联互通网络架构，实现工艺、生产、检验、物流等各环节之间，以及数据采集系统和监控系统、MES与NC系统的高效协同与集成，同时构建了电子商务和农化服务系统。建立工业信息安全管理制度和技术防护体系，具备网络防护、应急响应、异地备份等信息安全保障能力。建有多级安全保护系统，采用双重冗余方法有效避免系统失效。

17.2 项目实施情况

17.2.1 项目总体规划

心连心公司打造以"夯实产品基础，强化销售网络，提升服务效能"为目标的"化肥＋"智能化工厂，实现企业由传统化肥供应商向产品制造服务商转型。基于"总成本领先、差异化竞争"的战略需要，对智能化项目建设进行全面规划，按照"长远规划、分步实施、急用先进"的原则建设。

从提升工厂安全运行能力、应急能力、风险防范能力、科学决策能力出发，从数据模拟系统建设、数据采集与监控系统建设、先进控制系统建设、生产管控和经营管理系统建设、健康安全环境监控、工厂内部网络架构组建、安全防护体系铸造七大方面着手，开展"化肥＋"智能化工厂的建设。

17.2.2 建设内容

17.2.2.1 集团统一信息化平台

采用 UAP-NC 应用集成平台，打造集团规划框架内的所有应用系统运行环境，满足多系统如 ERP、MES、OA、PDM 等的无缝集成，各应用之间基于平台进行协同工作。统一集团主数据，并集中管理所有应用系统的业务数据，强化信息安全，整合集团数据开展大数据分析。针对集团类所有应用和数据信息进行授权管理，提升集团内控水平，强化业务责任。

实施 NC 系统"信息管控一体化"信息平台，规划实施计划、采购、质检、仓库业务一体化。各车间可以根据实际需要在系统里填报物料计划，由系统里自动汇总，通过工作流经各级审批后，自动生成采购计划，然后采购部依据系统采购计划分配到每位采购员，并将采购计划推送到企业招标系统中。通过电子招标和采购系统，进行网上采购和对账，打通了上游供应链。

17.2.2.2 集团财务管控体系

以总部财务管理为核心，构建集团统一的会计核算平台、财务共享平台、资金管控平台、全面预算管控平台、财务业务一体化平台，实现分子公司内部财务信息的统一。统一集中的会计核算平台包括：统一会计核算政策、规范集中基础数据、落实内控制度系统；财务合并报表系统；基于业务计划层面的销售计划、采购计划、生产计划管理，基于业务层面的信用管理、价格管理、返利管理、供应商管理等，基于核算层面的应收管理、存货核算、应付管理、成本管理、计划预算等三级集团财务供应链管控系统。

系统上线可实现集团资金的统一管理，通过资金的上收和下拨实现资金的归集和调剂；实现银企直联管理，NC 银企支付和业务系统一体化，避免多系统对接过程出现支付问题；引入第三方 CA 安全认证，增加资金支付的安全性；实现集团多组织下的预算管控体系，与实际业务有机融合。

17.2.2.3 产、供、销物流一体化运行系统

1. 生产系统

全面实施生产过程与操作监督，实现所有流程信息的数字化及历史的存储；建立基于模

型的生产编号预测，快速预测产品的质量，在早期事件预警与生产过程中进行评估，避免不必要的风险；实现物料平衡的高度准确、生产绩效的动态分析，实现生产多层次优化集成及全厂的在线优化；达到计划、调度、操作及工艺的高效协同，并实现远程专家的支持；过程控制层能实时监控生产过程、公用工程、原料及成品进出厂、产品质量以及各装置的有毒气体、可燃气体排放等。

2. 数据模拟系统

建立集团、分子公司生产工艺流程数字化模型，实现生产流程数据可视化，以及模拟仿真操作员培训系统（Operator Training System，OTS）实训平台应用，提高操作人员的技术水平，实现生产装置安全稳定运行。

3. 数据采集与监控系统

实施监控系统报警和安全连锁，调度人员实时观测数据，及时对生产指标的异常波动进行干预。通过 DCS 实时数据采集，跟踪全部厂控工艺指标的运行，实现工艺指标的精细化管理，提升厂控工艺指标合格率，同时达到节能降耗的目的。

4. 先进控制系统

运用先进过程控制（APC）系统、制造计划与控制（MPC）系统、固定床制气先进自动化技术、固定床富氧燃烧节能技术、合成氨精细自动化控制节能技术等，提升工厂自控投运率可达到95%以上，关键生产环节实现基于模型的先进控制和在线优化。

5. 先进的能源管理系统

建立能源管理系统，包括各厂区 DCS、PLC 近 8 万个测点数据采集，利用 SCADA 平台实现对企业生产过程中能源介质进行动态监控，实现了能源数据采集、监控、计量、统计、分析和工艺管理、环保监测、应急管理、生产对标等管控功能。

6. 设备管理系统

应用三级智能点检系统和智能设备管理系统。对核心设备进行全寿命管控，对日常巡检数据进行分析，早期预警设备中存在的潜在隐患，完善设备的预防性维修。

通过集成 PDM、MES、设备、实时成本等，实现计划进度跟踪、生产过程可视、异常信息预警等绿色制造体系，实现复合肥、高效肥、实验肥生产计划的线上管控，保证各项指令流转的准确性与及时性。

17. 2. 2. 4　采购系统

建立公司集团化的集采体系，集中采购、分散收货、集中结算，对集团资产、大宗物料、通用的备品备件类物资统筹分配，有效降低集团整体库存水平。建立供应链管控体系、SRM 系统、电子招标系统，并实现其与 NC 系统的互联。

17. 2. 2. 5　数字营销系统

建立心连心公司营销管控平台，涵盖电子商务门户系统（客户注册、网上订单、自助服务等）、CRM 系统（销售自动化、渠道拜访、会员管理等）、销售管理（销售订单、客户信用、渠道流向、门店交易、价格管理、促销管理、会议营销、拜访考勤等）、财务会计（应收应付、资金往来）、渠道管理、农化服务等。通过集团供应链组织设计、流程优化、风险控制和绩效评价，形成高效的心连心公司产销协同运营平台。

实现尿素与复合肥下单等业务流程的统一管理，对价格、授信、返利、计息等进行优化，增强业务操作的透明度；建立经销商门户网站，方便客户下单的同时，可使客户适时查询订单、资金、费用、库存等状态，客户不仅可以及时了解自己下单的产品售价，还能通过 App 或计算机了解账目详细信息（资金池、费用、授信、直接贸易等）。

17.2.2.6　物流一卡通

应用物流一卡通，通过用友的 NC 系统、物流评价（LE）系统与经销商门户互联，客户下单后数据传输至 NC 系统、LE 系统，然后线上配载、根据订单信息自动取卡抬杆进厂、自动排号叫号、装车后过磅自动出库，可实时查询物流位置，实现从订单到到货的全程可视化管理。

实现物流执行自动化、运输合同打印自动化、车辆进出厂自动化、预约排队自动化，为客户提供一站式、人性化的智能提货服务。实现"六流有序"目标，实现销售订单的快速响应、装车仓库的合理分配、运输车辆的配载、应收运费的高效传递、销售出库单的自动生成、装车能力的实时调配、车辆状态的更新反馈，从而实现信息流、业务流、资金流、车流、人流、货物流的有序运转。

17.2.2.7　研发及工程项目管理

引进工程项目管理系统；建立研发系统产品研发实验室、中心化验室、农化实验室、肥效实验基地等实验室，支撑公司差异化战略落地。

17.2.2.8　在线装车

实施"在线装车"，通过传送带将包装出料口的成品直接传送至提货车辆上；通过信息系统，有效地将信息流和物流结合起来，实现货物的不落地运输；减少人工摆袋、叉车搬运、人工装车等环节，降低人员劳动强度。

17.2.2.9　机械臂

实施码垛机器人"机械臂项目"，采用"机械臂"自动码袋的方式，来代替传统的人工摆袋。

17.2.2.10　健康安全环境监控系统

建立视频监控、应急管理、环保监测等系统，实现四级网格化管理，对有毒有害物质排放、危险源进行自动检测与监控；对生产厂区进行全方位监控，将数据与视频集成到一个网络平台，并结合 GIS 开展应急和预警。

17.2.2.11　农化服务大数据建设

建立远程配肥控制系统，测土配方施肥与开发新型高效肥料无缝衔接，根据客户需求生产特种化肥，满足不同作物、不同土壤的个性化施肥需求。公司已建立了 150 多家智能终端配肥站，逐步实现对终端客户高效、便捷的一站式解决方案的全生命周期的服务。

17.2.2.12　安全防护体系建设

建了工业信息安全管理制度和技术防护体系，具备网络防护、应急响应、异地备份等信息安全保障能力；建立多级安全保护系统，采用双重冗余方法有效避免系统失效。

17.2.3　实施途径

心连心公司从 2013 年开始建设智能制造工厂项目，采用平行承包模式，由项目组对设计和施工进行平行发包。整个项目大致分为三个阶段：目标制定与项目策划阶段；项目全面实施阶段；一体化建设阶段。

17.2.3.1　第一阶段　目标制定与项目策划阶段

公司高层对项目规划进行多次讨论，决定从工厂外部网络和工厂内部智能化建设两方面开展互联网＋智能制造工厂的建设。对采购、生产、销售、质量、安全、财务、研发等模块进行数字化；对生产业务与各子功能系统实现一体化精准管控；基于大数据，高效规范物流管理、绩效管理、综合管理；基于物联网、DCS、APC 等智能装备/工业软件，开展设备精细化、智能化的建设；通过网络互连、信息安全等互通集成支撑技术，实施数据、服务、应用的融合建设。

17.2.3.2　第二阶段　项目全面实施阶段

1. 数据模拟系统建设

建设基于机理模型、覆盖化肥生产全流程、国内领先的 OTS 仿真培训系统，包括气化装置、净化装置、硫回收装置、氨合成装置、甲醇合成装置、尿素合成装置的煤化工主要工艺环节的仿真系统。

2. 数据采集监控系统建设

建立以 DCS 为核心平台的全厂数据采集和监控系统，生产工艺数据自动数采率达到95％以上；实施对企业物流、能流、资产的全流程监控与高度集成。数据采集从现场的基础测点入手，针对生产管理的需求在现场添加或更换相应的测量仪表、分析仪器。生产数据采集系统包含电力系统、蒸汽系统、水系统及两煤系统的数据采集仪表和现有计量仪表等。对核心设备实施在线监控及故障诊断；实施物流一卡通建设，实现从订单到到货的全程可视化管理。

3. 先进控制系统建设

先进控制系统保证工厂自控投运率达到95％以上，关键生产环节实现基于模型的先进控制和在线优化。

4. 生产管控和经营管理系统建设

实施生产 MES，对业务精细管理，通过成本、质量、交货期动态跟踪，实现原材料采购、制造、产品销售一体化信息协同。建立 NC 系统、SRM 系统、CRM 系统，实现企业经营、管理和决策的智能化管理。建立能源管理、质量管理、设备管理、生产计划管理、工艺指标管理、数字化营销、集采管控、工作业务流程管理、工程项目管理、NC 系统建设十大管理系统。

5. 健康安全环境监控系统建设

对较高安全风险和污染排放实施四级网格化管理，对有毒有害物质排放和危险源进行自动检测与监控，对安全生产进行全方位监控，将数据与视频集成到一个网络平台，并结合GIS 开展应急和预警。建立应急管理系统、视频监控系统、安全仪表系统（SIS）、可燃气体/有毒气体监控系统、环保监测系统。

6. 工厂内部网络架构组建

以主数据管理系统，建立工厂内部互联互通的网络架构，实现工艺、生产、检验、物流等各环节之间，以及数据采集系统和监控系统、MES 与 NC 系统的高效协同与集成，对人、财、物的全生命周期数据统一平台管理功能。同时建设电子商务和农化服务系统、作物施肥个性定制化系统；建设智能温室大棚、科技馆。

7. 安全防护体系铸造

建立工业信息安全管理制度和技术防护体系，以实现网络防护、应急响应、异地备份等信息安全保障能力。建立多级安全保护系统，采用双重冗余方法有效避免系统失效。

17.2.3.3　第三阶段　一体化建设阶段

UAP-NC 应用集成平台全面上线，打造集团规划框架内的所有应用系统运行环境，满足多系统如 ERP、MES、OA、PDM 等的无缝集成，各应用之间基于平台进行协同工作。实施 NC 系统"信息管控一体化"信息平台，规划实施计划、采购、质检、仓库业务一体化。

17.3　实施效果

智能制造项目的逐步深入实施使公司各经营环节的人、财、物的管理全部线上流转，采用信息技术手段实现生产经营数据的实时采集、分析，为公司经营决策提供切实依据，具体如下：

17.3.1　建立心连心公司数字化营销管理平台

通过电子商务门户、CRM、销售管理、财务会计、渠道管理等网络系统，协同"全国肥效协作网"大数据、测土配方施肥、物流一卡通，形成高效的心连心公司产销协同运营平台。数字化营销如图 17-1 所示，实现了公司与农户、经销商等的高效对接，减少流通环节，使运营成本大大降低，同时实现了个性化的"保姆式"智能服务。

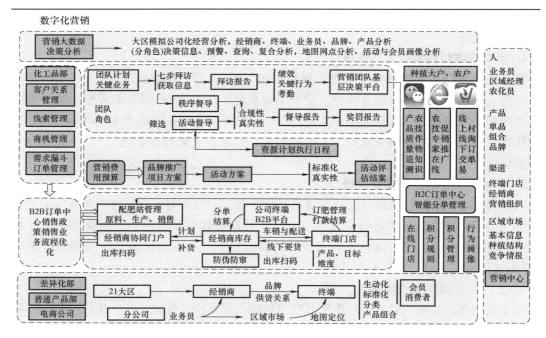

图 17-1　数字化营销

17.3.2　建立集团财务管控网络体系

集团统一的会计核算、财务共享、资金管控、全面预算管控、财务业务一体化等平台，实现分子公司内部财务信息的统一。形成基于业务计划层面的销售、采购、生产等计划管理，基于业务层面的信用、价格、供应商管理等，基于核算层面的应收、成本、计划预算等三级集团财务供应链管控系统。借助互联网带来的信息准确高效的传递，实现了企业管理组织扁平化，特别是异地公司中间层级得以消减，提高了决策效率，使公司更快适应灵活多变的市场需求。

17.3.3　建立集团化的网络集采体系

集中采购分散收货、集中结算，协同设备管理系统、仓储管理系统对集团资产、大宗物料、通用的备品备件类物资统筹分配，实现协同采购，提升了整个采购业务流程的单据关联性、流程规范性和风险可控性。物资需求申请界面示意图如图 17-2 所示。

图 17-2　物资需求申请界面示意图

17.3.4　生产工艺流程数字化模型

通过建立集团、分子公司生产工艺流程数字化模型，实现生产流程数据可视化、模拟仿真优化生产工艺，实现生产装置安全稳定运行。基于数字化模型实现设备资产信息、运行信息、物资物料信息的集成，为设备管理、生产运行管理、工程设计、应急指挥、员工培训、参观展示、物资仓库管理提供形象、直观、精确、动态的信息支撑。建设了基于机理模型、覆盖化肥生产全流程、国内领先的 OTS 仿真培训系统项目，建设期间完成了 300 名学员的培训，为企业培养出急需的合格岗位操作工人，为项目一次开车成功提供了保障。

17.3.5　建立了以 DCS 为核心平台的全厂数据采集和监控系统

心连心公司选用技术先进、可靠而且易于操作和维护的 DCS 对生产数据进行实时监控，如图 17-3 所示。对双甲氨合成工段集中控制，其他工段或岗位必要的工艺参数都集中到生产调度监控中心。大型转动设备由 PLC 控制，触摸屏显示，转动设备数据通过协议引入到调度的专用计算机上进行数据监视，通过实时监控系统实现系统报警和安全连锁。同时供调度人员实时观测数据，并通过历史趋势图查看任何时间段内数据的变化情况及时发现生产指标的异常波动，进行干预，如图 17-4 所示。

心连心公司建设的关键设备监控系统包括基础模型维护、案例维护、案例数据挖掘、基于案例故障诊断与预测、基于专家库故障诊断与预测、状态及故障展示。自 2013 年该系统

心连心公司生产调度监控中心

锅炉负荷	气体排放		污水排放	
		执行标准		执行标准
一分厂1#锅炉　4.49t/h	SO2　0.98　mg/m³	35	NH3－N　1.07mg/l　4	
一分厂2#锅炉　0.00t/h	NOx　23.98　mg/m³	50		
一分厂3#锅炉　48.42t/h	烟尘　4.47　mg/m³	10	COO含量　19.39mg/l　40	
一分厂4#锅炉　52.16t/h				
合计　105.08t/h	烟气流量 205922.81 m³/h		污水流量　58.07m³/h	
二分厂1#锅炉　0.00		执行标准		执行标准
二分厂2#锅炉　68.86	SO2　4.76　mg/m³	50	NH3－N　1.00mg/l　4	
二分厂3#锅炉　68.57	NOx　32.60　mg/m³	100		
二分厂4#锅炉　0.00	烟尘　3.00　mg/m³	20	COO含量　29.30mg/l　40	
二分厂5#锅炉　106.23t/h				
合计　243/66t/h	烟气流量 242821.20m³/h		污水流量 151.24 m³/h	
四分厂1#锅炉　0.00t/h		执行标准		执行标准
四分厂2#锅炉　133.90t/h	SO2　0.93　mg/Nm³	50	NH3－N　1.13mg/l　2.8	
四分厂3#锅炉　126.55t/h	NOx　37.75　mg/Nm³	100		
四分厂合计　260.46t/h	烟尘　4.15　mg/Nm³	20	COD含量　63.62mg/l　40	
公司总计　609.2t/h	烟气流量 366150.00 Nm³/h		污水流量 270.70m³/h	

图 17-3　生产调度监控中心监控画面

图 17-4　生产调度监控中心

投运以来，已对 35 台机组进行了 11 次预警提醒，就故障的原因和部位给出诊断建议，避免大型机组临时故障引起的设备、安全、环保问题。

　　心连心公司建设的实验室包括在线工程优化实验室、产品开发实验室、中心化验室、农化实验室、肥效试验基地，实验室建立有独立完整的质量管理体系，一套完整的标准库，使原材料、中间品、产成品检验达到统一的标准化。系统记录完整的质量数据，产品从生产、储存到出厂全生命周期的各环节得到严格控制，形成闭环。

17.3.6　先进自动控制系统

　　心连心公司引进 APC 先进控制技术，并研究实现 APC 与 DCS 之间数据的交换，APC 的引进使系统自动投运率达 90％ 以上，达到了节能降耗的目的。MPC 项目的实施，使精醇工段蒸汽消耗降低 4%，精醇产品质量卡边效果提高 0.01%，获得经济效益 50.97 万元，实现了公司节能降耗效益的最大化。合成氨精细自动化控制及节能技术项目的实施不仅满足生产需求，维持液位波动在合理范围，而且使节电率达到 11%。

17.3.7　能源管理系统

通过能源调度管理、采集控制系统改造、采取技术措施，对主要用能工段和设备进行控制技术优化。建立能源管理中心，如图 17-5 所示，实现能源数据采集、监控、计量、分析和工艺管理、环保监测、生产对标等管控功能。

图 17-5　能源管理中心

17.3.8　生产管理系统

1. 质量管理

通过 NC 系统和质量管理系统实现原材料和产成品全过程质量检验监控，以及对产品整个价值链的质量管理，包括从原材料检验、中间品检验到产成品检验和检验结果判定进行全程监控，完整记录每批产成品质量数据，跟踪质量变化趋势，并通过数据引用分析对可能产生的质量隐患进行预警，保障公司入厂原材料和出厂产品过程管理规范有序，满足公司内外部客户需求。

2. 设备管理

设备管理包括三级智能点检系统和智能设备管理系统。实现对核心设备的全寿命管控，对日常巡检数据的分析，早期预警设备中存在的潜在隐患，完善设备的预防性维修，为维修决策提供支持，提高企业预知性维修水平。

3. 生产计划管理

计划系统主要包括主生产计划（MPS）、物料需求计划（MRP）及生产作业计划，并将生产销售的各种预测、库存控制的各种指标与 BOM 单密切联系，结合管理者的经验，制定出确实可行的主生产计划、物料需求计划、采购计划，为采购、生产、销售及时提供准确的信息。

4. 工艺指标管理

通过采集的 DCS 实时数据，跟踪全部厂控工艺指标的运行情况，计算超标次数，提供超标数据的趋势图，通过对重要工艺的评估，实现工艺指标的精细化管理，通过对整个工厂工艺指标合格率前后的对比，使工厂的厂控工艺指标合格率得到了大幅的提升，并且对整个装置的节能降耗起到了一定的作用。

17.3.9 业务管理系统

1. 工程项目管理系统

建立统一框架体系下的项目业务处理系统，以计划为龙头、以合同为中心、以投资控制为目的，涵盖质量管理、健安环（HSE）管理、资源管理、文档管理及费用控制等功能。

2. NC 系统

通过主数据管理系统，建立工厂内部互联互通的网络架构，实现工艺、生产、检验、物流等各环节之间，以及数据采集系统和监控系统、MES 与 NC 系统的高效协同与集成，实现对人、财、物的全生命周期数据统一管理功能。

3. 质量全程追溯系统

以标准化信息方式，实现产品的工业化和产业化，通过"生产 + 市场"的经营模式，建立产品从"生产到农户"全程的控制与追溯信息系统，向广大消费者提供安全可靠的产品及相关信息。

4. 电子商务

心连心公司双心品牌在农村淘宝上线运行，实现了二级商直接与公司交易。销售环节的简化，畅通了公司与二级商的资金渠道，公司物流、信息流、资金流的运转速度加快。在保证公司信息及时传达给二级商的同时，公司也准确掌握了产品销售情况、网络布局情况等。

5. 农业服务系统

心连心公司从 2000 年开始做农业服务工作，通过"公司 + 农业专家 + 农户"的服务形式，不断加强自身农化体系的完善和模式的创新，通过"全国肥效协作网"大数据，以及各地区土壤养分数据分析，如图 17-6 所示，研发新型高效肥料以提供作物施肥个性化的"保姆式"智能服务，使公司客户满意度由 83.01 提升至 86.94。

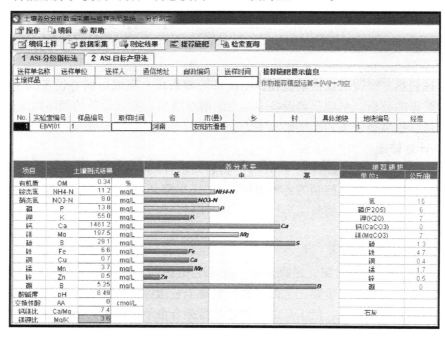

图 17-6　土壤养分分析数据采集与推荐施肥系统界面

17.3.10　安全、应急、环保等网络系统

通过安全管理、视频监控、应急管理、环保监测等网络系统的建设，实现了四级网格化管理，对有毒有害物质排放和危险源具备自动检测与监控、安全生产的全方位监控能力，将数据与视频集成到一个网络平台，并结合 GIS 实现应急和预警。

1. 视频监控系统

公司实现了调度中心对全公司各个分厂的生产、物资和能源进行统一监控和调度。在全厂范围内实现了数字监控、电子门禁进行安全监控。

2. 安全仪表系统

安全仪表系统（SIS）主要是控制系统中的报警和连锁部分。安全仪表系统独立于过程控制系统，生产正常时处于休眠或静止状态，一旦装置或设备出现可能导致安全事故的情况时，能够瞬间准确动作，使生产过程安全停止运行或自动导入预定的安全状态，将危害降到最低。

3. 可燃气体/有毒气体监控系统

建立基于网络的可燃/有毒气体远程检测预警系统，当可燃/有毒气体预警产生时，根据报警策略进行声光报警，满足了可燃/有毒气体检测预警的实时性要求。

4. 应急指挥中心

以化工园区"防、管、控"一体化为目的，实现园区内各类事故风险在线监测与预警，搭建无线指挥、交互式、视频全面监控和决策支持的应急指挥系统，将危害降至最低。

5. 环保监测系统

目前公司废水、废气排放口均安装有污染源在线自动监控设施，公司将在线设施自动分析、显示的数据传输到能源管理系统污染物排放监控画面，实现公司调度实时监控，并通过设置排放限值、分厂级和公司级超标预警条件等措施保证人员能够第一时间发现异常情况，并及时对超标情况进行相应的应急响应。环保监控画面如图 17-7 所示。

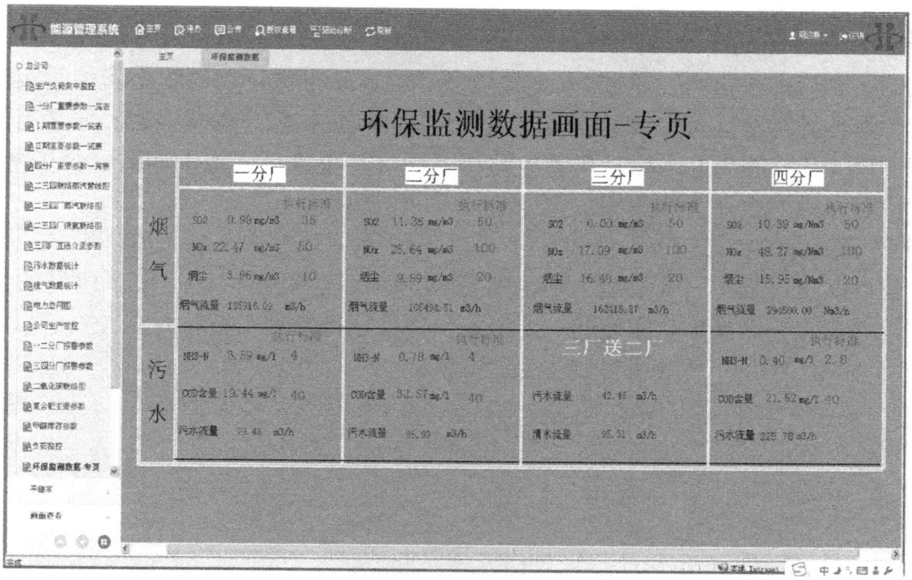

图 17-7　环保监控画面

17.3.11 工业信息安全管理制度和技术防护体系

建立了工业信息安全管理制度和技术防护体系，实现了网络防护、应急响应、异地备份等信息安全保障能力；建有多级安全保护系统，采用双重冗余方法有效避免系统失效。

17.4 总结

心连心公司积极利用自动化、信息化技术，改善、优化生产组织与运行，建立覆盖生产检测、控制、操作、调度、运营、决策等多角度、全方位的信息化应用服务平台，对生产过程的监控更加实时、准确、优化，生产管理水平得到持续提升，生产效益屡创新高。心连心公司智能制造项目可借鉴的经验如下：

1. 集团统一信息平台的应用

心连心公司采用 UAP-NC 应用集成平台，打造集团规划框架内的所有应用系统运行环境，满足多系统如 ERP、MES、OA、PDM 等的无缝集成，各应用之间基于平台进行协同工作，统一集团主数据，集中管理所有应用系统的业务数据，强化信息安全，整合集团数据开展大数据分析；统一针对集团类所有应用和数据信息进行授权管理，提升集团内控制水平，强化业务责任，建立动态建模平台，支撑多层级、多组织、跨地域应用，可满足公司未来异地发展的要求。

2. 远程配肥控制系统的运用

公司建立了远程配肥控制系统，测土配方施肥与开发新型高效肥料无缝衔接，并可根据客户需求生产特种化肥，满足不同作物、不同土壤的个性化施肥需求。自 2015 年起，公司已建立了 150 多家智能终端配肥站，为终端制定高效、便捷的一站式全生命周期解决方案。同时，不断加强自身农化服务系统的完善和模式的创新，通过"全国肥效协作网"大数据，研发新型高效肥料以提供作物施肥个性化的"保姆式"智能服务，为早日实现"中国最受尊重的化肥企业集团"打好基础。

3. 产供销研物流的高效协同

产供销研物流高效协同，通过 NC 系统实现各类产品生产计划的线上管控，实现流程的高效运行，保证各指令流转的准确性与及时性，将之前以销定产的复合肥、尿素高效肥业务全部实现 MPS＼MRP 的线上运算，在满足销售多配方、小批量生产的同时，合理降低产品、原料两库库存，减少企业资金占用。

4. 高层管理者的参与

项目建设实行过程中，高层管理者直接参与到项目建设中，把控项目建设的方向、质量、进度等关键点，调配项目实施的一切资源，确保项目顺利实施。

第 18 例

河南银金达新材料股份有限公司 功能性聚酯薄膜智能制造工厂

18.1 简介

18.1.1 企业简介

河南银金达新材料股份有限公司（以下简称银金达材料公司）是一家专业从事环保薄膜的研发、生产、销售的高新技术企业；是中国包装联合会副会长单位、中国包装百强企业、中国包装优秀品牌企业。银金达材料公司主持制定了《单向拉伸聚酯热收缩薄膜》《双向拉伸聚酯热收缩薄膜》行业标准；建有国内唯一的"中国功能性聚酯收缩膜研发中心"，以及"功能聚酯材料及制品河南省工程实验室""新乡市功能聚酯工程技术研究中心"等科研平台，取得 40 余项国家专利。银金达材料公司年产 PETG 热收缩薄膜 1.2 万 t，该系列产品作为一种绿色、环保、新型塑料包装材料，以其所独具、卓越的产品性能，已广泛适用于饮料（啤酒）、医药、日化及电子等复杂形状容器的集束包装。银金达材料公司作为中国功能聚酯新材料和功能性薄膜的主要供应商，已经得到市场和客户的广泛认可。

18.1.2 案例特点

本智能工厂在我国聚酯薄膜行业尚属首例，通过银金达材料公司专业技术人员的技术改造，本车间生产设备已完成高度智能化和信息化，能够为行业转型升级提供参考。

银金达材料公司的主生产设备自动化程度居行业领先地位，自动化程度达 95% 以上，由于生产系统提升，由传统工艺的 42 人减少到 27 人。银金达材料公司的 ERP 和 MES 高度融合，管理层的 ERP（订单计划、物资采购、人事管理等）、生产层 MES（生产管理、生产计划调度、质量把控等）和操作层（生产过程、设备运行、生产产能、仓库物流等）相融合，能够做到管理、生产、操作无缝对接。

18.2 项目实施情况

18.2.1 项目总体规划

银金达材料公司智能工厂总体分为三个层次：①管理层 ERP，以企业 ERP 系统为主，包括订单计划、物资采购、人事管理等，对生产过程中的人、事、数据进行管理；②生产层

MES，进行生产管理、生产计划调度、质量把控；③操作层，涉及生产过程、设备运行、生产产能、仓库物流等。

工厂按照德国"工业 4.0"工业标准，采用最先进的西门子 S7-300、S7-400 智能化处理器和 PVSS[⊖] 人机界面，使生产过程高度自动化和智能化，全厂智能化、自动化程度高达90% 以上，生产制造的 MES 与公司 ERP 系统完美结合，实现了从互联网到生产过程的平稳过渡、订单的自动排单和实时调度，实现了智能化生产，生产过程数据通过 MES 和 ERP 系统进行数据传递、数据传输实时性高。公司 DELL R60 服务器无故障高效运行，保证整个系统的完全稳定，S7-300 高性能 PLC 使生产控制和自动化运行得到保障，整个系统通过工业通信协议 Profinet、Profibus、CANBus 进行互联保证数据传输的可靠性，使销售、财务、生产、采购等部门完美融合无缝对接，无须人工干预：销售下单自动最优化排产，生产过程自动化跟踪，节点报警，财务数据自动计算与跟踪等，打造流程型智能工厂。

智能制造系统架构如图 18-1 所示。

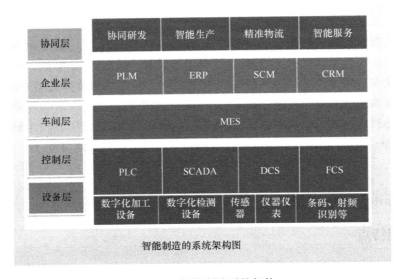

图 18-1　智能制造系统架构

18.2.2　建设内容

银金达材料公司智能工厂建设，旨在对核心装备和生产线进行智能化升级，建设完善的工业通信网络并集成各类信息化平台。建设内容如下：

1）高效灵活的生产模式：实施智能制造推动企业从生产方式到管控模式的变革，使企业实现优化工艺流程，降低生产成本，促进劳动效率和生产效益的提升。

2）产业链有效协作与整合：推广智能制造技术在装备制造行业的应用，推动产业链在研发、设计、生产、制造等环节的无缝合作，为进一步提高产业链协作效率打下基础。

3）新型生产服务型制造：实施智能制造促进企业从生产型组织向服务型组织的转变。

⊖　PVSS 产品是西门子公司在全球范围内推出的针对广域/分布式 SCADA 系统的解决方案。

4）主要对公司内部的 ERP 系统和生产管理的 MES 进行有效链接、升级融合，包括数据采集与监控系统建设、先进生产过程控制系统建设、MES 和企业 ERP 建设以及工厂内部网络架构建设等。

18.2.3　实施途径

银金达材料公司智能工厂建设分四个阶段进行，建设计划如图 18-2 所示。

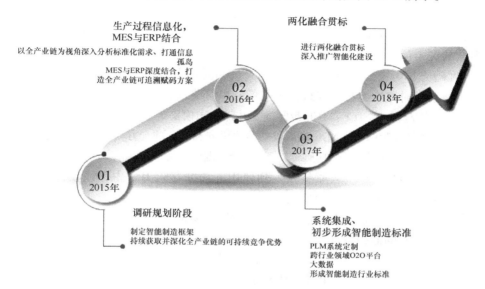

图 18-2　建设计划

第一阶段：2015 年，调研规划阶段。主要建设内容为：制定智能制造框架，持续获取并深化全产业链的可持续竞争优势。

第二阶段：2016 年，生产过程信息化，MES 与 ERP 结合。主要建设内容为：以全产业链为视角深入分析标准化需求，打通信息孤岛；MES 与 ERP 深度结合，打造全产业链可追溯赋码方案。

第三阶段：2017 年，系统集成、初步形成智能制造标准。主要建设内容为：定制 PLM 系统，建设跨行业领域 O2O 平台；集成大数据；形成智能制造行业标准。

第四阶段：2018 年，两化融合贯标。主要建设内容为：进行两化融合贯标，深入推广智能化建设。

18.2.3.1　数据采集与监控系统建设

数据采集与监控系统系统建设采用集中控制分布式采集的方式呈星形分布，信息处理中心为西门子智能模块 S7-300 或者 S7-400，现场的测温探头（PT100）、编码器等将温度和电机的转速反馈到智能处理器中，处理器自动分析数据是否准确并进行处理。

18.2.3.2　先进控制系统建设

系统建设分为 10 大块，具体如下：

1）生产运行系统 PO：操作工通过中控室或者牵引站终端即可进行操作，减少人工干预的时间。

2）工艺监控系统 PV：在工作站中显示所有的生产数据，并将生产的速度、温度和压力等工艺参数、控制参数等集中到一个系统中，进行集中操作和处理。

3）工艺报警与处理 PAH：用图像和文字两种方式表现工艺报警与事件，并有报警处理报表以及事件汇总。

4）通信协议与报表系统 PRS：报警通信协议为日期、时间、类型与状态；各班通信协议为所有事件；参数修改协议为时间与新旧值；配方协议为生产一种规格薄膜的所有设定值。

5）配方管理系统 RM：成套存储生产一种规格的所有设定值，及原料、温度、压力和速度等参数的设定值。

6）厚度趋势与历史记录系统 TH：在定义的可选时间段内，显示薄膜的生产厚度动态参数，提供薄膜实时厚度趋势，在线显示图像和厚度曲线，并自动调节模唇间隙控制厚度。

7）进化模式厚度控制 TCE：TCE 反复演变并筛选出模头螺栓的最佳设定温度，使得在最佳温度下能确保生产最佳膜厚度，NDC 测厚仪对薄膜横向和纵向两个方向进行实时测试，将信号传至 TCE 中央单元，TCE 根据信号判断调节模头螺栓的温度，形成测量和调节的神经网络。

8）质量管理系统 QMS：从原料投入到使用，数据存入 IPC 中，该软件包能完善地存储、追溯产品的质量和原料的使用情况。

9）设备工况监控系统 MCM：监视生产线运转的易损件情况，通过在线和离线两种方式进行监视，提供有效的监控数据。

10）母卷储运系统 RHS：利用该系统可实现从收卷到分切间的母卷储运管理，便于管理母卷的储量、分切顺序等，RHS 是 MES 与 ERP 的重要接口。

18.2.3.3 MES 和 ERP 建设

1. MES

MES 分为三大块，分别为在线数据监控和数据记录、配方管理和工艺参数管理、母卷数据管理和在线质量管理。

1）在线数据监控和数据记录。采用国际最先进的 PVSS（图 18-3），实时性强，准确性高。通过该系统可以随时查阅前期生产的任意产品的相关数据信息，如管线温度、过滤器压力、真空度、产品使用原料种类、配方占比、生产时长、产出重量以及各工艺段所使用的温度、风量等参数，同时可以查阅产品生产过程中发生的异常报警、厚度状况、产品批号等信息；同时，根据产品实际生产量及生产时间问题，该系统可以存储至少半年的生产数据，确保产品在保质期内出现的任何问题都能通过该系统查到具体原因。

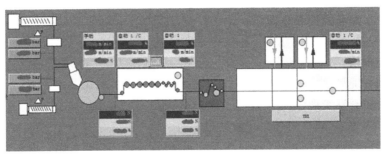

图 18-3　PVSS 示意图

2）配方管理和工艺参数管理。根据产品评审时确定的工艺配方及材料种类，在生产前将相关信息输入管理系统中，明确材料种类、占比及对应料仓后保存。当生产该产品时，直接在系统中选定对应的工艺参数，在实际生产中，系统自动按设定的各类工艺参数进行调整、控制，同时根据对应的料仓及原料占比进行投料控制，确保产品生产与评审要求的一致性，避免因人为原因导致生产工艺出现异常，最终影响正常产品质量和交期要求。

3）母卷数据管理和在线质量管理。质量和工艺间快速结合，对任何时候生产的膜，只要单击鼠标即可获得相关数据。

2. ERP

实现了生产订单与客户订单的自动匹配，以及客户订单到生产订单直至产成品入库、发货的全程跟踪，使生产状况一目了然，提高了生产计划的精准性。依据产品的膜种、厚度、电晕等构成要素的不同，配置多维 BOM 清单编制规划实现了多维 BOM 族管理，通过科学 BOM 清单配置管理，大幅度减少了 BOM 清单的录入量，明显提高了工作效率。按客户需求实现多次排产，首先通过生产规划计算出大母卷的生产计划，在此基础上依据销售订单精确地计算出各种分切规格的详细生产计划，帮助企业科学安排生产计划。对制膜过程的生产计划及配方数据进行全面管理，流程见表 18-1。

表 18-1　生产流程

序号	步　骤	流程描述	输出输入单据
1	录入销售订单或销售预测	根据客户订单或市场预测，在系统中录入销售订单或销售预测	输入：销售订单或销售预测
2	运行 MPS 计算	在系统中运行 MPS 计算，由系统检测库存，对成品在库量进行判断，如果库存量满足销售订单或销售预测，则不再生成后续单据；如果库存量不满足，则根据数量差自动生成生产订单	输出：生产订单
3	运行 MRP 计算	在系统中运行 MRP 计算，由系统检测库存，对成品 BOM 结构中的原辅料在库量进行判断。如果库存量满足生产订单要求，则生成材料出库单，仓库以此发料；如果库存量不满足，则根据数量差自动生成请购单，转采购流程	输出：材料出库单或请购单
4	录入采购计划或由设定好的采购周期自动生成请购单	提前对原辅材料备货的时候，可在系统中录入采购计划，由系统分解采购计划生成请购单；或对原辅材料档案设置采购周期等参数，由系统自动生成请购单	输入：采购计划 输出：请购单
5	依据请购单进行询价，并选择合格的供应商生成采购合同	根据请购单对需采购的物资进行询价，并选择合格供应商，生成采购合同	输入：采购合同
6	分解采购合同进行订货	根据采购合同生成分批量的采购订单	输入：采购订单

（续）

序号	步 骤	流程描述	输出输入单据
7	到货检验	供应商送货到厂后，根据到货单对货物进行检验，验收合格后入库	输入：到货单 输出：采购入库单
8	发票入账	根据供应商提供的发票，对应入库记录生成采购发票，并生成应付账款 财务根据应付单生成财务凭证	输入：采购发票 输出：应付单、财务凭证
9	付款	满足付款条件时，调用应付单生成付款单，并自动进行往来核销 财务根据付款单生成财务凭证	输入：付款单 输出：财务凭证
10	原料投入生产	仓库根据材料出库单发料后，原料投入生产，在生产完毕后，对产量进行报备，生成完工报告	输入：完工报告
11	分切	领用母卷进行分切，分切完毕后，对产量进行报备，生成完工报告	输入：工序转移单、完工报告
12	成品入库	根据完工报告进行成品入库，使用扫码枪扫描产品条码，并与生产订单关联	输入：产成品入库单
13	发货	在成品库存充足的情况下可以直接调用销售订单生成发货单；如果成品库存不足需要生成，则需要在产成品生产完毕入库后，调用销售订单生成发货单	输入：发货单
14	出库	仓库根据发货单的指令，扫描成品条码出库，并与发货单关联	输出：销售出库单
15	开票	根据客户要求开具发票，并生成应收账款 财务根据应收单生成财务凭证	输入：销售发票 输出：应收单、财务凭证
16	收款	收到客户货款后，引用应收单生成收款单，并自动核销往来账款 财务根据收款单生成财务凭证	输入：收款单 输出：财务凭证
17	月末核算	月末财务根据采购入库单、材料出库单在系统中计算产成品成本，计算结果自动回填至产成品入库单和销售出库单 财务根据采购入库单、材料出库单、产成品入库单和销售出库单生成财务凭证	输出：财务凭证
18	生成财务报表	财务根据凭证在系统中生成财务报表	输出：财务报表

　　通过产品条码管理，对所有产品、磅码、成组出入库进行管理，一方面提高了工作效率，另一方面也提高了数据的准确性和及时性。发生退货情况，可以通过条码层层追溯，发现问题环节，及时采取有效措施，把风险降到最低。通过条码开始时间和条码结束时间，可以实时查询库存当中产成品的呆滞积压情况，分析产成品呆滞积压的原因，找出解决方案，快速进行处理，减少企业资金占用。

　　此外，ERP 系统中出门证由财务部门依据发货单进行评估，选择确认过的发货单对仓库指定人员开放打印，同时对打印次数进行严格控制，有效防范风险。ERP 系统结算单自动生成，从而有效控制了结算价格，降低了经营风险。ERP 系统中，通过发货单快速录入的功能，自动匹配编码和条码，生成销售发货单，发货更准确。ERP 系统中，通过录单模式，自动增加存货分类和档案，大大提高了销售部门整体的工作效率。

18.2.3.4 工厂内部网络架构建设

银金达材料公司智能工厂采用星形网络架构，总机房设在办公楼一楼，通信来自中国移动百兆光纤专线，拥有两个独立公网 IP 地址，网络拓扑结构三层。

MES 全套从德国布鲁克纳公司进口，采用德国"工业 4.0"标准，全程数据采集和存储完全自动化和集成化，无须人工干预，数据来自 PLC、进程间通信（IPC）等，与 PVSS 无缝隙对接，实现数据的准确性、实时性、可靠性。与国内最大的 ERP 系统开发商合作，经过三年的共同开发，ERP 已应用于公司各个职能中，分为销售模块、物资供应模块、财务模块、人事模块和生产调度模块。MES 与 ERP 链接如图 18-4 所示。

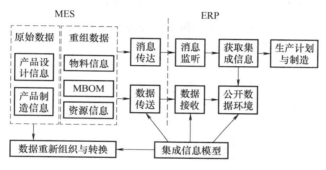

图 18-4 MES 与 ERP 链接

防火墙采用诺顿防病毒软件，用 IBM 服务器作为主机，操作系统为 Windows Server 2008，数据库为 Oracle。系统主机设在 IDC 主机房内，通过 100M 带宽光纤与 ChinaNet 骨干网相连接。

18.3 实施效果

18.3.1 数据采集与监控系统建设情况

建成覆盖原材料库、生产车间和成品库的仓库-生产数据采集与监控系统，实现全过程追溯。

1）从原料购入到生产工序开始，采用打印条码贴在材料上、利用无线 PDA 和条码枪扫描的方法实现追溯。

2）从生产工序开始，采用固定条码编程，各工序利用无线条码枪扫描的方法实现追溯。

3）从制膜开始扫描每个产品的条码，关联前工序条码信息；分切完成后，每个产品自动产出条码（一一对应关系）关联追溯信息；包装采用进线先读取二维码、产出再读取二维码的方式，关联追溯信息；分零件采用条码关联信息。

4）从包装完成至成品发货，利用外包装标识条码，各工序利用固定二维码扫描读码设备、仓库利用无线 PDA 扫描外包装条码，实现追溯。

18.3.2 先进控制系统建设情况

生产线从投料开始一直到成品产出全部采用智能化、自动化控制。

18.3.2.1 原料投入系统

生产线所有原料均采用全自动化负压真空上料，自动检测料仓内原料重量，根据下料量自动计算上料频率及上料重量；生产线下料系统会根据工业设定的配比自动称量下料，下料仓的计量秤会实时采集料仓重量信息，根据料仓重量变化计算和控制下料量和比例，自动混合，而且会根据生产线的速度，基于产品厚度和配方做出相应的下料量速度和比例。

18.3.2.2 熔融挤出铸片系统

将原料变成熔体再由熔体变成片材，整个过程全部由系统自动完成，根据原料的流动速度自动调整熔体黏度从而达到一个最佳的黏度点使原料相互融合，使铸片光亮、平整。熔融挤出铸片系统示意图如图 18-5 所示。

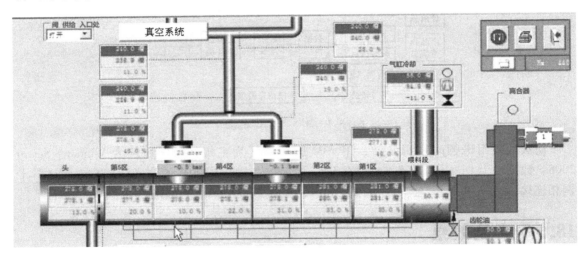

图 18-5　熔融挤出铸片系统示意图

18.3.2.3 纵向和横向拉伸系统

采用全自动穿膜技术，实现自动化、智能化，有效避免人工穿膜所带来的烫伤、挤伤等风险，而且在纵向拉伸阶段，设备会根据工艺设定的温度和拉伸比自动调节和分配各个拉伸辊的张力和拉伸倍率，最终实现目标拉伸比。其中，纵向拉伸系统示意图如图 18-6 所示。

18.3.2.4 牵引测厚系统

牵引测厚系统主要由测厚仪探头、TCE 系统模块和模头螺栓模块组成，实物如图 18-7 所示。探头测量薄膜厚度将数据传递给 TCE 系统，TCE 系统根据传递的数据确定厚度位置和确定好要调节的模头螺栓的位置，将数据传递给螺栓控制模块，模头螺栓控制模块执行动作，调节模唇开度控制薄膜厚度。

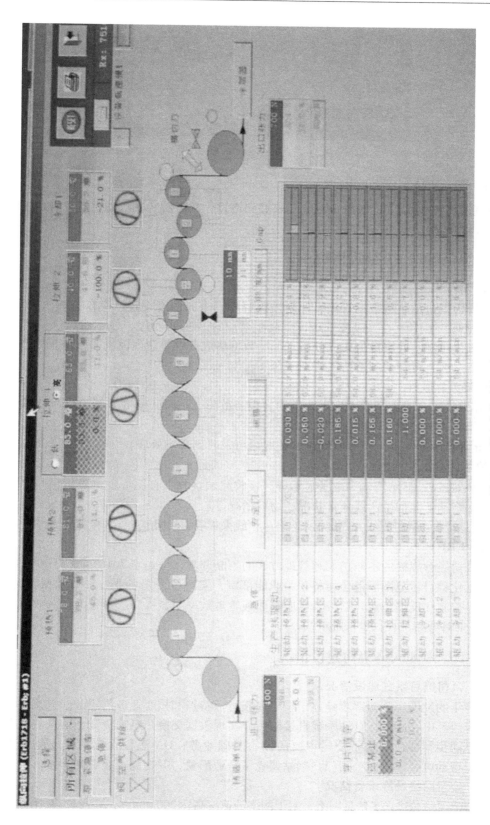

图 18-6 纵向拉伸系统示意图

图 18-7 牵引测厚系统

18.3.2.5 收卷系统

收卷系统会根据设定的长度，在实际收卷到达目标长度后实现自动换卷、自动切断和自动卸卷的操作过程。

18.3.3 MES 和 ERP 建设情况

18.3.3.1 MES

该系统提供包括制造数据管理、计划排程管理、生产调度管理、库存管理、质量管理、人力资源管理、工作中心、设备管理、工具工装管理、采购管理、成本管理、项目看板管理、生产过程控制、底层数据集成分析、上层数据集成分解等管理模块，为企业打造一个扎实、可靠、全面、可行的制造协同管理平台。

1. 现场终端软件

1）异常报警：对生产线中出现的异常（设备故障、缺料问题等）通过现场终端进行播报，通知相应人员处理。

2）异常处理：相关人员接收到异常情况后可及时到现场处理。

2. 显示终端软件

1）显示控制：显示终端为电子显示屏，接收终端接收来自服务器的数据信息，并控制显示在显示终端上，如生产线异常状况、物料情况等。

2）信息接收：通过无线方式接收来自各生产线采集端的数据信息，并将其传输到服务器中。

18.3.3.2 ERP

随着公司经营规模的不断扩大和管理方式的不断调整，公司于 2016 正式启动了 ERP 系统管理信息化项目，范围涵盖公司各相关职能部室，实现了公司各业务环节数据实时共享、实时跟踪、控制和反馈信息，财务及供应链业务管理效率明显提升，带来的经济效益也逐步得到显现。ERP 界面如图 18-8 所示。

18.3.4 工厂内部网络架构建设情况

18.3.4.1 公司信息系统建设情况

经过多年的发展，公司逐步建立了符合薄膜行业特点和核心业务需求的信息系统，并不断加以完善。其中，MES、ERP 系统直接链接，实现数据交换，对物资流、信息流、资金流的数据信息同步集成，覆盖了公司主要的核心基础业务；OA 流程管控系统规范了流程审批，实现了移动电子审批；公司门户网站树立了企业形象，并提高了企业知名度。

18.3.4.2 公司网络设施设备情况

公司与中国移动建立了信息网络，主干网络的速率高达 200Mbit/s，并通过 VPN 防火墙等

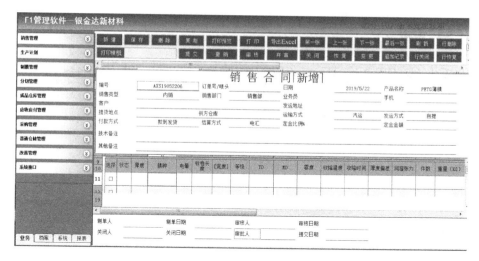

图 18-8　ERP 界面

设备建立了覆盖所有公司的信息化网络，网络覆盖率达 100%，确保了信息系统的运行安全与稳定。网络设备主要有：清华同方防火墙 1 台；思科路由器 3 台；思科核心交换机 2 台；IBM 数据库服务器 2 台；IBM 应用服务器 4 台（ERP 系统、BPM 系统）；普通服务器 4 台（分别应用于文件服务器、软件库、上网行为系统和数据加密系统、网络版杀毒软件）；易事特 UPS 设备 1 套（10kV，断电 12h 续航）；磁盘存储阵列（Symantec 数据备份系统、60TB 存储）；EMC 专业空调各 1 台；KVM 控制平台 2 组（可快速切换服务器进行维护）。公司通过优选软硬件供方及其产品，以及有针对性地采取措施，建立了符合汽车零部件行业特点及业务需求的信息系统硬件及软件，确保了信息系统软硬件的可靠性、安全性和易用性。

18.3.5　改进效果

18.3.5.1　综合指标

生产效率提升 20%，运营成本下降 15%，产品研制周期缩短 22%，产出率提升 3%，能源利用率提升 16.8%。

18.3.5.2　技术指标

自动化程度达到 95% 以上，生产工人数量减少 15 人，市场投诉率下降 23%，主持行业标准制定 2 项，获取专利技术 4 项。

18.4　总结

1）每个企业的智能制造工厂建设没有标准的模式复制，要根据企业的实际情况进行探索。

2）在努力推进智能制造工厂的同时，要更加着力于基础管理水平的提高，要更加注重技术和产品的研发，要进一步加大智能装备的投入和改造。

3）系统思考和整体规划非常重要，要坚持小步快跑、稳打稳扎的原则来进行智能制造工厂建设。

第 19 例

史丹利化肥遂平有限公司 高塔复合肥智能工厂

19.1 简介

19.1.1 企业简介

史丹利化肥遂平有限公司（以下简称遂平史丹利公司）是史丹利农业集团股份有限公司（以下简称史丹利集团）的全资子公司，成立于 2011 年，位于河南省遂平县产业集聚区内，注册资金 1 亿元，占地面积 400 亩[⊖]，建设有年产 80 万 t 新型复合肥项目生产线六条，主要从事复混肥料、复合肥料、掺混肥料、专用肥料、缓控释肥料及其他肥料的研发、生产、销售、贸易、仓储服务。

19.1.2 案例特点

遂平史丹利公司依托产品追溯系统、智能物流仓储，深度融合二维码系统、ERP、电子商务（EB）、CRM、SRM 等业务系统，打造以"夯实产品基础，强化销售网络，提升服务效能"为目标的数据驱动智能工厂。建设关键工艺装置数字模型、开展生产工艺模拟优化仿真，使工艺配方到生产制造之间的各工段有机结合，工艺、生产、检验、物流等制造过程各环节之间实现了生产流程数据可视化和生产工艺优化；建立数据采集和监控系统，实现产品生产中的原材料采购、配方控制、产品制造、监控、装配和检测等各个阶段的管理及控制；解决了企业在生产中的资源优化问题，实现信息共享，及时跟踪，使生产工艺数据智能采集率达到 100%；建立功能安全保护系统、在线应急指挥联动系统和烟气在线监测系统，实现重大危险源与重点污染物全覆盖监控，安全生产、清洁生产的全方位监控，应急指挥系统高效联动。

遂平史丹利公司通过测土配方及不同作物、气候环境等数据信息收集，建立客户 CRM 信息库，进行肥料的个性化智能设计；实现传统渠道与电商平台有机结合，提供产品从公司到经销商的物流管理、防伪防窜货及产品追溯。高塔复合肥智能工厂的建成，将实现新型高效肥料个性化设计、制造、生产、物流、销售、服务的产品全生命周期智能化管理，提供作物施肥个性化的一条龙智能服务。

⊖ 1 亩 = 666.67m²。

19.2 项目实施情况

19.2.1 项目总体规划

高塔复合肥智能工厂围绕智能生产、智能控制和智能管理三个中心，实现产品生产中的原材料采购、配方控制、产品制造、监控、装配和检测等各个阶段的智能化管理及控制。通过复式皮带秤、智能码垛机械手、DCS、粉体流智能冷却设备、智能包装秤等智能控制设备，实现原辅料智能配比、原料智能输送、尿液温度智能控制、造粒智能控制、防结剂智能添加，以及温度、压力容器的智能调节、智能取样、智能化验等智能生产过程；解决了企业在生产中的资源优化问题，实现信息共享，及时跟踪，使生产工艺数据智能采集率达到100%。另外，建立了工厂通信网络架构八大信息系统（ERP 系统、SRM 系统、CRM 系统、HR 系统、EB 系统、OA 系统、智能分析系统（PBC）、MES 系统）数据交流平台，实现了企业经营、管理和决策的智能化。

本项目使工艺配方到生产制造之间的各工段有机结合，工艺、生产、检验、物流等制造过程各环节之间，以及制造过程与数据采集和监控系统、MES、SAP 系统之间的信息互联互通，实现了生产流程数据可视化和生产工艺优化。同时建有功能安全保护系统和在线应急指挥联动系统，实现了安全生产的全方位监控。

19.2.2 建设内容

本项目建设周期 2 年（2015 年 1 月至 2017 年 1 月），目前项目建设已完成。本项目主要建立了智能生产系统和以工厂通信网络架构为主的八大信息系统数据交流平台，围绕智能生产、智能控制和智能管理三个中心，实现了信息流、资金流、物流、人事流的"四流合一"，达到了企业运营最优化。

19.2.2.1 智能生产部分

1. 原辅料智能配比

原料经过筛分由传送带送至各原料料仓后，DCS 按标准配方配比信息输出控制，使各种原料经过皮带秤精准计量达后自动混料，而后传送至高塔进行造粒，如图 19-1 所示。

2. 砼肥罐智能上料系统

供应商用压力罐车直接将砼肥打到压力储罐中，砼肥由储罐螺旋输送至雾化集料桶，经管道风送进入投料收尘箱，净化气体排出，物料进入生产系统，实现了砼肥投料的自动化，且无粉尘污染。砼肥罐智能上料系统如图 19-2 所示。

3. 固体原料处理工段

原料运输由刮板机、带式输送机与料仓进行连锁，各种原料经过传送带或者刮板机被送至各个料仓。料仓料位显示过高时，刮板机及传送带自动停止上料；料仓料位显示过低时，刮板机及传送带自动上料，从而达到原料智能输送。固体原料处理工段示意图如图 19-3 所示。

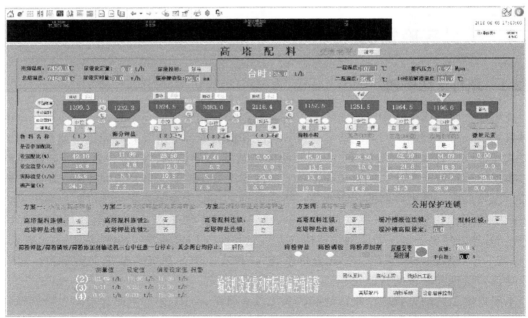

图 19-1　高塔智能配料系统示意图

图 19-2　砼肥罐智能上料系统

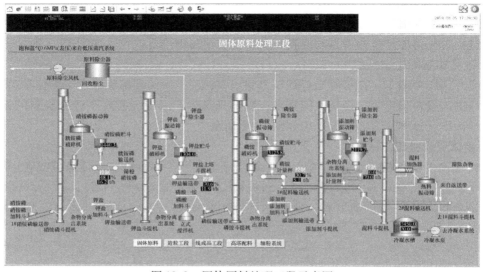

图 19-3　固体原料处理工段示意图

尿液泵通过变频智能调节尿液输送量，再通过流量计的计量，实现尿液的自主智能控制，达到生产需要。当中控室计算机显示尿液流量不稳时，DCS 操作系统根据配方中的尿液使用量进行智能的调节。

4. 造粒智能控制工段

高塔智能造粒机由内外两个独立变频控制，如图 19-4 所示，在生产不同配方时，控制系统智能输出适合当前配比的信息并根据情况做出调节控制，当高塔粒子成球率不良时，造粒机智能调整内外圈转速。同时，一、二混温度智能进行有效调整，从而达到造粒智能控制。

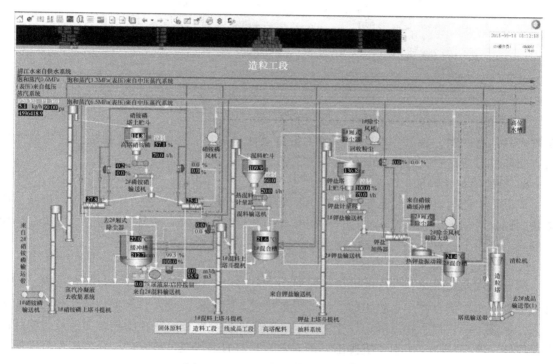

图 19-4　造粒智能控制工段示意图

5. 油粉智能控制系统

防结剂的智能控制采用皮带秤与中控室防结剂联动，DCS 按照配方油粉添加频率输入，根据成品走量油粉参数会智能调节使用量，进行智能添加，达到精确使用，从而提高成品外观质量，如图 19-5 所示。

6. 粉体流智能冷却系统

粉体流智能冷却系统可有效防止产品的损失和降解，从根本上保证产品颗粒的完整性不被破坏。出料温度均匀可控，保持最佳产品质量，消除结疤、结块，避免产品品质变化。在连续运行的工况下，当生产台时或温度变化时控制系统智能通过调节冷却水、出料装置，以维持进料仓内物料的料位。

7. 二维码及喷码智能控制

在联网的情况下，通过二维码采集头对包装袋上的二维码进行数据采集，并通过检斤室智能过磅，经控制器将二维码信号传送至服务器，实现数据的自动录入，数据经转换后可以

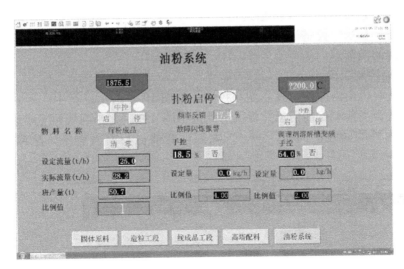

图 19-5　高塔油粉智能控制系统示意图

实现产品信息的网上查询。在喷码系统上设定喷印信息后，当光电开关检测到包装袋通过时，喷印信息通过喷头智能喷印在成品包装袋上。

8. 机械手智能码垛

成品物料通过机械手传送带输送控制系统将物料输送至机械手抓手位置，等待机械手抓取物料码垛。机械手在抓取码垛过程中同时自动进行编组计数，将 5 袋编为一组放置在码垛位的移动平台上，直到码完设定的层数即为一垛，周而复始重复以上工作。

9. 生产过程除尘与环保系统

综合应用布袋除尘、电除雾器等手段对生产过程中的粉尘、烟气等进行综合治理，满足环境治理要求。当含烟尘、粉尘的气体经进气口进入除尘器，较大的粉尘颗粒因截面面积的增大，风速下降，而直接沉降；较小的烟尘、粉尘颗粒被滤袋阻留在滤袋表面。经过滤袋的净化气体，经出气口，由引风机排出。进入电除雾器的烟气经过整流后，导入集尘极部通过电的作用将尘雾捕集下来，净化后的烟气从上部排出。

19.2.2.2　智能控制部分

（1）DCS 智能控制。将现场温度、压力、流量、液位等控制信号引至 DCS 模块上，通过信号 A/D 转换送至服务器处理，由上位机监控组态系统软件将现场信号在组态画面上显示，用于监控现场信号。

（2）复式皮带秤。将输送带的物料及速度信号传送到测量控制仪表，仪表将载荷及速度信号进行内部运算，计算出实际给料量，不断地将实际给料量与设定给料量进行比较，从而控制输送带的速度，使给料量尽可能接近或等于设定的给料量。

（3）圆盘智能刮料。中控室 DCS 智能控制生产台时大小后，物料由高塔喷头喷出，经冷却落入圆盘刮料机系统中，通过变频器控制圆盘刮料机按一定速度自动运行，并与生产台时连锁控制，当台时大时，刮料机速度快，反之则小。

（4）智能包装秤。物料从储料仓经过分料仓，通过粗细加料弧形门进入秤斗，秤斗将其重力传送称重传感器，传感器弹性体发生形变，从而输出与重量数值成正比的电压信号，信号送至控制仪表微处理器处理后直接显示重量数据。将重量数据与设定的重量实时进行比较，称重终端输出信号以控制各执行机构的动作，从而实现粗加料、细加料、停止加料以及秤斗的放料动作。

（5）除尘智能控制。通过引风机将含尘气体送至收尘箱，气体经过分离滤袋过滤后排出。在 PLC 中设定时间，定时对收尘箱中积尘进行振打、清灰，循环按时进行，并对收尘箱中的温度、气压、风量定时监控，收到智能收尘效果。

19.2.2.3　智能管理部分

1. ERP 系统

项目通过 ERP 系统深化应用，并结合虚拟仪器仪表引进，对生产过程中的生产设备和检测设备进行有效管理和数据采集，实现产品批次跟踪，满足客户在网上对产品数据信息进行查询的要求，并行、协同地完成产品开发过程的设计、分析、制造和市场营销及其服务。

2. SRM 系统

通过 SRM 系统在企业和供应商之间提供廉价高效的沟通渠道，实现整个企业的价值链高效运转，覆盖提货、核实货单、转送货物到制造部门并批准对供应商的付款等环节。提供实时的信息交互，为长期合作的企业提供直接的信息传递。实现在线交易，支持在线谈判交易细节、在线竞标。

3. CRM 系统

通过 CRM 对作物集中区域进行精准锁定，收集种植大户信息并进行土壤特性测试和数据收集分析，同时运用农化服务平台对种植大户进行精准服务，实行测土配方和专用肥料定制。

4. HR 系统

作为企业集成管理信息系统中的主要部分之一，史丹利的 HR 系统可以和企业的其他业务应用系统（如财务系统、生产计划系统、设备维护系统、销售系统、项目管理系统和后勤系统）完全集成在一起。HR 系统涉及人力资源管理六个方面的内容：组织管理、人事管理、时间管理、薪资处理、人事发展、报表和分析。

5. EB 系统

EB 系统是企业内部与外部进行信息交流互动的主要工具。在该系统中可以完成对订单、货款、返利、销售政策等的操作查询。

6. OA 系统

OA 系统中包括三大门户、工作流程提报审批、人事管理、知识管理、信息共享管理、会议管理等 21 项工作管理，从公司战略管理、目标绩效管理到员工内部沟通，多层次、全覆盖地公司内部流程，达到节省工作时间、改善工作质量、固化业务流程的效果。在系统协同方面，以 OA 系统为轴心，基于公司实际业务的个性化需求，自主开发协同平台，满足业务需求。例如"移动协同平台"，结合业务需求，通过开发流程表单、报表，实现各类工作的 App 移动审批，最大限度地节约办公成本，最终实现移动办公，减短业务审批流程，提高工作效率。

7. 智能分析系统

智能分析系统为公司决策者带来全面的数据分析与支持。它能够准确无误地抓取企业软件系统数据库中的各种数据，如原材料周转率、产成品周转率、销售订单交货周期满足率，并根据决策者的需求进行各类分析运算，如销售区域分析、生产成本分析，最后形成直观的图形报表，为高层领导者的每一步决策提供最完善的数据保障。

8. MES

MES 的网络是在原有的 ERP 系统与 DCS 的基础上建立的，这一网络系统沟通了 DCS 与 ERP 系统。与一般的网络系统不同，为了保证 DCS 的稳定运行与可靠通信，要求在新完成的网络系统不能影响 DCS。在 DCS 与 ERP 系统之间安排了专用数据服务器，在物理网络上将两者进行割断，而在这一台服务器上安排数据传送程序的运行。MES 解决了 DCS 的实时数据与 ERP 系统之间的数据传输问题，通过对象链接和嵌入技术在过程控制方面的应用，统一接口函数，不管现场设备数据以何种形式存在，用户都以统一的方式去访问，从而实现系统的集成性，实现与其他系统的数据交换，为数据采集接口和现场过程控制 DCS 及其他数据交换应用建立了桥梁。

19.2.3　实施途径

高塔复合肥智能工厂建设期为 2 年（2015 年 1 月至 2017 年 1 月），项目分为四个阶段开展：

第一阶段（2015 年 1 月至 5 月）：完善公司网络。

公司的网络以行政办公楼为中心向检斤室、生产办公楼、高塔工厂、滚筒工厂、餐厅、宿舍楼、库房辐射，实现了全公司网络覆盖。

第二阶段（2015 年 6 月至 2016 年 4 月）：对原有的信息化系统进行升级。

系统升级范围涉及公司生产、供应、销售、物流、库存、财务、研发、人资等全业务流程。主要升级的系统有：管理网络 SAP、OA、EB、HR、SRM、CRM，物联网二维码设备、员工考勤机等控制系统，工业控制网络 DCS 中控系统、工厂生产实时监控系统。

第三阶段（2016 年 5 月至 2016 年 11 月）：新增智能化设备或对原有设备进行智能化升级改造。

新增智能化设备有机械手智能码垛设备、粉体流智能冷却设备、布袋收尘设备、烟气在线监控系统设备。升级改造的智能化设备有复式皮带秤、二维码扫码系统、砼肥罐自动上料系统、圆盘智能刮料器。

第四阶段（2016 年 12 月至 2017 年 1 月）：调试投运，做好资料的整理并申请项目验收。

后续计划：

1. 完善智能设备管理系统

公司对现场智能设备的管理虽然已经取得了一些成绩，但尚处于摸索阶段，对应用智能设备管理系统来提升设备可靠稳定、提高维护效率等有着迫切需求。

2. 完善与提升能源管理系统

利用能源管理系统的数据分析和控制平台，建立能源平衡模型，解决整体平衡和优化调整问题，并在一定的约束条件下实现能源系统的平衡优化运行，并逐步实现能源优化调度，达到节能降耗的目的。

3. 优化完善农化服务系统

完善以农业专家、公司技术人员、经销商等多级服务体系；利用微信、商学院等网络学习平台为种植大户、经销商提供课程资源和电子图书；利用手机客户端发布电子培训教材等，使种植户接受技术培训；利用农资电商平台，将线下渠道整合与线上应用拓展进行结合，线上专家咨询、指导农技培训和线下的测土配方、跟踪回访相结合，使互联网＋农化服务的专业性和系统性得到提升。

19.3　实施效果

19.3.1　标志性建设成果

19.3.1.1　网络机房

遂平史丹利公司机房中心的 IT 设备主要有计算机设备、服务器设备、网络设备、通信设备、存储设备等。

服务器等 IT 设备选用高性能的芯片、低能耗器件，并具有冗余电源和冗余散热送风设施和动态管理模式。遂平史丹利公司的网络以行政办公楼为中心向检斤室、生产办公楼、高塔车间、滚筒车间、餐厅、宿舍楼辐射，实现全公司网络覆盖。管理网络拥有 SAP、OA、EB、HR、BO 等办公管理网络；物联网拥有二维码设备、员工考勤机等控制系统；工业控制网络有车间 DCS 中控系统、车间生产实时监控系统。

19.3.1.2　MES

智能制造的核心是 MES，它涵盖生产、品质、物料、设备、仓储、成本、人员等多个方面。高塔智能工厂在产能达产后，通过工单管理实现上层 ERP 销售订单与企业生产制造现场调度的转化，考虑各种因素进行排产；对复合肥的生产配方进行管理，实现配方的自动下达；对投料进行管控，对生产质量进行在线监控，可以与 DCS 进行连接，将生产过程质量与生产批次绑定，实现产品质量全程可视化。与 SAP 系统集成，实现生产过程数据与仓储数据的自动交换，提高仓储管理效率和数据准确性。

19.3.1.3　ERP 系统

生产部门使用的 ERP 系统——SAP 可以创建生产订单，以及查询物流订单、库存、短缺产品明细等。ERP 系统为财务部门提供了信息分类以及应收、应付账款到期处理、固定资产管理等功能。

19.3.1.4　SRM 系统

SRM 系统在企业和供应商之间提供廉价高效的沟通渠道，实现整个企业的价值链高效运转。取消中间库存，实现在途库存，从而最大限度地降低整个供应网的营运成本，提高产品的市场响应速度。提供实时的信息交互，为长期合作关系的企业提供直接的信息传递。实现在线交易，可以在线谈判交易细节，拥有在线竞标的能力。与后台 ERP 系统相连接的接口，使交易结果智能地作用于生产环节。

19.3.1.5　CRM 系统

通过 CRM 系统建立各级经销商信息库，统一完善终端网点资料库，在系统中建立规范的渠道拜访管理流程，将渠道节点资料新增、修改、业务员拜访路线的维护、管理及业务员每日工作流程标准化，做到客户关系管理的标准化、可执行、可追溯、可评价。使用信息化搭建高效的上下级业务信息交互平台，使各级营销活动的申请、审批、执行、评价、报销实现全流程线上管理，实现活动投入与产出关联关系的具体数据分析。

19.3.1.6 HR 系统

HR 系统与公司 OA 系统、员工考勤机相关联，通过 HR 系统可以查询员工个人信息、奖惩明细、薪酬信息、考勤信息、生日信息、劳动合同、培训信息、补贴信息等。

19.3.1.7 EB 系统

在该系统中可以完成对订单、货款、返利、销售政策等的操作查询，如图 19-6 所示。

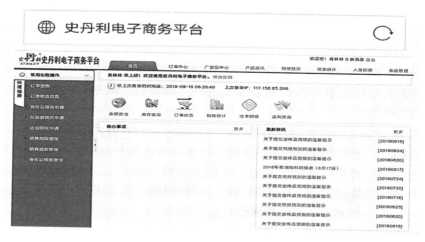

图 19-6　史丹利电子商务平台

19.3.1.8 OA

遂平史丹利公司应用 OA 及相关系统，规范各类业务流程运转。OA 系统从公司战略管理、目标绩效管理到员工内部沟通，多层次、全覆盖地公司内部流程，达到节省工作时间、改善工作质量、固化业务流程的效果。

在系统协同方面，以 OA 系统为轴心，基于公司实际业务的个性化需求，自主开发了"掌上史丹利"，实现各类工作的 App 移动审批、生产销售数据实时查询、公司新闻会议即时查看等功能，最大限度地节约办公成本，实现移动办公，减短审批业务流程，提高工作效率。

19.3.1.9 烟气在线监测系统

烟气在线监测系统实现锅炉房废气排放情况的实时监控及超标预警，如图 19-7 所示。通过在线设施自动分析，将显示的数据传输到计算机污染物排放监控画面，实现公司调度实时监控，并通过设置排放限值等措施保证人员能够第一时间发现异常情况，并及时对超标情况进行相应的应急响应，包括调查、分析、处理、反馈等，最大限度地降低或消除环保超标隐患，同时设置自动统计功能，定期对污染物排放总量进行统计，根据总量排放及时对生产运行进行调整，满足减排要求。

19.3.2 改善的关键环节

19.3.2.1 智能生产环节

通过自主研发及技改，公司目前拥有砼肥罐上料系统、破包机、圆盘刮料器、自动封包

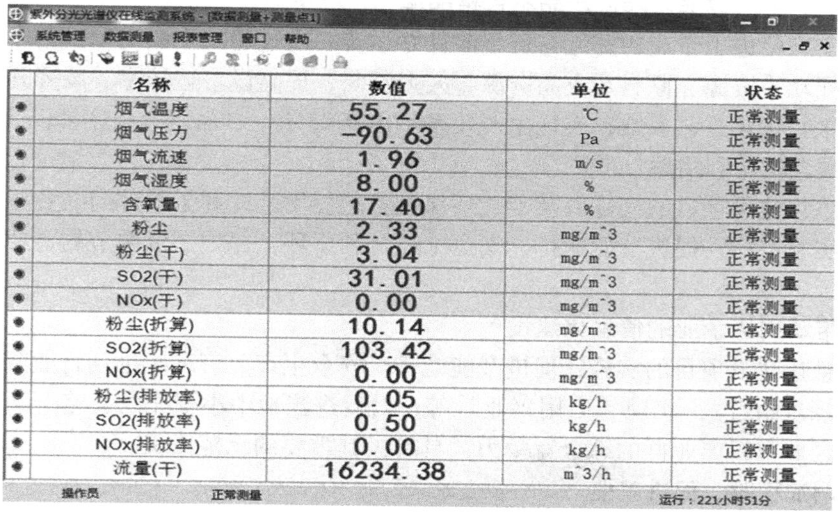

名称	数值	单位	状态
烟气温度	55.27	℃	正常测量
烟气压力	-90.63	Pa	正常测量
烟气流速	1.96	m/s	正常测量
烟气湿度	8.00	%	正常测量
含氧量	17.40	%	正常测量
粉尘	2.33	mg/m^3	正常测量
粉尘(干)	3.04	mg/m^3	正常测量
SO2(干)	31.01	mg/m^3	正常测量
NOx(干)	0.00	mg/m^3	正常测量
粉尘(折算)	10.14	mg/m^3	正常测量
SO2(折算)	103.42	mg/m^3	正常测量
NOx(折算)	0.00	mg/m^3	正常测量
粉尘(排放率)	0.05	kg/h	正常测量
SO2(排放率)	0.50	kg/h	正常测量
NOx(排放率)	0.00	kg/h	正常测量
流量(干)	16234.38	m^3/h	正常测量

图 19-7　烟气在线监测系统

系统、成品机械手码垛、二维码扫码系统、DCS 等智能化设备与系统，实现机器替人，已申报了发明专利与实用新型专利 10 余项，节省一线员工 90 人。同时减轻了员工劳动强度、改善了工作环境、有效避免了安全事故的发生、提高了产品产量与质量，公司的机器替代率超过行业平均水平。

19.3.2.2　智能仓储物流环节

为提供公司供应链管理水平，方便仓库管理，降低物流成本，提高运营效率，公司建设了依托 SAP 系统的智能物流平台，对现有业务流程进行优化。通过智能物流，直接将产品从工厂送到二级商、终端、种植大户手中，减少经销商库存，节约装卸、二次运输成本，实现了公司与客户的双赢。

19.3.2.3　智能服务环节

遂平史丹利公司建有河南省中小企业公共服务示范平台，结合 CRM 系统，打造“互联网 + 农业”新模式，通过建立示范田，召开种植大户会议，帮助农户策划施肥方案，按用户需求提供个性化肥料定制、生产、服务等农化服务，产品销量明显提高、客户满意度提升至 100%。经过市场调研、考察发现，凡是有农化服务的地方，肥料的销量就好。通过高质量的农化服务可以在农户那里建立黏性，利于新产品的推广。

19.3.3　改善的关键指标项

19.3.3.1　降低生产运营成本

由于生产过程中采用了智能化管理和智能化控制，其生产成本、安全风险大大降低，产品成本在原有的生产成本基础上下降了 11%。

19.3.3.2　缩短产品研制周期

该项目实施后，使产品全生命周期的各个阶段中有关的人/组织、经营管理和技术三要素及其业务流、信息流、物流和资金流四流有机集成并优化运行，缩短原辅料采购周期，加之 DCS 智能控制系统及智能化设备的采用，产品研制加工周期缩短了 30%。

19.3.3.3　提高生产效率，降低产品不合格品率

该项目实施促进了企业物资流与资金流良好运转。通过建立企业生产数据库分析控制系统，合理调配动力资源、原料及成品资源、人力资源，提高设备运转率、装置开工率，提高工艺操作水平，优化工艺参数，实现生产效率了提高 25%，产品不合格率降低 30%。

19.3.3.4　提高能源利用率

公司信息化建设项目的实施以及节能环保设备的使用，有利于各部门、各车间、各班组能耗数据的实施监控，促进节能减排、安全生产，利于环境保护、资源节约，使公司的能源利用率提高了 10%。

19.3.3.5　带动周边企业的信息化建设

公司信息化建设项目的实施，促进节能减排、安全生产，有利于推动行业智能化、信息化和"两化深度融合"，实现"以用兴业"等；对促进当地中小企业的战略升级，提升遂平县乃至周边区域肥料产业群的综合竞争力，具有极其重要的示范意义。

19.3.3.6　增加税收、促进就业

智能信息化应用后，高塔智能工厂生产的复合肥，配合滚筒、掺混车间生产的复合肥实现销售收入 4 亿元，实现利税 8 千万元，为当地增加了 100 多个不同类别的就业岗位。

19.4　总结

经过多年的实践与探索，遂平史丹利公司在工厂的过程控制、生产执行、经营管理等智能化方面已经奠定了良好的基础，取得了许多宝贵的经验，有着较强的可成长性的空间。主要体现以下几个方面：

1）鉴于目前砼肥罐上料系统、大料锅智能刮料器、智能码垛机器人、二维码扫码和全自动包装机在包装线的成功应用，可以将其向其他业务简单、重复性较强的领域进行扩展、复制，如仓储、物流领域等。

2）将信息化引入工程项目管理体系，将研发管理的思想融入 IT 系统，实现"流程为本、IT 支撑"，使 IT 系统成为支撑产品开发的"高速公路"，确保研发管理流程的有效落地和固化，提高流程的可操作性，真正提升研发管理水平。

3）实施智能制造项目过程，对于员工来说是一个查找工作漏洞的过程，因此公司要定期收集员工关于智能制造项目的建议与想法，鼓励员工提出合理化建议与金点子，针对问题给出可行性的建议或意见，这些都有利于更好地开展项目。

第 20 例

新乡化纤股份有限公司　年产2万t超细旦氨纶纤维智能工厂

20.1　简介

20.1.1　企业简介

新乡化纤股份有限公司（以下简称新乡化纤）始建于1960年，国有控股上市公司，是我国生产纺织原料的大型企业。主导产品包括"白鹭"牌再生纤维素长丝（粘胶长丝）、再生纤维素短纤维（粘胶短丝）、氨纶纤维三大系列上千个品种。粘胶长丝生产能力在全球同行业中居第一位，国内市场占有率达24%，是国内第一家粘胶长丝连续纺产品生产企业，拥有世界最大的粘胶长丝连续纺生产线和当今国内最先进的连续聚合干法纺丝氨纶生产线。自主品牌"白鹭"牌产品，荣获国际环保生态纺织品的认证，产品畅销国内并远销西欧、北美、亚洲等十几个国家和地区，为我国化纤工业的发展做出了较大的贡献。

20.1.2　案例特点

年产2万t超细旦氨纶纤维智能工厂项目是新乡化纤建设的国内首个氨纶纤维制造智能工厂项目，属医药、民生领域。氨纶纤维是服装面料的重要原料之一，是制作高档服饰不可替代的新型纤维产品，不仅在纺织领域广泛应用，而且在医疗、汽车等产业领域正逐步推广运用，具有巨大的应用价值和市场潜力。

现有的氨纶纤维生产技术难以实现高品质纺丝液的制备、高密度纺丝和智能化卷绕，同时，氨纶纤维成品分拣包装和仓储主要通过人工完成外观检测、称重判级、分品种装箱，人工作业标准一致性差、工作强度高、差错率高。行业急需机电一体化的专用设备、智能仪表、先进控制系统和人工智能技术有机结合，通过控制系统去高效实时地执行，以提高生产效率。

新乡化纤依托行业基础，通过智能提升、联合创新、自主研发等渠道，重点克服了当前超细旦氨纶纤维生产技术难点：高度均匀的纺丝液（高聚物）制备技术、高密度纺丝技术、专用工程化生产装置、产品适应的生产流程与质量控制等问题。重点围绕氨纶聚合、纺丝、卷绕关键工序的三维数字化、工艺仿真，利用专用设备、智能仪表、先进策略控制系统，与人工智能技术、工业物联网、大数据进行有机结合，通过先进传感、控制、检测、物流及智能化工艺装备与ERP、MES等生产管理软件高度集成，建成国内首个超细旦氨纶制造智能工厂，实现从氨纶纺丝、分拣包装、仓储等流程提升生产效率和产品质量。

20.2　项目实施情况

20.2.1　项目总体规划

本项目自 2016 年 9 月开始进行总体规划、设计和建设，致力于从产品研发、生产、检测、分拣、包装、仓储物流、信息集成等各环节实现全生命周期的智能化，最终形成年产 2 万 t 超细旦氨纶纤维的生产能力。智能工厂的总体架构如图 20-1 所示。

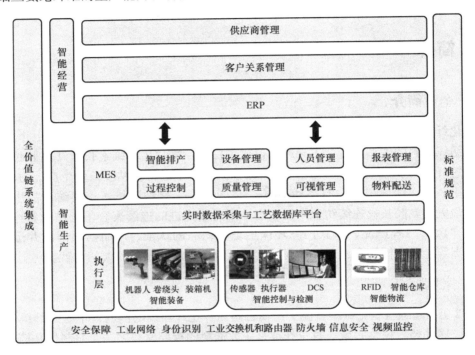

图 20-1　智能工厂的总体架构

总体架构主要涵盖了智能经营和智能生产两个方面的内容。通过 ERP、客户关系管理和供应商管理，将客户、供应商和企业资源有机结合，实现公司内外关系的统一协调，从而实现公司的智能经营。通过 MES、DCS、智能分拣包装系统和智能仓储物流系统，与智能经营系统对接，完成产品的智能生产。通过构建工业以太网、数据平台、安全保障体系，完成实时数据采集的同时，实现 MES 与 ERP 和 DCS 的高效协同集成，打通信息流，建立大数据平台，实现企业运营过程的实时质量数据分析和优化，为后续生产大数据、运营大数据的建设提供技术支撑。

通过 ERP 进行整个企业资源计划的管控，全面实现业务财务一体化、供应链管理、生产制造管理、仓储物流管理和产品研发系统管理，实现智能经营。以 MES 系统为核心，一方面通过 RFID、条码等数据采集装备进行产品特征数据的采集，实现产品的质量追溯，降低不合格产品的流出和减少召回造成的损失。另一方面通过由智能传感器及仪器仪表、DCS 和 PLC、现场执行器等组成的过程控制系统，完成产品的智能化生产。最后通过由工业机器人、RFID、条码、位置传感器、称重机、堆垛机、输送机等构成的智能分拣包装线和新型高效立体仓库，完成产品的智能分拣、包装、物流、仓储，可极大地提高工作效率和产量、减少工序间的等待、提高产品的物流顺畅度、满足全流程信息化要求。智能工厂信息流构成如图 20-2 所示。

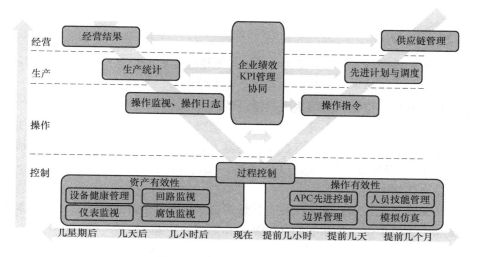

图 20-2　智能工厂信息流构成

通过 MES 与 ERP、产品研发、智能生产、智能分拣、智能仓储等的无缝对接，进行生产计划、生产准备、物料管理、设备运维等的管理，降低企业运营成本，提高企业的核心竞争力。

针对本项目，以 MES 中心，智能工厂的信息集成可以从 ERP 到 MES 的系统集成、MES 到 DCS 的集成，以及设备和系统端到端的集成三个维度来实现系统的一体化信息贯通和集成，提高生产制造过程信息化及集成水平，从而实现生产制造过程的信息跟踪、优化控制和精细管理。智能工厂信息集成方案如图 20-3 所示。

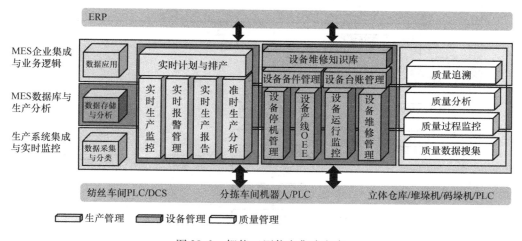

图 20-3　智能工厂信息集成方案

在聚合生产工序中，引入人工智能技术，开发出聚合智能控制系统，通过对过程数据的大量采集，不断进行自我学习和优化控制参数，满足超细旦聚合液对指标参数和一致性的更高要求，解决常规自动控制遇到的难题；在智能分拣包装线上，开发氨纶丝饼外观缺陷视觉识别的人工智能技术，实现产品的机器自动化分级，以代替大量人工，实现高品质氨纶纤维生产。

20.2.2 建设内容

本项目主要建设全球首个年产 2 万 t 超细旦氨纶纤维智能化工厂，使我国氨纶纤维行业在技术先进性、规模、经济效益等方面得到全面大幅提升。其主要建设内容包括：通过自研发或联合设计开发核心设备，实现重大关键设备的技术突破，满足生产超细旦氨纶丝的基本硬件要求。通过核心软件的自主开发，有针对性地服务于生产全过程，满足智能生产的功能要求。通过车间物联网，将生产过程数据、机器人数据、产品质量数据、产品物流数据等进行收集整理。最后 MES 将以上各部分进行集成，实现生产全过程的智能化。

20.2.2.1 聚合工序

采用连续聚合工艺技术，工序流程包括预聚合、聚合、加注扩链剂、加注添加剂等。聚合工序主要将二苯基甲烷二异氰酸酯（MDI）和聚四亚甲基醚二醇（PTMEG）以 1.7:1 的比例在一定反应温度和时间条件下形成预聚物，经与溶剂 DMAC 混合溶解，再加入扩链剂进行链增长反应等，形成均匀一致的纺丝液。聚合、纺丝和卷绕工艺流程方框图如图 20-4 所示。

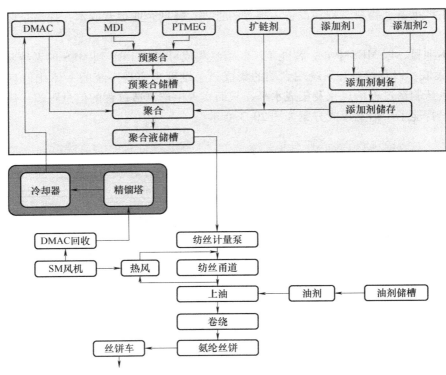

图 20-4 聚合、纺丝和卷绕工艺流程方框图

20.2.2.2　精制工序

精制工序采用高产量、高品质、低能耗、低污染的技术方案。接收纺丝工序冷凝而来的液态 DMAC，经蒸馏塔蒸发掉其中的水分并除去杂质，再经过离子交换系统，物料的各项工艺指标均达到聚合可以使用的标准，放入聚合工序的 DMAC 贮罐中重新使用。

20.2.2.3　纺丝工序

纺丝工序流程包括计量、喷丝、甬道内溶剂蒸发、上油等。主要将聚合制得的纺丝液用计量泵定量、均匀地送往喷丝板，纺丝液从喷丝板的孔中喷出，形成细流，在高温的甬道内溶剂蒸发，细流凝固，形成氨纶丝条后送至卷绕工序。

20.2.2.4　卷绕工序

卷绕工序主要是将纺丝工序送来的氨纶丝条，经上油后在卷绕装置上卷绕成形，形成氨纶丝饼。卷绕工序监控图和效果图如图 20-5 所示。

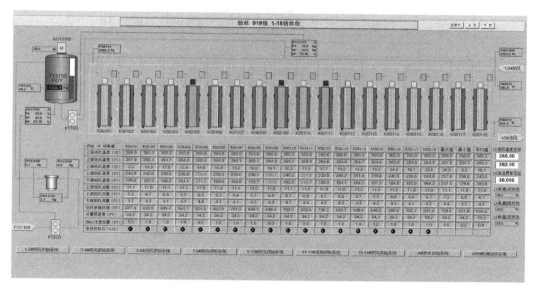

图 20-5　卷绕工序监控图和效果图

20.2.2.5　智能分拣包装生产线技术

分拣包装工序主要包括：丝饼分离称重工位、丝饼定位分拣工位、装箱工位、纸箱准备工位等。智能分拣包装工艺流程如图 20-6 所示。

20.2.2.6　新型高效立体仓库

新型高效立体仓库的具体功能包括产品输送、产品入库、尾盘入库、产品出库和空托出库共五个部分。其网络架构图如图 20-7 所示。

20.2.2.7　MES

MES 向上与 ERP 整合，向下与 DCS、智能分拣包装控制装置和新型高效立体仓库控制装置相连，是指挥生产、设备、仓储、物流的中心环节，是整个智能工厂生产制造的执行中心。本项目 MES 系统功能架构和信息流如图 20-8 所示。MES 系统功能架构按功能划分，可分为数据采集网络系统、应用管理子系统、软件平台。作为核心管理平台，MES 主要依托实时历史数据库以及工业以太网通信网络，集中对纺丝车间、智能分拣装箱线、新型高效立

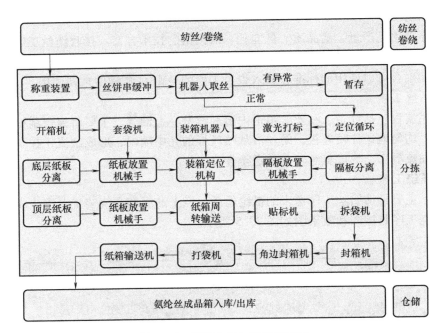

图 20-6　智能分拣包装工艺流程

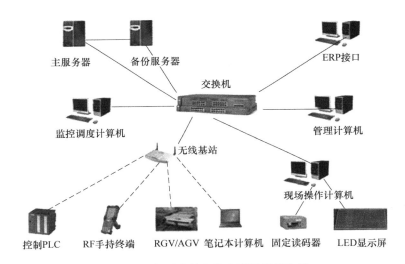

图 20-7　新型高效立体仓库网络架构图

体仓库等进行统一管理,开发生产管理、设备维护、质量管理、计划管理、物料管理等多方面功能模块,为实现智能生产提供保障。

20.2.2.8　ERP

ERP 位于整个企业管理的最顶端,是智能工厂的制高点。新乡化纤早在 2004 年就建立了 ERP 系统,涵盖了供应商管理、采购管理、销售管理、客户关系管理、人力资源管理、库存管理、质量管理和财务管理等业务模块。项目在原有 ERP 系统的基础上进行新的升级改造。ERP 系统模块图如图 20-9 所示。

利用 ERP 系统的强大平台,开发适用于氨纶生产的应用模块,新增氨纶产品基础数据

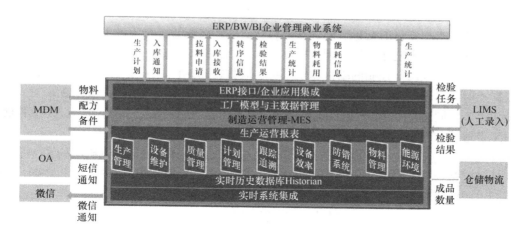

图 20-8　MES 系统功能架构和信息流

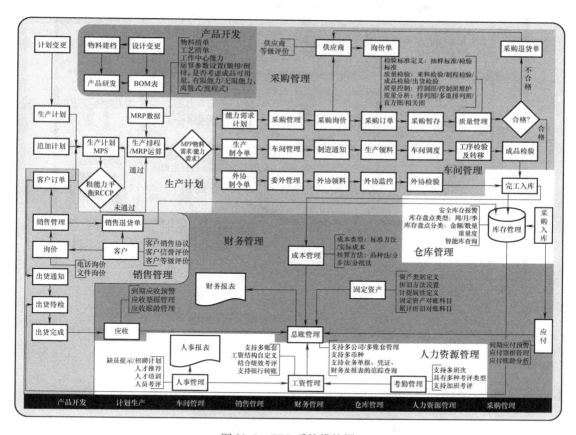

图 20-9　ERP 系统模块图

库，改变成本核算模式，优化业务流程，实现码单系统与 K3 系统无缝衔接，产成品从入库到出库业务流程更加规范化，从而实现完善的智能经营。在此基础之上，将 MES 与 ERP 系统进行有机融合，开发氨纶生产计划模块，实现与智能制造执行单元进行充分的集成和软件开发，构成完整的智能制造工厂，使得新乡化纤的综合管理水平得到提升。

20.2.2.9　DCS

根据工艺要求和项目的配置需要，本项目纺丝生产线配置了最前沿的 DCS。DCS 作为纺丝车间的控制核心，由遍布现场的智能检测传感器、在线检测仪表等采集最底层的生产实时数据，通过工业以太网等控制网络传输至系统实时数据库；控制系统在对相关数据进行分析后，根据控制目标，自动确定控制策略和动作，发布命令至现场执行元件或装置，完成纺丝的自动化生产。同时 DCS 向上接收 MES 指令信息，并将相关数据上传到 MES，完成智能工厂的网络贯通。

DCS 集成了先进的过程信息集成平台和相关应用，其一体化的系统基础结构和一系列的应用软件可以帮助从控制室的操作员到生产厂长及时获得需要准确决策的信息和数据，同时可以协同不同部门的人员工作，减少过程波动或停车造成的损失，例如现场操作员与控制室操作员的协同，设备维护人员和工艺技术人员的协同，调度人员和操作员的协同等。DCS 结构如图 20-10 所示。

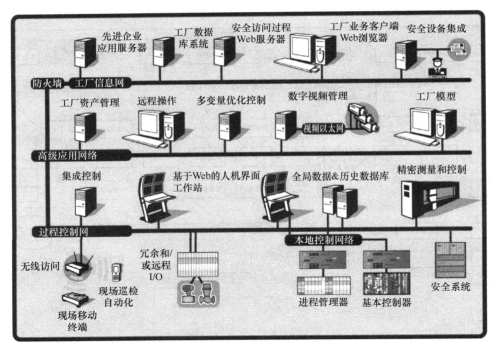

图 20-10　DCS 结构

20.2.3　实施途径

年产 2 万 t 超细旦氨纶纤维智能工厂项目的实施分为五个阶段：项目立项、调研阶段，关键技术研发及技术准备阶段，项目设计制造阶段，安装调试阶段，项目总结及验收阶段。具体实施内容如下：

20.2.3.1　项目立项、调研阶段（2016 年 9 月至 2017 年 2 月）

根据项目需求，项目联合体成员单位对项目进行技术调研、检索，提出项目工艺方案。提出"年产 2 万 t 超细旦氨纶纤维智能制造新模式应用项目"智能经营和智能生产规划，聚合纺丝卷绕工序的工艺方案、控制方案，以及关键装置的解决方案，智能分拣装箱和智能仓储方案。编制项目可行性研究报告并评估，立项备案。项目联合体成员单位签署合作协议。

20. 2. 3. 2　关键技术研发及技术准备阶段（2016 年 11 月至 2017 年 12 月）

1）研发"年产 2 万 t 超细旦氨纶纤维智能制造新模式应用项目"智能车间数字化建模和布局仿真技术，调研并确定信息集成方案。

2）研发氨纶连续聚合生产装置的工艺和核心设备，生产流程智能 DCS 的组态与应用软件编程、120 头/位高密度纺丝装置和 40 饼背靠背智能卷绕装置，及其试运行及专用软件，进行聚合智能控制系统的软件开发。

3）进行高速大容量输送与分拣成套装备、落丝自动称量装备、不合格品剔除系统、信息追溯系统（采用电子标签、条码采集系统）、丝饼拨叉水平伺服定位系统、氨纶丝饼六轴关节型机器人分拣系统、氨纶定位隔板分拆及装箱系统、丝饼缺陷视觉识别的人工智能技术研发。

20. 2. 3. 3　项目设计制造阶段（2016 年 11 月至 2017 年 8 月）

1）进行总平面设计、原料储存及公用工程设计。

2）进行聚合纺丝卷绕部分的工艺流程设计、控制系统设计，并制造聚合纺丝卷绕工序的装置、设备、控制、通信部件。

3）分拣包装及仓储部分的工艺流程设计、控制系统设计，并制造分拣机器人等设备。

20. 2. 3. 4　安装调试阶段（2017 年 9 月至 2018 年 12 月）

现场安装相关设备、装置，并进行单机调试、联机调试。

20. 2. 3. 5　项目总结及验收阶段（2019 年 1 月至 2019 年 6 月）

项目联合体成员单位对氨纶智能化制造项目进行总结验收，巩固项目中智能化制造技术在氨纶生产中应用的成果，总结项目中技术方面的不足，并明确分工进行完善。

20.3　实施效果

20.3.1　项目标志性建设成果

本项目建成后，成为国内自动化程度最高的氨纶制造智能工厂，实现生产环节的产品信息全追溯。项目实施区域生产效率提高 50% 以上，运营成本降低 24.28%，产品升级周期缩短 50%，产品不合格品率降低 57.1%，单位产值能耗降低 14.19%，仓储环节效能是传统仓储方式的 2 倍以上，并在以下几方面获得重大突破：

1. 氨纶聚合智能控制系统

联合体成员单位经过多年的研究、开发及实践，在 DCS 基础上，首次采用先进控制技术 APC，使用多变量预测控制器（Profit Controller）中的区域控制及漏斗技术、前馈响应调节、目标优化、在线增益修正等技术和软测量模型开发工具（Profit SensorPro & Lab Update）的数据分析和软测量建模工具技术，针对聚合生产工艺的特殊要求，通过构筑控制模型和试验仿真，开发出氨纶聚合智能控制系统。

系统内置有自主研发的工艺专利技术，并与流程模拟软件集成，解决了聚合物合成中多变量、大滞后对品质的影响，实现精准控制聚合反应，满足了纺制超细旦氨纶丝对聚合液品质的要求，实现了后道加工（染整、定型等）后丝的强度不降低，可实现工艺设计、控制、优化和装置最佳化的综合应用，且都是已经实践证明成功可靠的解决方案。聚合简易控制模型如图 20-11 所示。

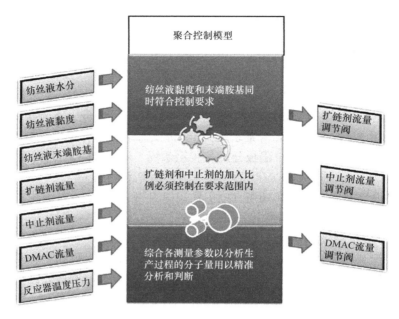

图 20-11　聚合简易控制模型

在聚合生产工序中，引入人工智能技术，开发出聚合智能控制系统，通过对过程数据的大量采集，不断自我学习和优化控制参数，满足超细旦聚合液对指标参数和一致性的更高要求，解决常规自动控制遇到的难题。聚合智能控制系统实施前后对比如图 20-12 所示。与传统 DCS 控制相比，PV 标准差减少 50%，阀门移动距离减少 43%。

2. 120 头/位高密度纺丝装置

本项目自主开发出世界首台套 120 头/位高密度纺丝装置，解决纺丝液分配管路过多、占地面积过大、甬道温度分布不匀的难题。该装置采用科学的喷丝组件分布，在同样的面积内分布的组件数量由 80 个增加到 120 个；用溶体分配板代替原分立管路连接，大幅度减少泄漏和连接故障，由 DCS 实现自动控制，气动执行元件完成溶体分配与组件的分离连接，实现了全自动操作。

该装置的纺丝速度达 1000m/min，使得本项目在超细旦氨纶的专业化生产技术上达到同行业世界领先水平，具备较大领先优势，且已经实践验证。

3. 40 丝饼背靠背智能卷绕装置

自主开发的世界首台套 40 丝饼背靠背智能卷绕装置，以 PLC 为控制平台，采用一拖二驱动、丝饼直径实时自动检测、接触压自动控制、成形自动修正技术，生产过程全部智能化，可以实现自动切换、卷绕数据智能采集和分类应用。同时该装置接入智能制造系统，可对氨纶丝品种、产量、运行效率和无故障时间等参数进行数据采集并将数据输入数据库平台，方便进行运行状态分析。

该装置实现了单个卷绕头 40 丝饼，而行业平均水平为 20 丝饼，从而使得每个纺丝位能

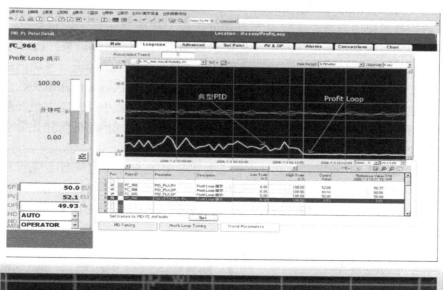

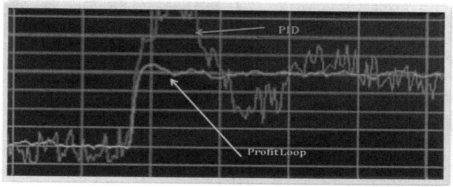

图 20-12 聚合智能控制系统实施前后对比

够同时生产 120 根丝，生产效率提高 50%，单位产品能耗降低 14.19% 以上，而且产品成形和产品性能均匀一致性达到最优，大量节约占地面积、厂房面积、生产能耗和投资成本。40 丝饼背靠背智能卷绕装置如图 20-13 所示。

图 20-13 40 丝饼背靠背智能卷绕装置

4. 氨纶丝饼表面缺陷视觉识别系统

在人工智能技术应用方面，主要是在自动分拣线上集成智能视觉识别系统，在分离抓取、放置的过程中，视觉识别系统对氨纶丝饼的表面进行 360°图像采集。通过专门开发的图像识别软件对采集上来的数据进行对比校验，对氨纶的一般性缺陷进行自动识别，如：出绕、偏管、断头、污染、跳丝、成形不良等。视觉系统通过与执行机构通讯和数据库的数据交换，自动完成合格丝饼的分拣和缺陷产品的剔除。在运行过程中，随着大量经验数据的不断积累，系统可以不断自我学习，不断修正比对标准，从而实现产品的智能化分级。

5. 新型智能分拣包装装备

新乡化纤从 2015 年开始探索智能分拣包装技术，并逐步在新建项目上完善和推广，但国内行业尚无厂家建设智能分拣装箱线。本项目在国内氨纶行业中首次采用新型智能分拣包装装备，开发出氨纶丝饼表面缺陷视觉识别系统，在国内外具有领先水平。图 20-14 为智能分拣包装设备。

图 20-14　智能分拣包装装备

根据氨纶丝品种规格多的产品特点，分拣称重机器人可以按设定程序，自主决定抓取丝饼个数，自动对丝饼进行称重，自动按设定数量组合摆放，使工作效率大幅提高。装箱机器人，可以按设定装箱参数，自动抓取特定丝饼，自动摆放入箱，使装箱速度大大提高。

6. 新型高效立体仓库

氨纶产品产量大、品种多且库存占地多，出库配货时间长，差错率高，不能大量收集与质量有关的数据，从而不能对聚合、纺丝、卷绕和分拣包装的相关参数进行及时有效的分析和调整，影响产品质量的进一步提高，迫切需要采用新型自动化仓储装备。本项目新建具有世界先进水平的新型高效立体仓库，实现自动存储和自动化管理，实现信息化贯通。

本项目库存能力为 9600t，货架区共能够布置 30 列、32 排、10 层货架，共 19200 个托盘位，配置 8 台双伸位有轨巷道堆垛机、3 台码垛机器人、1 台双工位直轨式自动分配车（RGV）。

7. 智能制造系统的集成

对 ERP 系统、MES 和底层生产过程控制系统（DCS、PLC 等）进行信息化集成，自主开发相应的核心管理软件，实现信息的上通下达，从而构建完整的智能制造系统，是建设智能工厂的难点。利用现有 ERP 和 DCS 平台，新开发氨纶 MES，通过工业以太网络，将各个信息孤岛进行集成，实现大数据的互联互通，最大化地发挥信息化优势，最终实现智能化经营和智能化生产的有机整合。

20.3.2　改善的关键指标

通过本项目的建设实现氨纶纤维生产智能化的路径、方法探索与实践，为以后新上项目和改造已有生产线提供技术路线，使我国氨纶纤维行业的技术先进性、规模、经济效益得到全面大幅提升。项目实施后氨纶纤维生产水平与国内外技术水平对比情况见表 20-1。

表 20-1　技术水平对比

指标	本项目建设情况	国内行业情况	国际先进情况
氨纶工艺模拟和仿真系统	建立超细旦氨纶聚合、纺丝、卷绕工艺模型，计算机仿真优化设计模型，使用多变量预测控制器中的区域控制及漏斗、被控变量"性能比"、前馈响应调节、目标优化、在线增益修正等技术，解决聚合物合成中多变量、大滞后对品质的影响，实现精准控制聚合反应，满足纺制超细旦氨纶丝 5D 对聚合液品质的要求，并为后道加工（染整、定形等）留下了足够的加工窗口	众多参数根据经验人工设置，进行 PID 控制。纺丝液聚合度和黏度指标误差大，一致性差，不能满足纺制超细旦氨纶丝 5D 对聚合液品质的要求	超细旦氨纶聚合、纺丝、卷绕工艺模拟，计算机仿真优化设计，使用多变量预测控制器中的区域控制及漏斗技术等技术，满足纺制超细旦氨纶丝 5D 对聚合液品质的要求
120 头/位高密度纺丝技术	120 头/位	目前国内多采用 60 头及以上纺丝，最先进的为 80 头	80 头/位
40 丝饼背靠背智能卷绕技术	40 丝饼/台	20 丝饼/台	20 丝饼/台
产品分拣、仓储物流	智能分拣、自动装箱，新型高效立体仓库，实现产、质量追溯功能	人工分拣装箱，人工或车辆搬运	智能分拣、自动装箱，立体仓库，实现产、质量追溯功能
ERP、MES	ERP、MES 与现场设备、仓储物流集成	—	ERP、MES 与现场设备、仓储物流集成

通过关键短板设备突破、核心技术应用示范、人工智能与大数据技术应用大幅提升氨纶生产质量与效率，从效率、成本、迭代、能源资源利用效率等方面，进行项目实施前后指标自行对比，收集各考核指标数据并对比分析，得出考核指标改善数据见表 20-2。

表 20-2　考核指标改善数据

指标分类	达成目标
生产效率	提高 50%
运营成本	降低 24.28%
产品升级周期	缩短 30%
产品不合格品率	降低 57.1%
单位产值能耗	降低 14.19%，单位产品能耗由 0.4516t 标煤降低到 0.3011t 标煤根据最新的氨纶清洁生产标准，Ⅰ级指标为 1.06t 标煤

20.3.3 项目实施对行业的影响和带动作用

纺织行业面临转型升级的严峻形势，新乡化纤将氨纶纤维智能生产模式作为发展方向，通过新上高质量先进制造项目，逐步淘汰落后技术与产能，实现转型升级。

本项目在国内氨纶行业中首次运用优化的连续聚合工艺，通过高速高密度（120 头/位，全球首套）干法纺丝技术与 DCS 相结合，采用 MES、先进控制技术（APC）等数字化信息技术，并应用工艺质量管理程序（PQM），建成了一套氨纶生产全流程数字化工艺模型，可以根据客户不同需求，利用专业化的技术水平，生产高强、高伸、高回弹和耐氯、耐高温及经编专用等氨纶超细旦产品。

该生产线整体领先水平，可以做到在成本不高于常规产品的情况下，生产超细旦氨纶纤维，大幅提升投入产出比。同时，本项目生产线积极采用绿色制造技术，在精制区装有自主开发的二甲基乙酰胺（DMAC）深度回收装置，既减少了固废排放，又回收了部分 DMAC，有利于提升氨纶纤维行业绿色发展水平。

本项目的实施，将是我国乃至全球氨纶产业发展的重大突破，对提升我国氨纶纤维生产行业生产流程智能制造，具有引领和示范作用，并产生较好的经济效益和社会效益。

20.4 总结

智能化工厂是新乡化纤在国内氨纶纤维生产中的首次实施与应用，在项目实施方面无成熟经验可借鉴，实施过程中遇到许多难以逾越的困难和艰巨的挑战，为了把项目实施好，使项目达到预期目标，项目建设单位采取了以下措施：

1）认真做好项目前期调研、考察。为了做好年产 2 万 t 超细旦氨纶纤维智能制造新模式应用项目，新乡化纤邀请国内氨纶行业、智能制造行业专家对国内相关行业进行了认真的调研和考察，访问了国内相关行业的大学、研究院所、生产企业、装备生产基地。在调研考察基础上，经过反复交流、谈判，与国内多家行业顶级单位结成年产 2 万 t 超细旦氨纶纤维智能制造新模式应用项目实施联合体。项目牵头方和联合方分工及职责明确，共同保障项目成功实施和应用。

2）共同组建联合体工作小组。新乡化纤为工作小组组长，负责在项目中总体协调管理。制定联合体工作制度，实行工作小组例会制，定期召开会议，确认各阶段工作的完成情况，保障项目能够顺利进展。

3）实施过程中，坚持以项目实施方为主体，充分利用联合体成员的互补优势资源，共同开展技术攻关和人才培养。安排操作人员到制造装备系统集成及软件开发单位进行培训，掌握氨纶生产系统、智能分拣及仓储装备系统的使用和维护技术。在项目调试、试生产阶段，制造装备系统集成及软件开发单位安排技术人员到项目现场，收集实际生产反馈，不断改进和优化项目内容，并对项目经验成果及时总结，促进项目成果进一步的大范围推广应用。

第 21 例

昊华骏化集团有限公司　两化深度融合引领企业管理转型升级

21.1　简介

21.1.1　企业简介

昊华骏化集团有限公司（以下简称昊华公司）是高端新型生物有机肥料、基础化学品、精细化学品、环保化学品、新能源、新材料、环境工程和环境科技制造商和服务商，集科研、生产、销售与服务于一体的现代化企业。昊华公司秉承"以客户为中心，服务为根，以奋斗者为本"的核心价值观，大力培育"工匠精神、创新精神、契约精神"，不断完善管控手段，持续推进管理变革，实施卓越绩效管理，不断实施技术创新、产业升级和节能降耗，增强企业盈利能力和核心竞争力。昊华公司在新型高端生态有机肥、清洁能源化学品、材料化学品、环保化学品、环境工程和环境科技等产品研发、制造、服务上走在国内前端。

21.1.2　案例特点

昊华公司以信息化与工业化深度融合为抓手，逐步提升公司研发、生产、管理与营销方式。引进和应用智能装备和智能生产线，推进重点领域制造过程智能化，秉持"制度流程化，流程表单化，表单电子化，管控信息化，工厂智慧化"管理理念，用现代信息化管控手段改造传统产业，构建公司管控运营体系，促进"研产供销"集成一体化。昊华公司以工匠精神与智能化手段确保产品高质量、服务高品质和生产低成本的实现，结合电子商务、大数据等技术手段满足对客户的高效高质承诺，全方位打造公司核心竞争力。对内推动运营模式、管控方式转变，对外推动商业模式、服务模式创新，深化管控手段变革，通过信息化建设支撑企业战略，为昊华公司管理变革，实现绿色、智能制造奠定坚实的基础。

21.2　项目实施情况

21.2.1　项目总体规划

昊华公司以发展战略目标为导向，将智能化改造与企业两化融合深度应用精密结合，从信息基础设施、生产自动化、安全生产管控、高效经营管理以及智能决策支持等不同层面进行整体规划，并根据总体规划，分步实施，持续改进，稳步推进企业智能制造整体发展；以生产厂区各车间信息通信及生产设备为支撑，积极推进企业信息化与工业化融合建设，不断优化生产工艺流程和管理经营模式，不断探索适合本企业的发展模式。智能工厂总体规划如图 21-1 所示。

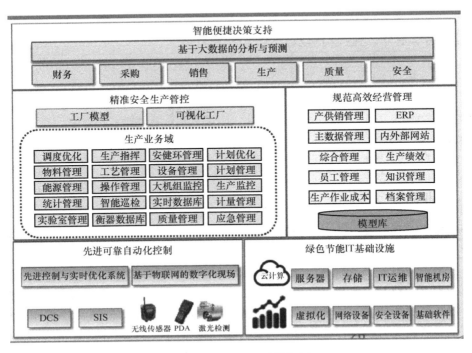

图 21-1　智能工厂总体规划

昊华公司通过四个方面建设打造企业智能工厂：①以 MES 中心，以 DCS 生产操作控制系统、ESD⊖一键停车安全保障系统、设备振动在线监测系统、摄像监控系统、无组织排放监测系统、流量监测控制系统六大管控手段为基础，实现生产制造智能化。②以电子招标采购网为中心，辅以物料统一编码、网上申报计划、原料煤入库和验质条码系统、ERP 系统，形成备件物料智能采购平台。③以电子商城为中心，配合 CRM、呼叫中心、TMS 物流信息系统、成品物流条码，打造企业自主电商销售平台。④以 ERP、MES、条码系统，辅助决策系统集成为基础，实现公司生产运营透明化，打造企业大数据，形成企业管控大数据平台。

21.2.2　建设内容

1）昊华公司以"互联网＋"方式改造传统生产、流通服务环节，建设工艺流程数字化模型，实现生产流程数据可视化，模拟仿真优化生产工艺。

2）建立数据采集和监控系统，与控制系统有机结合，实现重点污染物排放及重大危险源监控实现全覆盖。

3）建立设备全生命周期管理系统，实现设备预检预修。

4）建立能源计量管理系统，实现资源综合利用和能量梯级利用，合成氨综合能耗明显

⊖　ESD 为 Emergency Shutdown Device 的简写，译为紧急停车系统。

降低。

5）通过集中控制实现生产过程自动化控制，并结合 ESD 一键停车安全保障系统，在遇到突发事件时可以一键紧急停车，确保异常情况下人员和装置安全。

6）建立电商交易平台改变以往的销售方式，实现传统生产企业与互联网融合，寻求全新管理与服务模式。

7）通过采购综合管理系统，对采购环节进行过程监督与控制，杜绝人为干预，保证原料质量为 JIT 生产提供了有效支撑。

通过以上系统与 ERP、报表辅助决策系统等有效集成，打造昊华公司智能工厂。

21. 2. 2. 1　生产流程数据可视化建设

建立工厂工艺流程及布局的数字化模型，基于信息化系统建设实现对生产过程成本和能耗动态跟踪、量化管理。相关系统主要有 DCS、能源管理系统和物料计量管理系统。

1. DCS

DCS 构建能够实现生产过程自动化控制，对于稳定产品品质、减少对人工经验过度依赖、提高生产装置安全水平、降低员工劳动强度、减少用人、提高劳动效率等具有很大意义。在生产工艺控制方面，通过对生产过程温度、压力、液位、流量等生产数据远程自动采集和计算机集成显示，并与自调阀构成控制回路，调整控制各生产工艺数据在规定范围内。DCS 根据偏离正常参数程度设置闪烁、声音报警等提示，当参数出现异常时提示生产操作人员进行干预调节。设备互联拓扑如图 21-2 所示。

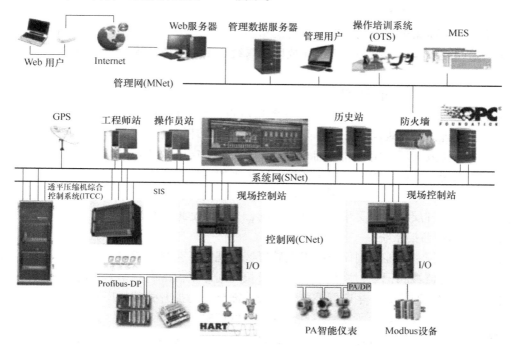

图 21-2　设备互联拓扑

DCS 建设使得正常生产时不再需要操作人员时刻看着计算机屏幕或从事简单的阀门开关、设备开停、巡回检查等工作。生产操作绝大部分工作能够在系统自动调节下完成，目前昊华公司 DCS 覆盖率达到 90% 以上，稳定率达到 87% 以上，后续仍将继续改进提升。

2. 能源管理系统

昊华公司能源管理系统以各种能源管网为对象，对二次能源系统如水、电、气、热等进行集中控制、管理和调度。能源管理系统以网络为纽带，以"采集、控制、信息"形成三位一体的整体解决方案，实现在线能源系统控制、预测和调度管理，对提升整个集团公司能源管理水平、调整优化能源结构和利用率、降低成本、改善环境、发展循环经济具有深远意义。昊华公司通过网状能源计量体系，全面监控企业能源消耗及管网运行情况，实现能源监测和计量自动化，达到信息共享、自动数据处理和分析的目标。通过基于信息系统的能源管理和考核，挖掘节能潜力，提高能源利用率，促进企业节能降耗增效，实现资源的综合利用和能量梯级利用。

3. 物料计量管理系统

物料计量管理系统实现了生产过程中生产原料、工艺介质、产品的精确计量，能够方便快捷地把控各种材料消耗情况，及时发现成本异常变化并组织人员进行检查处理，高效管控生产成本。同时，基于产品流和销售流数据的高效对接，实现产品从产品线到物流线再到客户的一次转运流程，降低物流成本。物料计量管理系统具备以下功能：①能够精确采集各生产过程中原材料消耗、成品半成品生产数据。②能够进行智能化数据分析，自动发现生产数据异常，并对数据异常原因进行分析。③实现数据传输和报警，并能在相应人员手机端展现。④物料计量管理系统同昊华公司现有 MES、ERP、条码等系统实现数据共享，实现产品一次装卸，降低物流成本。

21.2.2.2 安全环保管理系统建设

昊华公司建设了有组织和无组织排放监测系统、工厂摄像监控系统、ESD 一键停车安全保障系统等。

1. 有组织和无组织排放监测系统

昊华公司通过在厂区周边、厂内装置各排放点、易泄漏点周围安装污染源因子监测系统，有助于管理人员发现问题、处理问题，减少对周边环境的影响，降低生产成本，并为打造无泄漏、零排放工厂奠定管理基础。建立了覆盖全生产区域各有组织、无组织排放点污染源因子检测系统，可第一时间发现生产过程中出现的环境污染事件，第一时间采取控制处理措施，避免出现环保事故，避免造成公司财产损失。同时，污染源因子监测系统的建立有助于昊华公司各管理层级掌握昊华公司环保状况，方便快捷地管控环保工作。

2. 工厂摄像监控系统

工厂摄像监控系统能够确保及时发现装置区出现的工艺介质泄漏、突发性异常事件，并对生产过程进行监视和记录，满足不适合人员长时间停留但又有观察需要的区域监控、高塔及困难危险部位巡回检查、生产问题成因调查等需要，对提升管理效率具有重要意义。系统能够保证操作人员及时查看所需要信息，有效降低巡检频率和劳动强度，提升管理效率和质量。系统支持手机和计算机远程登录，具备自动存储、快速浏览和回放等功能。

3. ESD 一键停车安全保障系统

ESD 一键停车安全保障系统满足公用工程如水、电、气等故障或其他事故状态下的紧急停车，确保装置始终处于安全状态。在遇到公用工程故障、各种突发事故需要紧急停车时，可以实现一键停车，将相应生产系统安全停下来，改变原有生产人员需要到装置区进行停车作业的状况，避免异常情况下人员到生产装置区进行作业的不安全情况出现，确保人员和装置安全。

21.2.2.3　设备全生命周期管理系统

设备全生命周期管理系统实现设备预检预修，确保装置长周期稳定运行，包括设备振动在线监测、电子巡检等子系统。

设备振动在线监测子系统具备实时监测及发现故障、分析故障程度、提出检修建议和检修计划、故障设备跟踪、数据处理分析、远程使用和维护、故障设备跟踪报警、事故记录等功能。能够实时监控各关键设备运行状况，提前发现设备故障隐患，在出现设备损坏前进行检修，有效避免因设备故障发现不及时造成的维修费用增加、维修时间延长、设备财产损失和安全事故发生等情况。同时，该系统能够减少维保人员对经验和感知判断的依赖，实现设备管理科学化、高效化、精准化，通过数据积累掌握设备运行规律，实现设备预测性检修。昊华公司还扩展建设了涉及化工、电力、仪表乃至生产各环节的温度在线监测系统、绝缘在线监测系统、电能质量监测系统、噪声在线自动监测系统以及设备能耗在线监测系统等，通过多种手段确保各种设备良好运行和维保。

21.2.2.4　企业智能化管理决策平台

昊华公司建立了 ERP 系统、采购管理系统、销售发货管理系统、报表辅助决策等系统，基于原材料采购、生产、成品销售一体化协同信息反馈，实现企业经营、管理和决策智能化管理。

1. ERP 系统

昊华公司 ERP 系统覆盖了公司物资采购、库存、产品销售、人力资源管理、项目管理、财务管理等板块，实现了物流、资金流和信息流集成和集中管理，提高了资源管理效率。

1）在库存管理方面，通过对仓库及零配件的有效管理，物料查找、出入库业务效率提高了近一倍，寄销存模式的应用也大大降低了库存成本。

2）在生产计划方面，建立了年度、月度、周和天的四级滚动计划管理模式，实现了精确到时间、数量的详细进度计划，生产计划由原来频繁"每天变三次"降低到了四天不变。

3）在财务管理方面，实现了财务模块与其他各模块的高度集成，确保了财务信息的及时性和真实性，另外财务核算模式由二级核算改为一级核算，由原来的核算到分厂精确到直接核算到车间，确保了成本核算的及时性、准确性。

4）在数据管理方面，将涉及产品、财务、质量、生产、采购、销售、库存等各个方面的各种数据进行分类汇总，建立了 17 大类数据编码规则。

5）在业务流程方面，增强了业务过程的透明度，优化了业务流程，使整个业务过程变得透明和更加合理。

2. 电子采购招标系统

系统支持从采购项目立项、发布招标公告、公开报价、项目开标、电子标单打印、项目归档到电子订单生成及供应商评价等基于系统的快速生成，避免人为操作漏洞，体现公正、公平的采购管理理念。借助信息化手段在不同采购方法和策略中寻求符合公司需求的采购策略，加大供应商管理力度，利用互联网思维减少中间环节，借助可控透明公开等方式方法，支持企业以最低成本获得所需货品，实现采购价值最大化。如图 21-3 所示的原材料采购入厂流程，通过原料煤入库、无人值守地磅和验质条码系统，进行过程监督与控制，杜绝人为干预，保证原料质量。并最后汇总到 ERP 统一核算，有效加强战略原材料供货质量管控，为 JIT 生产提供有效支撑，实时跟踪查询昊华公司库存与质量信息，实现质量指标优化。

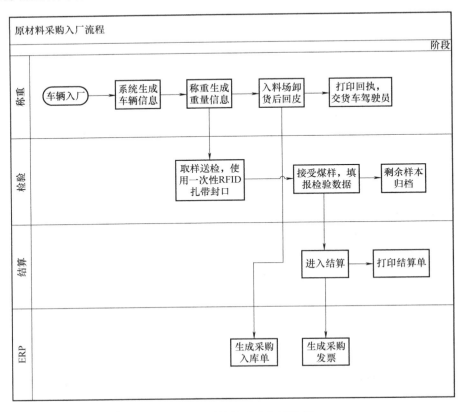

图 21-3　原材料采购入厂流程

3. 互联网 + 电商平台构建

昊华公司电商销售平台改变以往销售方式，拓展产品销售群体，促进销售模式变革，打造线上线下一体化互动式顾客服务模式。客户可通过网上商城会员注册，待审核通过后在商城下单购买所需产品，订单生成后通过成品物流条码系统、TMS 进行发货和过程跟踪，保证销售数据实时查询、跟踪及销售过程透明化，实现传统生产企业与互联网的融合。昊华公司借助信息技术创新管理与服务模式，为消费者提供更好的服务体验，实现公司可持续发展。

21.2.3　实施途径

2002 年昊华公司开始着手自动化建设，在该阶段昊华公司积极引进新技术与智能化设备，提高生产制造智能化水平，逐步完善 DCS 和 ESD 一键停车安全保障系统、摄像监控、设备振动在线监测、电子巡检等系统建设。

2005 年昊华公司开始 ERP 系统建设，企业进入了信息化管理阶段。在该阶段昊华公司继续完善基础自动化控制系统，先后引入有毒气体泄漏监测、污染源因子在线监测系统，提高 DCS 稳定率和自控率。同时建设并实施 MES 计量统计、能源管理系统（EMS）能源分析、成品物流条码系统和原料采购条码系统，实现生产、销售和采购各环节信息化管理融合，为后期信息化高度融合提供坚实基础。

2012 年至今，昊华公司一直致力于信息化与工业化深度融合，在产品研发、供应链管理、人力资源管理、财务管理、营销管理和物流运输等方面，大力开展信息化建设，继续推动公司信息化建设进程。同时，配合公司成品物流条码系统，实施物流信息化系统、网上商城系统、CRM 系统以及采购管理系统，充分利用线下资源优势，拓展线上平台，并将线下物流配送等业务流程进行线上管理，最终实现线上线下一体化。经过近十多年努力，昊华公司已初步在生产、供应、销售全流程环节实现智能化提升，后续计划在产品装卸、产品研发和生产经营辅助决策方面做进一步智能化改造提升。

21.3　实施效果

21.3.1　提升企业管控水平

昊华公司通过信息化全面实施，实现企业生产制造和经营管理智能化管控。通过生产过程数据自动采集、检测及判定，结合数据分析处理能力，实现生产过程自动控制，设备智能预警和防呆，减少人工并避免人为误操作，有效提高产品质量和生产（操作）效率。另外，信息化系统建设使昊华公司精简了组织机构，优化了业务流程，提高了工作效率，大幅度降低销售成本。同时通过信息系统使车间生产管理、客户资金账户管理、财务结算管理与销售调单管理等信息有机集成，实时、科学、准确、直观地反映出昊华公司产、供、销、存、财务两级核算以及人力资源等各项业务管理的实际情况，并及时监控和把握相关各部门的经营运作，极大地提高昊华公司整体基础管理水平，从而全面提升昊华公司的市场竞争力。企业信息化工业化深度融合应用使企业管理真正由经验管理逐步转变到科学管理轨道上来，企业管理手段和管理水平产生了质的飞跃。

21.3.2　经济效益良好

随着昊华公司信息化建设不断深入推进，公司越来越真切地体会到信息化所带来的巨大利好，主要表现在以下几个方面：

1. 改善工作环境，提高工作效率

以往员工都是现场操作，设备一旦出现问题就要跑到相应设备旁，手动调节阀门，工作环境中不但存在噪声污染，而且还有生命危险。目前昊华公司已建成东区集控室、西区集控室、造气集控室等一批大型集中控制室，这些集控室远离生产厂区，内设有饮水机、空调等，工作环境优越。

2. 降消耗，降成本，提高经济效益

从 2009 年深入推进两化项目至今，经济效益得到了显著提升，财务数据逐渐向好。昊华公司生产规模扩大了近一倍，2017 年的利润总额是 2013 年的 2.5 倍，员工人数没有增加反而减少。2013 年—2017 年昊华公司资产总额、利润总额和员工人数变化见表 21-1。

表 21-1　2013 年—2017 年昊华公司资产总额、利润总额和员工人数变化

项目年份	资产总额（亿元）	利润总额（亿元）	员工人数（人）
2013 年	115.83	0.8902	2870
2014 年	129.03	1.5063	2873
2015 年	117.28	1.5038	2871
2016 年	148.57	1.3137	2781
2017 年	153.8	2.21	2781

近年来昊华公司各产品生产成本逐年降低，其中 2017 年煤耗（原料煤和燃料煤）、电耗、蒸汽耗总指标分别是 1235kg/t、1196kW·h/t、886kg/t，均有大幅下降，2015 年获得合成氨和醋酸能效领跑者标杆企业称号，取得了良好的经济效益，达到了历史最好水平。近两年，昊华公司产销量逐年攀升，利税也逐年递增，为地方经济建设做出了巨大贡献，也赢得了较高的社会信誉度、荣誉度和顾客满意率。

21.3.3　社会效益显著

昊华公司 2015 年被列入工信部两化融合管理体系贯标试点企业，2017 年 4 月通过基于数字化控制的精益生产能力建设相关两化融合管理活动的认证，正式通过工信部两化融合管理体系贯标企业认证。2015 年获得河南省省长质量奖，通过省安监局"企业安全生产标准化"认证和省环保厅清洁生产审核，通过了 OHSAS18001：2007 职业健康安全管理体系、ISO14001：2004 环保管理体系认证，2015 年被国家安监总局列为"机械换人、自动化减人"示范单位。

21.4　总结

昊华公司在智能工厂建设中，明确建设目标、规划实施路线、制定实施策略、落实保障措施，顶层设计、全员参与，以业务需求为导向，立足于解决生产经营、发展建设和企业管理中的实际问题，避免形成新的信息"孤岛"。加快企业信息化与工业化深度融合，大力引进和推广应用智能装备和智能产品，推进重点领域制造过程智能化，促进"研产供销"集成一体化和智能管控。智能仪表、设备管理系统、工艺流程仿真系统投用后，生产装置稳定运行周期有效延长，设备计划检维率、检修质量明显提高，生产效率切实提高，运行成本显著降低，为实现全厂生产装置经济稳定运行奠定了基础。

在营销模式创新上，加快从偏重制造向制造、服务、创新并行转变，通过加强上下游产业链合作，充分利用好互联网工具，向精细化、集约化方向发展，成为绿色化学品制造商和服务商，由偏重生产经营向技术研发和经营服务转型。

新型绿色建材篇

第 22 例

天瑞集团郑州水泥有限公司　数据驱动引领
企业实现智能制造

22.1　简介

22.1.1　企业简介

天瑞集团郑州水泥有限公司（以下简称郑州天瑞水泥公司）由天瑞集团有限公司投资建设，是省市重点扶持的大型水泥生产企业。一期工程 12000t/d 熟料生产线，设计年产优质水泥 500 万 t，总投资 18 亿元，采用新型干法旋窑工艺、中央集中控制系统，全部自动化操作，核心设备均从国外引进，国内一流，也是世界上第一条单线生产能力最大、技术最先进的水泥生产线。自投产以来，已累计生产熟料 2164 万 t，生产水泥 2305 万 t，实现销售收入 62.26 亿元。水泥产量、质量和废弃物资源综合利用率等指标在国内处于领先水平，实现了节能降耗、绿色环保清洁化生产，达到国内先进水平。

22.1.2　案例特点

1）构建工厂智能点巡检平台，以标准体系、设备台账为基础，以点检为核心，以工单的策划、执行、分析、总结为主线，按照故障检修、预防性维护、状态检修、改进性检修等多种检修模式，对设备进行全生命周期管理，帮助企业轻松掌握资产状况，让企业资产物尽其用，在保证设备安全性、可靠性的基础上，最大限度地降低设备维护成本，提高投资回报率。

2）智能物流业务从 IP 端和移动端下单，通过票房自助机、门岗自助终端来排队、调度车辆，同时完成车辆的质检、化验、动向跟踪，最终通过建立的智能调度机做整个资源整合，提升企业进出厂的物流效率。

3）实现基于大数据的能源管理，便于企业探索节能诊断及预测、能源需求智能化响应等合同能源管理服务模式，通过加强能源需求侧管理，实现能源动态分析及精确调度，从而达到降低能源消耗，减少污染物排放。

4）从产品成本的视角实时地为管理者提供生产成本信息，为管理者市场决策提供依据；以生产线、班组为颗粒度进行日成本计算，分析成本波动，挖掘降低成本的潜力，分析影响成本的因素；以标准成本为标杆，实时地跟踪产品成本执行情况，提高企业对产品成本的管控能力。

22.2　项目实施情况

22.2.1　项目总体规划

1. 智能工厂项目蓝图

智能工厂项目蓝图如图 22-1 所示。

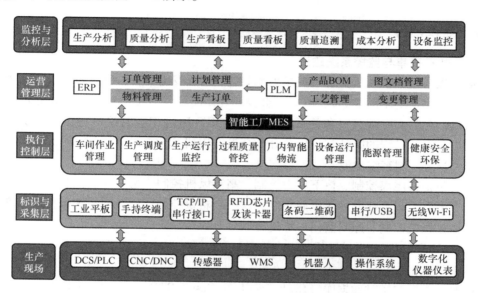

图 22-1　智能工厂项目蓝图

2. 智能工厂系统架构

智能工厂系统架构自下向上分为五层。

（1）设备层。包括传感器、仪器仪表、条码、射频识别、机器人等感知和执行单元，系统集成通过二维码、射频识别、软件、网络等信息技术集成原材料、零部件、能源、设备等各种制造资源。

（2）控制层。包括 PLC、SCADA 系统、DCS、工业无线控制系统（WIA）等。

（3）管理层。由控制车间/工厂进行生产的系统所构成，主要包括生产 MES 及设备生命周期管理软件等。

（4）企业层。由企业的生产计划、采购管理、销售管理、人员管理、财务管理等信息化系统所构成，实现企业生产的整体管控，主要包括 ERP 系统、SCM 系统和 CRM 系统等。

（5）网络层。采用局域网、互联网、移动网、专线等通信技术，实现制造资源间的连接及制造资源与企业管理系统间的连接，使产业链上不同企业通过互联网共享信息实现协同研发、配套生产、物流配送、制造服务等。另外在信息系统集成和互联互通的基础上，利用云计算、大数据等新一代信息技术，在保障信息安全的前提下，实现企业内部、企业间乃至更大范围的信息协同共享。

同时，智能工厂引入了包括供应链云平台、电子商务等服务型制造模式，使产品从生产、物流、销售和服务四个环节实现在线协同，使企业从主要提供产品向提供产品和服务转变，价值链得以延伸。

以 ERP 大平台为基础，针对本公司推进了一系列应用系统，并在原有系统的基础上根据下属公司应用情况进行了相应的自行开发，几乎覆盖了下属公司的所有业务，主要的应用系统如下：供应商与客户管理平台系统、采购管理系统、质量管理系统、销售管理系统、物流（一卡通）管理系统、资产（设备）管理系统、生产（MES）管理系统、工程项目管理系统、人力资本系统、财务核算系统。

22.2.2 建设内容

22.2.2.1 数据采集与监控系统建设

数据采集与监控系统负责采集现场生产 DCS、余热发电 DCS、电力系统（包括电量、电压、电流、功率、功率因素等）、电表、水表、气体流量、质量检测数据，并通过安全隔离网闸将数据保存到实时数据库和关系数据库中，MES 通过相应的接口程序调用实时数据库里的数据用于生产过程的统计和分析，分析结果上传到 ERP 层。

22.2.2.2 先进控制系统建设

窑系统包括窑尾煤控制、篦下压力控制、高温风机控制、窑头风机控制、电收尘冷却阀控制等；煤磨系统包括煤磨冷热风阀控制、煤磨喂料量控制；原料磨系统包括原料磨喂料量控制、窑尾排风机控制、原料磨出口温度控制等。

22.2.2.3 MES 和 ERP 系统建设

1. MES

采用业界先进的实时数据库（Real Time Data Base，RTDB），存储了生产 DCS 所有的实时数据，为企业的生产管理和调度、数据分析、决策支持及远程在线浏览提供实时数据服务和多种数据管理功能。MES 采用主流关系数据库 Oracle 11g 部署，并采集水、电、气、质检等数据到关系库，对 MES 的运行提供业务支撑。MES 主要包括生产过程监视、车间管理、安全环保、能源管理、过程质检管理、生产调度管理、计划管理等模块。与 ERP、SCADA 集成，协调管理，集中技术、集中计划、集中监控、集中绩效、集中对标，从而实现工厂管理、工厂监控、工厂检验、工厂调度。

2. ERP 建设

天瑞集团有限公司与用友公司深度合作，采用用友公司最新产品线 NC V6.5 平台，囊括了企业建模平台、应用集成平台、应用管理平台、配置开发平台，囊括了战略管理、财务会计、资金管理、管理会计、供应链、质量管理、电子商务、资产管理、项目管理、生产制造、人力资本、企业治理、商业分析等。ERP 与 MES 之间通过数据交换平台进行数据同步，保障了 ERP 与 MES 两个系统之间数据的同步。数据交换平台为 ERP 与 MES 进行数据交换的核心模块，需要配合企业服务总线（ESB）服务器和 MES 服务器相关配置使用，包含消息触发失败的数据二次下发、关键数据下发分发、数据下发与接收的控制等。

22.2.2.4 智能物流无人值守系统建设

通过无人值守应用实现厂内物流信息采集的全自动化管理，包括智能门禁系统、智能计量系统，以及采购收货管理、质检管理、袋装管理、散装管理、集中监控。

22.2.2.5　健康安全环境管理系统建设

健康安全环境管理系统包括安全预案、安全生产例会记录、危险源登记记录、事故隐患防范记录、特种作业人员记录、安全培训、污染过程分析、环保监测报表等子系统。

22.2.2.6　工厂内部网络架构建设

企业网络采用三层结构，即核心层、汇聚层和接入层。通过接入路由器和防火墙，利用 VPN 隧道协议与集团总部实现连接。所有核心层和汇聚节点的网络设备都支持网络第二层和第三层功能，不仅可以进行 VLAN 的划分，还可以进行高速的路由转发。虚拟局域网（VLAN）可以根据端口、子网和网络协议进行划分。第三层的路由功能应支持各种常用的网络协议和路由协议。

22.2.2.7　信息安全保障

1. 系统安全设计

系统的安全体系主要包括四方面的内容，分别是网络安全、数据安全和应用安全以及系统的安全管理。

2. 安全管理原则

除非相关主管领导批准，在信息处理系统工作的人员不要打听、了解或参与职责以外、与安全有关的任何事情。

3. 安全管理的实现

安全管理部门根据管理原则和该系统处理数据的保密性，制定相应的管理制度或采用相应规范，其具体工作有：确定系统的安全等级；根据确定的安全等级，确定安全管理的范围；制定相应的机房出入管理制度；制定严格的操作规程，操作规程要根据职责分离和多人负责的原则，各负其责，不能超越自己的管辖范围；制定完备的系统维护制度，制定应急措施。

22.2.3　实施途径

22.2.3.1　实施阶段

项目按照统一规划、分步实施原则进行建设，共分三期建设：一期已完成能源管理、生产 MES 管理、实时成本管理、设备管理、质量管理、供应链管理、计量一卡通管理等；二期正在建设智能物流管理、智能点巡检管理等；三期规划建设机器人、优化控制、生产大数据分析平台等。

22.2.3.2　下一步项目计划

1. 数字化矿山

1）开采计划安排：利用统一信息库，综合开采位置的储量、机械设备状况、天气状况、炸药存量等影响开采的因素，自动安排近期开采计划，避免异常状况影响开采量。

2）GPS 车辆调度：采矿机械及矿车安装 GPS，系统自动识别最合适机械及车辆，对其发布开采工单，指示其至合适位置，开展开采工作，提升工作效率。

3）矿山 3D 模型：在 3D 模型上，标识出矿石资源的成分分布图，利用 3D 测绘仪器进行模型建立，通过化验室进行矿点数据周期性采集，更新矿点最新矿石成分数据。

4）成分在线分析：通过在线分析仪，对进厂矿石资源进行实时连续分析，提供连续及平均的成分数据，便于矿石与矿点质量追溯。

5）自动开采工单发布：通过质量分析系统，定期反推出石灰石成分需求，系统自动在 3D 模型图上选择最合适的采矿位置，发出采矿需求工单。

2. 安全环保管理

自动采集环保数据，在监控画面进行实时显示，超标报警。综合环保、生产、质量数据，汇总形成环保数据对比分析表，对超标数据原因进行分析。

根据安全设备台账和环保要求，自动形成安全环保设备巡检计划，设置巡检路线、巡检项目和巡检标准，通过移动设备进行相关巡检工作，汇总巡检结果，形成安全环保评分表。

3. 优化操作系统

对质量预测系统、立磨无人操作系统、烧成系统、水泥磨无人操作系统等进行优化。

4. 机器人及检测系统

1）自动装车系统：增加自动装车机和插袋机，结合无人值守地磅系统，实现销售发运环节全自动、无人化

2）管路泄漏检测机：在高空管路上利用自动管路泄漏检测机检测漏风，避免人员上到高处，产生风险。

3）设备在线检测：在现场主要设备重点部位安装检测仪表或传感器，数据直接发送至中控 DCS 及信息化软件系统，进行实时数字化监控管理。

22.3 实施效果

22.3.1 实施后提升效果及效益

22.3.1.1 数据采集与监控系统

系统建立后，所有工序数据都可在监控画面中实时看到，同时也降低了出错率，提升了员工的工作效率：使生产水泥质量控制从原材料质量的选用、进厂检验、使用、过程质量控制、反馈、调整、出厂检验等方面减少人为干预因素，使各个工序处于多维度监控状态，实现自动数据采集。通过自动数据采集，保证数据的真实性；自动计算发生值，减少人为计算过程，避免数据二次录入，保证数据的准确性；自动形成质量报表，保证数据及时性；同时也降低人员劳动强度和素质要求。项目实施提高了质量指标控制合格率，确保出厂水泥达到三个"百分之百"。

22.3.1.2 先进控制系统

系统投入使用后，窑系统快速建立和维持动态平衡的能力得到提高，系统工况稳定，比人工更精细、更持久地保持操作品质，突破整体平稳与克服扰动两者难以兼顾的技术瓶颈。煤磨系统能够降低风险，并且系统备有手动/自动切换按钮，如果发生意外可随时切换到手动进行调整，确保系统始终处于安全可控范围之内；利用设定值参数设置能够协调窑系统各个环节的合理运行工作点，依据燃煤与原料特性变化的不同工况实施整体优化的运行，操作灵活简便；降低了操作员的劳动强度，使其能够有更多的时间和精力关注系统整体运行的品质和排查事故隐患，提高工作效率。

22.3.1.3 无人值守系统

2016 年郑州天瑞水泥公司投资 80 万元开工建设无人值守系统，对原 2 台销售地磅、2

台采购地磅、1 台石子销售地磅以及 2 台矿山石子转运地磅进行无人值守改造。将原来粗繁杂的称重管理工作变得高效、简单、便捷，同时完全杜绝了各种称重作弊行为。该系统已经与水泥运销管理系统，以及 ERP 企业管理软件系统实现无缝集成，不但可以完成物料收发的称重防作弊功能，而且实现了对生产、运费结算、财务统计、进销、资产、设备等的集成化管理，本系统对防止称重作弊、堵塞管理漏洞、降低消耗、有效控制成本、规范生产秩序、提高工作效率、提高经济效益起到了非常积极的作用。无人值守称重系统提供的无人值守解决方案，将计量过程由原来的 5~10min 缩短至 1~2min。

　　智能物流业务平台界面如图 22-2 所示，原来 4 个磅房共需要 26 个人负责运行（19 个人负责地磅，7 个人负责结算），无人值守上线后磅房只需要 8 个人就能满足日常运行维护工作，节约了 18 个人工。

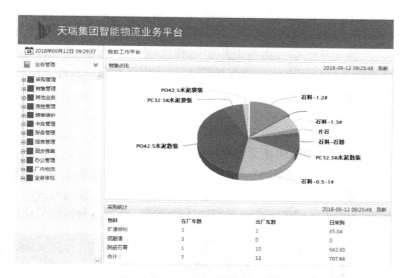

图 22-2　智能物流业务平台界面

22. 3. 1. 4　能源管理平台

　　能源管理平台对耗能设备可进行实时监控、自动采集、自动计算，避免人为错误，保证数据的准确性；也可以对数据进行汇总分析，对单台设备或分段系统能耗统计及电力成本进行计算，根据统计结果，对生产系统参数进行对比调整，优化操作。从以前和现在的消耗对比中，电耗、煤耗整体消耗呈下降趋势。

22. 3. 1. 5　MES

　　1）生产成本方面：通过生产管理 MES 可以查询每天的生产成本，进而可知引起成本变化的关键因素，通过对成本关键因素进行重点关注，制定相应措施，使得生产成本始终处于控制范围之内。

　　2）工艺优化方面：通过生产管理 MES，扩展了信息传速范围，使得水泥公司层面、公司领导及相关管理人员能够实时查看有关运行参数，重要运行参数异常还可直接以短信形式传送至相关领导，使得公司技术力量得到大幅提高，工艺故障率下降，工艺管理水平明显提升。

　　3）管理精细化方面：通过生产管理 MES，使得公司从年度生产预算、月度生产计划分解、日生产执行情况、月度生产完成情况、电力月度统计等管理更加规范化，并且通过对每天用气、用水、用煤变化进行分析，制定相应措施，公司电耗、煤耗都有所降低。通过生产管理和优化控制运行后，公司水泥生产成本降低 3.24 元/t，设备运转率提高 2.68%。

4）安环管理方面：从 MES 中就可以定制安全培训地点、培训内容、方案、计划、总结等，方便简洁，便于安全方面的培训与检查。关于气体排放也有相当准确的数据，通过脱硝系统、在线监测系统，以及 MES，可以随时看到气体的排放是否超过标准，也可以及时调整。

22.3.2 改善的关键指标

郑州天瑞水泥公司智能工厂项目共分三期建设，一期和二期完成后效益改变如下：

仪器仪表、传感器数据采集率 >98%；自动控制系统投运率 >99%；控制系统人为干预率 <4.6%；关键过程控制参数波动变化率 <1%；劳动生产率提高 15%；计量精度 ≤0.05；企业的能源消耗包括原煤、电减少 2% ~ 3%；减排二氧化碳约 1.9 万 t，二氧化硫约 307.96t，粉尘 1500t；全公司与上年相比减少人员 17 人，每年节约人工、劳保、办公费用约 70.62 万元，供应链业务效率方面与上年实际相比较在车辆出入厂及计量环节效率提升 150%；通过建立智能工厂应用系统，控制按需生产，减少库存，累计上线后调拨闲置物资约 600 万元，减少了资金占用的不合理性。

22.3.3 标志性建设成果

22.3.3.1 水泥行业生产过程智能化

将传感器、智能仪器、智能标签集成应用到工业生产控制信息系统中，实现生产过程的智能化监控，如图 22-3 和图 22-4 所示：对生产原料质量进行监控，及时解决因原料质量造成的生产原料质量数据监视损失；对生产指标进行统计和分析，并根据分析结果优化生产过程。

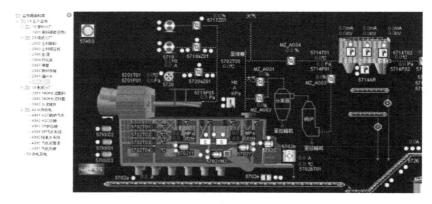

图 22-3　图形化的监视画面

22.3.3.2 解决工厂信息孤岛，实现企业集群式发展

以云计算等互联网前沿信息技术为基础建立服务需求信息资源集成系统，可将与生产制造企业经营相关的内部管理需求与外部销售需求信息的收集、存储、核查和分析等工作环节有机结合，使分布式网络化企业集群成为现实。

22.3.3.3 降低能源消耗，使节能减排更加智能化

将传感智能仪表等工业物联网技术集成应用到工业生产过程中，对生产设备的能耗、各种污染物排放实现实时监控，如图 22-5 所示。通过数据分析优化生产工艺，实现节能减排。

图 22-4　列表式的运行参数监视

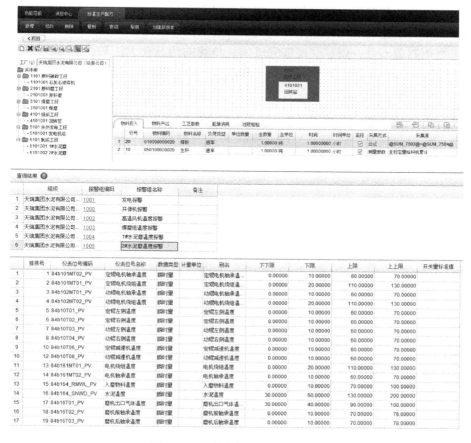

图 22-5　关键指标的报警组监视

22.3.3.4　降本增效，提升客户满意度

企业的发货效率可提高 120%，可减少岗位人员近 30 人，按年可节省岗位人员工资 85 万元。门岗业务办理时间由之前的 1～3min 缩短为 10s；磅房业务时间由 1.5min 缩短至 15s；驾驶员提货全程不下车自动收发卡，语音播报引导客户办理业务，增加客户体验度，客户满意度为 100%。

22.4　总　结

水泥行业由于自身生产特性，如高温、密闭、无间断等，致使其无法像汽车总装企业等机械加工制造行业那样，有专业的、成熟的智能化业务解决方案且市场上也有专业的智能设备集成商，可一站式完成整个生产基地的智能化建设。加之水泥行业的整体人才知识水平距离高端制造行业有一定的差距，因此目前针对水泥行业整体性的智能化硬件、软件集成商几乎没有，从而水泥行业智能化步伐明显落后于其他高端制造行业，水泥行业的智能化明显是"摸着石头过河"。

首先是借鉴其他智能化手段成熟的智能化解决方案，将其套用至水泥行业，经过一系列的"水土改良"后才能满足水泥行业的应用。这期间的试错成本是非常大的，因此也导致市场上针对水泥企业的智能化综合集成商几乎为零，而大多是只是提供针对某一方面的智能化解决方案，但是此类解决方案在与其他智能化解决方案结合时又会出现很多兼容问题，致使无法高效、节约地达到水泥行业的智能化发展要求。

其次，智能制造不是一朝一夕能够完成的，单纯的信息化无法对企业起到"雪中送炭"的作用，只是对企业的管理、流程进行规范和提效，可提高公司的业务运行效率，规避一些管理风险，而智能制造提升的不光是管理方面，更是涉及企业生产、质量、物流等各个方面的提升，提升的是企业的核心竞争力。

第 23 例
河南森源重工有限公司 专用汽车远程运维服务平台

23.1 简介

23.1.1 企业简介

河南森源重工有限公司（以下简称森源重工）是河南森源集团有限公司的车辆制造主体企业。公司主要产品有四大系列：以混凝土搅拌运输车、混凝土高压泵车、汽车起重机、高空作业车为代表的工程系列；以洗扫车、多功能抑尘车、移动式水平垃圾压缩中转站为代表的环卫系列；以移动警务室、行政执法车以及通过国家安全碰撞实验的电动乘用车为代表的纯电动专用和乘用系列；以 7t 轻型货车为主的商用车系列。其中混凝土高压泵车、50t 汽车起重机填补了河南省的空白，环卫系列产品多功能抑尘车、洗扫车、移动式水平垃圾压缩中转站实现了产品、技术与欧美同步，纯电动移动警务室全国市场占有率持续保持 70% 以上。

公司拥有电动专用车辆工程技术研究中心、混凝土泵车工程技术研究中心、河南省工业设计中心、电动专用车辆河南省工程实验室。先后通过 ISO 9001 质量管理体系、OH-SAS18001 职业健康安全管理体系，以及 GB/T 29490—2013《企业知识产权管理规范》、GB/T 27922—2011《商业售后服务评价体系》等认证和国家强制性产品认证。

23.1.2 案例特点

森源重工通过开发智能混凝土搅拌运输车和智能混凝土泵车，建立基于物联网的融合人、车、信息资源调配与整合处理、智能化调度等功能的商品混凝土配送智能物流平台，以期更好地为客户提供增值服务。通过在运营车辆上加装芯片这一技术手段，传统的线下运营服务升级为线上运营服务。该服务可及时提醒客户对车辆进行维修、保养，提高车辆的出车率及使用寿命。在此基础上，森源重工进一步加大服务化转型力度，基于工程车辆运营管理平台，大胆、创新地推出混凝土第三方物流，经过进一步完善后形成了森源智慧物流管理调度平台，大力发展商品混凝土配送第三方物流运营服务模式，服务各省区商品混凝土公司或商品混凝土站。短短几年，公司利润即实现爆发式增长，且公司逐步成为河南省乃至全国影响力最大的混凝土远程运维服务品牌企业。

23.2 项目实施情况

23.2.1 项目总体规划

智能工厂围绕商品混凝土行业提质增效、转型发展，运用互联网、大数据、自动化等现代信息技术，建设远程运维服务智能化管理调度平台，进行远程运维服务。同时，智能工厂满足于行业下游如商品混凝土站管理调度系统进行对接，推动生产和经营管理模式变革，实现信息化、自动化、智能化、移动化、可视化等新型管理方式。森源重工打造了国际先进、国内领先的商品混凝土行业智能工厂。

23. 2. 1. 1　建立智慧物流调度管理平台

　　森源重工具备成熟的车辆制造研发基础，利用此基础，在车辆上加装智能化车载终端，从而实现与车辆深度集成，实现车辆远程定位、远程数据采集、通信和远程控制功能，建立高效智慧物流管理平台并实现规模化发展。智能工厂包括"一个中心、四个平台"，分别为总部监控调度指挥中心、车辆远程监控平台、管理运营信息平台、智能化调度指挥平台、移动应用服务平台。

　　智慧物流信息管理服务平台的详细系统架构如图 23-1 所示。

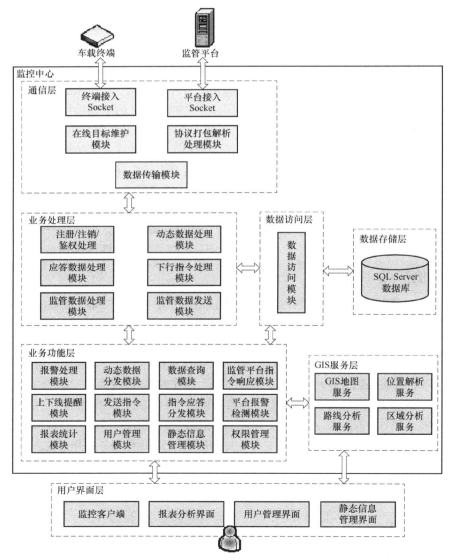

图 23-1　智慧物流信息管理服务平台的详细系统架构

23.2.1.2　开展远程运维服务

基于智能化车辆建立高效智慧物流管理运营平台，通过车辆上安装的 GPS 作业记录仪以及油耗传感器、正反转传感器等，并结合物流运营管理实际让管理者实时掌握人车动态，解决传统混凝土物流运输监管与调度难题。

森源重工通过智慧物流管理平台，采用先进的安全技术手段，实现智能化识别、定位、跟踪、监控等功能，对设备进行全天候远程监控、动态管理。对于远在千里之外的工地，当设备工况参数超出正常范围时，物联网系统会自动发出警报，技术专家通过数据分析，快速判断原因，并提供解决方案。

23.2.2　建设内容

森源重工智能工厂建设智慧物流信息管理服务平台，开发人、车、商品混凝土物流的资源调配、信息整合处理、智能化调度等软硬件，建设基于车联网的商品混凝土配送公共服务平台，通过全方位、多纬度地获取混凝土配送车辆及相关信息，为行业管理部门、商品混凝土企业、政府、保险公司、驾驶员和公众等提供车辆监控、驾驶行为分析、能耗与车务管理等服务。本项目采用北斗卫星定位、CANBus、车载传感、无线数据交换等技术，借助智能车载终端实现数据的采集与传输。项目为信息化、一体化、智能化的商品混凝土物流配送体系，以及基于互联网的全新混凝土配送的商业模式提供物联网支撑。

23.2.2.1　智能装备/产品的数据采集、通信和远程控制功能

森源重工大力开发智能混凝土搅拌运输车和智能混凝土泵车，通过在调度车辆上加装智能化车载终端，实现智能装备的数据采集、通信和远程控制功能。车载终端可实现卫星信号的接收和车辆与中心服务器之间的通信。车载终端采用增强型终端，确保功能需求。另外其外围辅助设备包括报警按钮、正反转传感器、油量传感器等。

23.2.2.2　远程运维服务平台建设

1. 智慧物流信息管理服务平台的整体架构

依据森源物流信息化需求，规划建设森源重工物流一体化智能调度管理平台。该方案利用车载终端智能化设备提供的远程管理和数据采集功能，通过与移动 App 数据交互对接，实现车辆安全监控、驾驶员异地管理、运营成本控制、运营数据分析、工作效率提升、营销决策辅助等功能，对车辆管理、驾驶员管理、资源调度、成本控制等方面提供全方位支撑，提升森源物流企业的综合竞争力。整体构架示意如图 23-2 所示。

智能调度平台可作为总部监控调度指挥中心，监控调度指挥中心的定位是公司运营监控调度总中心。指挥中心由监控人员和运维人员日常驻守办公，配备有高规格电视墙、语音系统、高精密空调等，以保证相应监控、管理平台的正常运转；同时也是车辆远程监控平台，可对人员和车辆监控。远程监控平台通过人车绑定，获取车辆驾驶员及其联系电话，方便一键拨打。

智能调度平台另一个作用是运营管理、人员管理、车辆管理。通过实时采集、分析每台车辆的车载终端数据，实现车辆的速度、轨迹、位置、正反转、油耗等数据的监控，并对车辆维保计划、故障记录等进行管理。车辆实时状态监控如图 23-3 所示。

智能调度平台设立了专门的警情中心，当车辆运行时，一旦触发车辆所设置的各项报警标准值时，车辆信息便会及时并优先地上传到监控中心。监控中心通过警情中心窗口，及时

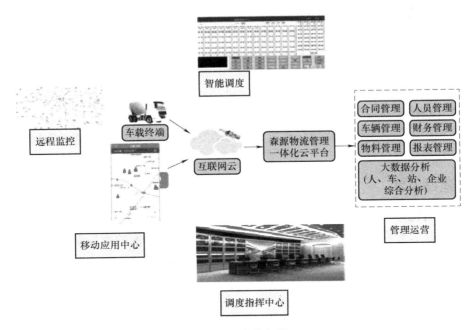

图 23-2　整体架构

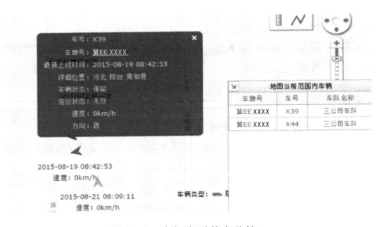

图 23-3　车辆实时状态监控

收到车辆的异常情况并做出合理的安排。

2. 大数据分析

通过对各项业务数据的收集，智能调度管理平台提供针对森源物流的大数据分析工具，该工具从不同管理维度对人员、车辆、搅拌站、企业等进行数据分析，主要包含投入/产出比、绩效对比，并通过图形化的形式清晰明了地展示分析结果。

23.2.2.3　远程运维服务平台与相关系统集成

远程运维服务平台与合同管理、财务管理、报表管理相关系统集成。合同管理方面对客户合同进行电子化管理。针对不同客户提供不同的运费计算规则，便于与客户运输费用进行结算。财务管理方面对车辆工作量进行统计，提供数据自动采集和人工上传模式，自动形成日报、周报、月报。报表管理依据云平台对各种业务数据的收集汇总，形成相应报表，从不同的管理维度，展示有针对性的数据分析报表。报表管理功能架构如图 23-4 所示。

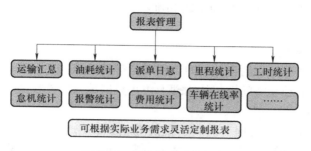

图 23-4　报表管理功能架构

23.2.2.4　专家库和专家咨询系统建设

1. 专家库、专家咨询系统架构

为了及时解决车辆运营过程中出现的故障事件，智慧物流信息管理服务平台建立了专家库及专家咨询系统。通过智慧物流信息管理服务平台可实现对人员轨迹，车辆作业量及油耗，车辆防劫、防盗，车辆限速、限超载，车辆运行轨迹，车辆作业状态进行监控，实现实时报警、远程故障诊断，并结合开发部门提供的诊断规则及以往积累的经验，对相应的故障进行分类，并逐步完善，以利于售后人员对车辆故障的分析，缩短故障解决时间，提高故障解决效率，保障运营车辆的出车率，提高运营效率，逐渐建立起物流调度车辆故障的解决系统构架。

本系统架构主要包括问题管理模块、抽取模块、问题解决模块。首先专家需要通过申请并经审核进入专家库，每个使用者都可以通过问题管理模块向专家请教，抽取相应的专家后进行问答即可。

2. 专家库、专家咨询系统主要功能

专家库、专家咨询系统具有网络管理功能、系统恢复功能、数据录入和维护功能、查询功能、统计功能：①网络管理功能通过检测，发现运行网络的故障，从而采取相应的跟踪和诊断等措施，同时记录网络运行的有关信息；收集统计和网络性能有关的参数，根据运行调整参数，使整个网络系统在最佳状态下运行。②系统恢复功能包括数据库的创建、备份、恢复、维护工能。③数据录入和维护功能通过与使用者交互的窗口完成数据录入和维护，并具有一定的纠错功能。④查询功能使使用者可以通过服务器实现数据的动态查询，并且提供模糊查找功能，快速找到所需的问题答案。⑤统计功能提供专家信息统计表、问题记录情况统计表、历次抽取情况统计表等统计报表，为以后的数据分析提供可靠的手段。

23.2.2.5　信息安全保障

1. 技术防护体系建设

数据的安全性是整个信息系统中最关键的价值所在，保证数据的安全性、稳定性、完整性是整个系统构建的重中之重。数据安全需要从低层硬件设备、网络设备、操作系统、应用等各个层面上保证。智慧物流信息管理系统采用业界领先的技术，满足系统在处理、运算等方面的需求，并且系统能够 $7 \times 24h$ 不间断地稳定工作，保证正常工作的持续、连贯；并基于主流的网络技术、硬件技术等，便于将来系统、设备的升级。应用系统采用三层架构，将应用服务器与数据库服务器分离，其间通过高速以太网连接，在客户端只需安装浏览器；主干可通过快速以太网，为大量数据传递、数据查询提供足够的带宽。整个系统易于管理和维护，硬件产品有极高的性价比，节约采购和维护成本。硬件及网络建设主要规划为信息中心、IDC 数据中心、安全体系建设。

2. 用户数据物理隔离

平台给每个用户划分独立的存储空间，空间与空间采用物理隔离手段隔离数据，用户的私有数据存储在自己的独立空间中，从物理上防止数据被未经授权的用户访问。

3. 关键数据加密存储

平台对用户关键的敏感数据（客户、供应商信息、产品价格信息、订单成交价格等）进行高位加密存储，只有持有密码的用户才能查看获取，即使作为平台的运营商也无法获取这些关键信息，杜绝了用户数据外泄。

智慧物流远程运维服务模式智能工厂能够支撑 5000 台车辆及 5000 名驾驶员接入平台，并能够与至少 1000 个搅拌站系统进行对接；并设有车辆运行轨迹、作业状态数据采集及安全提醒等功能；每 30s 上传一条位置信息、状态信息及一个作业表单数据；综合查询系统响应时间不能超过 10s。

23.2.3　实施途径

23.2.3.1　已实施内容

森源重工早在 2012 年就提出了"产品 + 芯片"的产品研发设计理念，率先践行工业互联网应用。公司依托工业互联网，走智能制造及服务型制造发展道路，提出三步走的发展步骤：第一步，以智能化的装备生产智能化的产品；第二步，为智能化的产品提供智能化的服务；第三步，依托智能化装备和服务拓展新模式、形成新业态、发展新经济，实现企业转型升级和市场引领。

23.2.3.2　后续实施计划

随着建筑行业进入调整期，公司各业务量呈现不均衡状态，使得搅拌站固定资产投入风险变得极大。再加上大车驾驶员比较紧缺、搅拌车等大型工程车辆事故频发等各种管理及安全风险使得商品混凝土业务风险极大，管理较不规范。基于此，专业化规范化运作的智慧物流信息管理服务平台应运而生。本项目的建设为行业内规模以上企业首次以互联网 + 的思维建立一套物联网管理调度平台。项目的成功运营对整个行业都具有较强的示范效应，并推动了智慧物流信息管理服务平台拉开互联网 + 的序幕。

23.3　实施效果

公司目前成立了第三方商品混凝土物流企业，入网混凝土搅拌车 4000 余台、混凝土泵车 60 余台、8 ~ 25t 多种型号的汽车起重机 160 余台、抑尘车洒水车等 30 多台；形成包括河南长葛指挥总部和湖北、陕西分部以及总计 200 多个站点的三级管理结构，年收入 10 亿元以上。森源重工已经成为河南省乃至全国最大的混凝土第三方物流企业，业务涵盖混凝土物流运输服务、混凝土泵送服务、汽车起重机吊装服务、环保降尘除霾服务等；通过混凝土第三方物流服务模式，森源重工智能制造的深层次转型升级获得了极大成功。

23.3.1　标志性建设成果

1. 为合作伙伴降低投资成本，减小投资风险

在商品混凝土领域，混凝土搅拌车及混凝土泵车等设备投入占整个商品混凝土站投入成本的 50%～60%，而采用挂靠模式又不能稳定管理。基于此，我公司开发的远程运维服务平台通过物流的方式实现混凝土泵送、运输，从而在较大程度上降低了合作伙伴的投资成本和风险，实现共赢。智慧物流信息管理服务智能工厂建成后，远程运维服务的运营成本降低6%左右，为建设单位、商品混凝土企业及其他广大用户搭建了一个多方共赢的物流运营平台。

2. 建立高速响应、有机协调的以高度平衡为宗旨的供应链，提高调度效率

智慧物流信息管理服务智能工厂针对不同的作业对象，综合应用现代信息化技术、数字化及信息化技术和控制作业装备高度集成系统，实现工程建设和商品混凝土运输、商品混凝土泵送及汽车起重机吊装业务信息，及各种车辆作业状态、车辆位置状态、车辆异常报警及车辆作业调度管理信息的实时获取、无线传输及数字化分析，从而可以做到科学地管理决策，实现工程建设资源和生产管理信息的高效实施采集、检测、科学分析处理，优化资源配置和生产科学管理，提高工程建设的科学性、主动性，减少商品混凝土运输、商品混凝土泵送及汽车起重机吊装过程的不合理调配。智慧物流信息管理服务智能工厂，使每个环节都能及时获取真实、充分的信息，自然、业务流程中每个环节的决策和控制都有数字化依据，能高速响应管理需要，使企业管理更快速、可靠、有弹性，并具有独特性，使物流调度提高25%以上。

3. 降低事故率，承担社会责任

保险公司及车管部门发布的数据显示，大车尤其是城市商品混凝土物流车辆不仅给城市环境造成很恶劣的影响，而且由于运输团队参差不齐，安全保障缺失，管理混乱，也给城市造成了极大的安全隐患。每年因大车事故造成的人民生命及财产损失巨大，事故率达到20%。而智慧物流从建立之初就提出服务于社会、贡献于国家的理念，建立了严格的安全运营体系和环保控制体系。智慧物流信息管理服务平台建立后，物流运营安全性明显提高。据官方数据统计，事故率比社会平均率低75%，保险公司争相与之合作。

4. 为合作伙伴提供长期可靠的放心保障

传统商品混凝土企业由于业务存在不确定性，比如淡季旺季不均衡，车辆来源和驾驶员来源复杂，因此在稳定性、可靠性上存在极大问题，给商品混凝土企业带来很多麻烦。森源重工的智慧物流背靠中国 500 强企业河南森源集团有限公司，依靠现代化的技术手段和管理体系，有实力、有能力为客户提供长期可持续的强有力的物流服务支撑，让客户放心，无后顾之忧。

23.3.2　经济效益

森源重工依托第三方物流运营管理制度和智慧物流管理平台，其业绩在短短三年时间内实现年复合增长率达到 80% 以上，年收入 10 亿元以上。公司现已成为河南省乃至全国最大的混凝土第三方物流企业，成功开辟了一条工程机械行业依托工业互联网，实现制造业服务化转型升级的新路子。

23.4　总结

智能制造是实现创新发展的一种先进制造模式，以制造为基础，以服务为导向，使制造业由提供"产品"向提供"产品＋服务"转变，结合公司智能制造的发展路径，森源重工主要有以下经验：

1）智能制造需要一把手总体规划、分步落实，并指导企业整体发展规划。在需求管理、能力管理、企业网络、风险管理等方面树立服务核心理念。在战略落实的过程中，必须要对人才组成、组织结构、流程制度等方面做相匹配的调整。

2）加强信息技术力量的建立，重视信息技术对智能制造的引领和支撑作用。公司依靠信息技术推动产品的智能化升级，打造智能化运营平台，支撑市场化运营服务。重视通过物联网应用，驱动预防性维修维护，带动备品备件销售这一商业模式。利用智能检测技术以及传感技术，并融合物联网技术实现预防性维修和维护，带动备品备件的销售。通过物联网技术、大修维护管理和服务生命周期管理技术的综合应用，确保用户购买的设备正常服役。通过建立设备管理服务网络，承接设备的预防性维修维护，利用物联网实现远程诊断、精准维护，提高维护效率。

3）从生产制造产品和卖产品到卖服务进行转型升级，基于车辆强大的传感与物联网技术对用户进行实时的动态服务，通过车辆运行可靠性检测根据服务绩效收费；通过面向用户的 App 提供个性化服务，以公司产品的智能化改造为契机，对产品进行智能化的硬件升级，提供丰富的服务内容，也可以促使产品的交叉营销。

4）基于互联网和模块化的设计思路，实现产品的个性化定制。从结构款式、功能特性、作业环境等进行个性化定制服务。通过互联网承接生产制造的外包和服务的外包，建立工程车辆运营服务平台和环卫车辆运营服务平台，结合政府和社会资本合作（PPP）运营模式，进行社会化服务创新。

第 24 例

郑州恩普特科技股份有限公司　设备全生命周期管理让设备高效安全运行

24.1　简介

24.1.1　企业简介

郑州恩普特科技股份有限公司（以下简称郑州恩普特）以"让设备在中国大地上安全、高效地运行"为使命，致力于全球工业物联网时代的智慧变革，是中国重资产流程"工业4.0"的实践者。郑州恩普特成立至今，已成为国内研发能力和技术水平领先的"智慧工厂""智能制造"技术服务提供商。基于设备诊断技术和信息技术的巧妙融合，面向工业企业提供ETM设备全生命周期管理、PAMS点检管理、PDES精密分析、eM3000在线监测系统、RMDS3000远程诊断以及FDS现场服务等业务，并拥有产品全部自主知识产权和多项专利技术。

24.1.2　案例特点

当前水泥行业正面临着严重产能过剩，市场疲软，价格战，人力、材料成本日益提高等因素的多重压力。在这种情形下，如何保持企业的竞争力，是每一个水泥生产企业从业人员所考虑的重要问题。行业内提出了"增、节、降"三字工作方针，对于设备管理人员来说，做好"增、节、降"，就是用最小的资金、最少的人员来保证设备的连续化、长周期和安全、优质运行。

郑州恩普特为孟电集团水泥有限公司实施的该项目旨在解决针对水泥企业设备潜在故障特征不能及时发现而导致水泥生产不连续运行等问题，提供一套完整解决方案，从而提高水泥企业设备管理水平和管理效率，达到减员增效的目的。建立基于部件的综合评价技术，保证设备整体状态评价全面；建立基于诊断规则的专家系统，保证设备故障诊断结果准确；建立基于风险的智能维修策略，给出客观的维修建议，辅助维修决策；建立基于变化率的数据存储策略，保证数据存储高效，可用。

24.2　项目实施情况

24.2.1　项目总体规划

本项目设备管理系统总体架构从下至上分为五个层次：硬件层、数据层、核心业务层、决策层和表现层。核心业务层以设备台账为中心，将设备管理的各个方面，如在线/离线监测、点检和润滑保养、故障库管理、检维修管理等工作行成管理上的闭环。设备管理系统架构如图24-1所示。

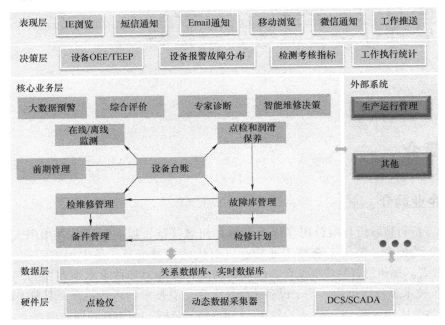

图 24-1　设备管理系统架构

设备管理系统软件部分的核心业务逻辑以设备资产为基础，从设备的前期管理、运行管理、报废管理形成设备的全生命周期管理。设备管理系统重点是在运行管理模块，包括运行管理、维护管理、检修管理，全面涵盖了企业设备管理中的大部分工作。这些模块的实际运用也是满足公司智能化管理思想推进的一个有效实施手段。设备管理系统核心业务逻辑如图24-2所示。

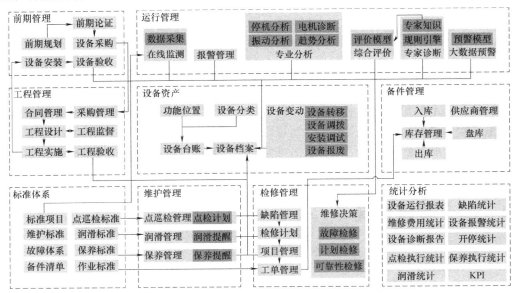

图 24-2　系统核心业务逻辑

本项目设备管理系统硬件部分主要包含点检仪、精密分析仪、在线监测智能采集器、交换机、服务器等。系统拓扑图如图 24-3 所示。

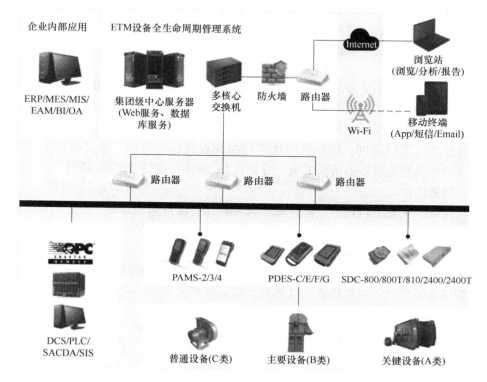

图 24-3　系统拓扑图

24. 2. 2　建设内容

本项目设备管理系统软件部分主要包括设备资产、综合监测、综合评价、预防维护、维修管理、备件管理、统计分析、移动应用八大模块。硬件部分主要包括三部分：智能数据采集、智能巡检仪、第三方数据。

24. 2. 2. 1　设备资产

设备资产模块主要包括设备类别、功能位置、设备台账、设备档案四大功能模块。该模块将所有与设备相关的、可用的、可控的信息都纳入设备档案管理中来，便于更好地对设备进行描述。建立科学、规范的设备运行维护规程和信息化管理基础数据体系，完善设备台账和备件台账，构架合理的设备层次结构；通过各种关联功能扩展设备与各种其他模块的联系，方便用户直接查询和管理。

其中的设备档案管理根据“一台一档”的管理思想，实现设备的全生命周期管理，对每一台设备按照专业和大类、小类划分，建立档案，从设备前期的选型、采购、安装调试、设备使用过程中的维护、维修、运行、变动，直到设备的最终报废，使用户能够随时全面地了解所管理设备的静态和动态信息，掌握设备的运行状态。

24. 2. 2. 2　综合监测

综合监测模块在设备基础数据完整的基础上，加强了对设备运行状态的管理。在线数据采集的内容主要有振动、温度、电流、设备起停、转速等信息。通过在设备上安装传感器，将设备运行数据通过采集器上传到服务器，进行实时监测。具体来说，综合监测模块系统通过 OPC Server 采集控制系统数据（电流、设备启停、转速等），将采集到的数据送至关系数据库，为设备监控、评估、管理、处置提供准确的、全面的数据资源。通过多种监测及分析手段，使用户能迅速准确了解设备运行状况，及时调整对设备的维护方法。

24.2.2.3　综合评价

设备综合评价指标是衡量设备健康状态的评价指标，它是基于振动分析、温度分析、电气评价、点检分析等指标，以一定的权重分配给各个指标，通过相加构成的一个统一的综合评价指标。传统的基于某一个或者某几个评价指标来形成评判结果，具有片面性。为避免根据传统的评价指标进行误判，应综合考虑不同指标对设备的影响，以提高评价结果的可靠性。综合评价标准根据设备的报警等级，分为良好、可用、需检修三种情况。

24.2.2.4　预防维护

设备预防维护主要工作包括点检管理、润滑管理、设备保养管理三个大模块。设备维护预防模块是对设备的日常维护工作的信息化管理，减少日常工作中报表的手动录入，提高工作效率，减轻工作量，更好地完善设备的保养信息。设备预防维护的信息能够同步到设备档案中。设备预防维护管理思路如下：基础数据采集→维护标准数据收集及录入→维护计划的编制→维护任务的执行→维护任务统计查询。设备维护流程如图 24-4 所示。

图 24-4　设备维护流程

24.2.2.5　维修管理

维修管理用于发起设备报警缺陷处理流程，并对缺陷进行统一管理，从而提高设备消缺率和消缺质量，提高设备的可用率和健康水平。维修管理模块建设形成了从报警、分析、决策到维修的完整闭环管理模式。通过对设备状态进行全过程管理，规范消缺流程，明确设备运行、点检、检修等岗位职责，保证重大的设备缺陷或隐患能够在有效的时间内得以消除，协助设备管理人员及时掌握企业设备状况，并为日常管理决策提出可以量化的科学依据。报警消缺闭环如图 24-5 所示。

24.2.2.6　备件管理

构建规范化的物料采购、库存管理、设备管理闭环；建立仓库管理的全过程跟踪管理，监督和控制物资的出库、入库等操作，加强备品备件在管理过程中的规范化、标准化；建立起设备管理信息系统的集成平台框架，与设备管理流程无缝集成。

24.2.2.7　统计分析

设备管理系统支持按公司、部门、车间、单间、专业按时间、完成情况进行折现图、饼图、趋势图等多维度、多方式的统计。统计内容主要包括设备运行报表、维修费用统计、设备诊断报告、点检执行统计、润滑统计、保养统计、开停统计、报警缺陷统计，以及故障

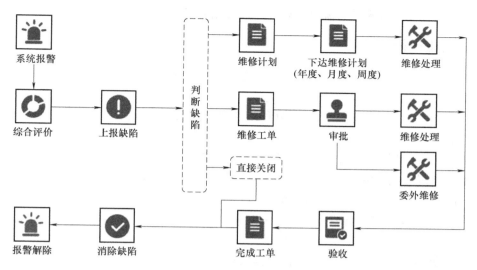

图 24-5　报警消缺闭环

率、平均修理时间（MTTR）、平均故障间隔时间（MTBF）、利用率、计划执行率等。在项目实施过程中，伴随着企业智慧化管理的推进，很多统计报表会逐步产生，例如润滑模块的周、月、季报表等，诸如此类的报表在经与客户沟通后，通过定制开发实现。

24. 2. 2. 8　移动应用

移动应用的开发支持 Android、iOS 和手持机设备，主要功能包括实时监测、报警数据查询、统计查询、待办任务审批、获取通知提醒、设备档案查询、备件信息查询等。

24. 2. 2. 9　智能数据采集

智能数据采集部分主要由支持系统运行的现场硬件设备组成，主要包括传感器、现场接线端子箱、采集器及其机箱、采集器机柜、服务器、通信线缆等部分。智能数据采集器采用 SDC-800，SDC-800 是基于以太网通信的振动信号采集模块，具有 8 路振动传感器信号输入、1 路键相/同步信号输入。智能采集器如图 24-6 所示。

智能采集系统可接入多种数据，即 DCS 原有数据、新增在线数据及点检数据，监测点数达 10000 个左右。目前我国企业已采用的设备监测技术主要有振动监测、温度监测、转速监测、压力监测和位移监测等。

图 24-6　智能采集器

24. 2. 2. 10　智能巡检仪

PAMS-3 智能巡检仪综合振动测量、红外测温、拍照、信息采集与处理、数据库与网络等诸多先进技术，将生产现场的设备运行状态检查、工艺参数记录、产品质量控制等信息有机地结合在一起，使点检、巡检管理在面向人员、时间和地点的同时，直接面向设备管理、生产管理、质量控制，从而达到安全、经济、科学、实效管理的目的。

24. 2. 2. 11　第三方数据

第三方数据主要为 DCS 数据，现有熟料生产线的数据点通常有 3000～5000 个左右（2015 年建成的熟料线 DCS 数据点多为 9000 个左右）。设备管理系统将引用被监测设备的相关 DCS 数据，主要包含振动、温度、转速、启停信号等。

24.2.3　实施途径

本项目实施主要包括需求调研、软件实施、硬件实施、联合调试、上线试运行、项目验收等阶段。

1）项目需求调研主要包括软件部分和硬件部分。软件部分需要调研设备台账信息、客户组织机构信息、用户信息，以及车间维修流程、设备润滑标准周期、设备机理结构等。硬件调研需要查看现场设备安装位置、电气室安装位置，规划电缆敷设和测点安装等。

2）软件实施部分为部署系统后收集整理现场基础数据，将基础数据导入系统，完成系统配置。根据现场需求进行定制开发和调试。

3）硬件实施部分包括管线敷设、电缆敷设、传感器安装、采集箱安装、接线、网络敷设、无线接入点（AP）安装和调试、信号调试等。

4）联合调试是将软件和硬件部分进行联调，软件与 DCS 等需对接系统进行联合调试。

5）系统上线试运行，跟踪系统运行状况和用户使用情况。对试运行期间出现的问题进行调整，对用户提出的新需求进行修改。

6）最后，组织项目组成员包括甲方和乙方，对项目进行验收评审。

24.3　实施效果

24.3.1　软件部分

24.3.1.1　建立可扩展的信息化管理平台

平台系统支持 OPC、Modbus 等通信协议；支持硬件数据采集器通信；支持各种数据库、Web Service 等数据通信方式；支持系统间数据集成，可与第三方系统进行有效集成。监测列表界面示意图如图 24-7 所示。

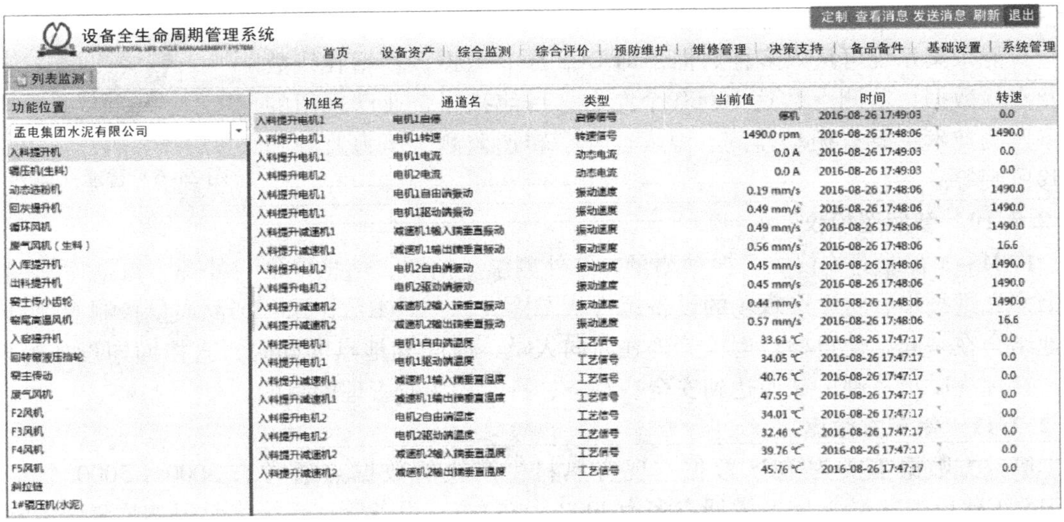

图 24-7　监测列表界面示意图

24.3.1.2　设备档案动态管理

设备管理系统的设备档案管理分为静态数据与动态数据两类。静态数据包括设备的基本信息、技术信息、备件信息等。动态数据包括该设备异动情况、开停记录、报警记录、点检情况、维修情况等，这些数据均伴随着系统的使用自动生成，最终生成设备的全生命周档案。动态数据（设备档案）界面示意图如图 24-8 所示。

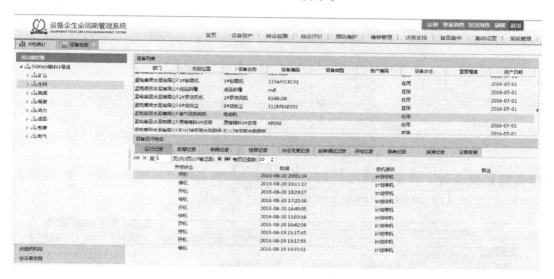

图 24-8　动态数据（设备档案）界面示意图

24.3.1.3　智能化巡检管理

数据采集涵盖了整条生产线的监测数据。智能化巡检设备管理系统通过内置的多维度报警策略、基于部件的综合评价技术、内置的自诊断系统、丰富的故障诊断分析方法，从多个方面、多个角度对整条生产线的关键设备进行设备状态监测与故障诊断分析，第一时间发现问题，分析问题。系统数据来源主要有三种：在线采集、点检采集、OPC 数据。在线采集的数据主要包括关键机组的振动数据、温度数据，数据更新频率为：温度 2s 一组，振动 10s 一组。OPC 数据包括关键机组的起停、转速、电机电流、压力等数值。点检数据包括非关键机组的振动、温度、跑冒滴漏等数据。所有数据统一管理，集中报警，全面反映、监测整条生产线的设备状态。

24.3.1.4　库存信息化管理

根据孟电集团水泥有限公司仓库管理流程，定制开发了备品备件模块。仓库管理员在录入基础信息后，在以后的仓库管理中能够使用系统来管理入库、出库操作，自动生成库存总账，实现了从账本记账到电子记账的转变，减少工作量，提高了工作效率。供应部能够在系统中自动生成入库明细账、车间出库明细账和车间消耗统计，减少了供应和仓库之间的重复工作，大大减少了核算工作量。车间能够通过系统发起领用申请和采购申请，查看库存，优化了车间和仓库之间的流程。采购申请界面示意图如图 24-9 所示。

24.3.1.5　报表统计与绩效考核

系统内置了报警、缺陷、起停、点检、润滑、保养、工单等数据的统计功能，可按时间、按部门、按处理状态分别统计。同时系统自动生成点检、报警、设备运行日、月报表，

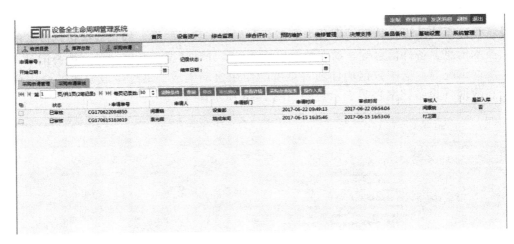

图 24-9　采购申请界面示意图

维修费用月报表等，满足管理考核的各种要求。其报警统计、点检统计、运行报表如图 24-10、图 24-11、图 24-12 所示。

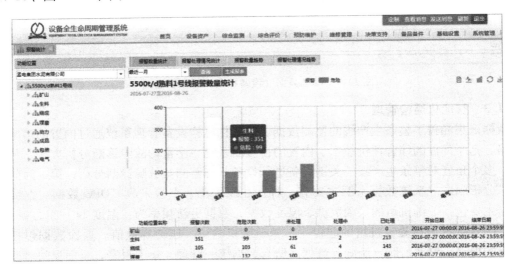

图 24-10　报警统计示意图

24.3.1.6　移动办公、监测

通过连接新 1 号线建立的无线网络，用移动终端可直接访问智能巡检管理系统，进行待办工作处理、实时数据监测、实时报警查看、历史数据查询、点检、报警、工单信息统计等工作，随时随地办公。系统支持的短信报警类型分为两种：即时报警，发送至车间主任；汇总报警，每天汇总的报警信息定时发送给领导和设备管理人员。短信发送类型与时间均可以手动配置，满足各个管理层次人员的需要。

24.3.2　硬件部分

完成 27 个主要机组设备的在线测点的安装，包括振动测点 200 个，温度测点 200 个。

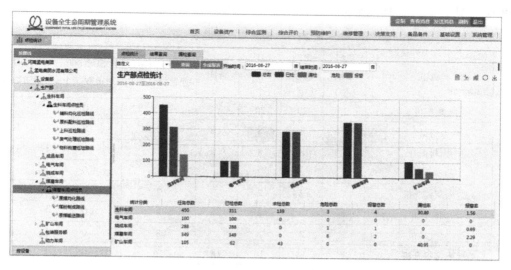

图 24-11　点检统计示意图

出料提升机运行记录报表

时间2016-7-31~2016-8-30

	机组名称	出料提升机	所属工段	生料
机组信息	在用设备	出料提升机	在用设备编码	216BE63
	在用设备	电动机	在用设备编码	无
	在用设备	减速机	在用设备编码	无
	在用设备	电动机	在用设备编码	无
	在用设备	减速机	在用设备编码	无
运行	运行时间	1196	停机次数	25
报警	报警次数	9	报警次数	11
	未处理	7	处理中	1
	已处理	12	处理率	60.00%
缺陷	未处理	1	处理中	0
	已处理	0	处理率	0.00%
维修	已处理维修	0	处理中维修	0
点检	任务总数	50	已检数	40
	漏检数	10	漏检率	20.0%
	报警次数	0	危险次数	1
保养	保养任务数	40	已完成	40
	未完成	0	未完成率	100.00%
润滑	加油次数	11	加油油量	11
	换油次数	7	换油油量	25

图 24-12　运行报表

测点安装表见表 24-1。现场采集器及传感器安装如图 24-13 所示。

表 24-1　现场测点安装表

区域	机组	机组数量（个）	振动测点（个）	温度测点（个）	备注	SDC-2400通道数（个）	SDC-800通道数（个）	SDC-810通道数（个）
生料磨电气室	辊压机	1	20	20		20	0	0
	入料提升	1	8	8	双驱	0	8	0
	出料提升	1	8	8	双驱	8	0	8
	动态选粉机	1	2	2		2	0	0
	回灰提升机	1	2	2		2	0	0
	循环风机	1	8	8		8	0	8
	废气风机	1	8	8		8	0	8
窑尾电气室	入窑提升机	1	16	16	双驱	16	0	0
	入库提升机	1	8	8		8	0	8
	高温风机	1	8	8		8	0	8
	窑主传小齿轮	1	2	2		2	0	0
	窑主传液压挡轮	1	2	2		2	0	0
	窑主传动电动机	1	12	12		12	0	0
煤磨电气室	煤磨通风机	1	4	4		0	4	4
	煤磨选粉机	1	2	2			2	2
	煤立磨	1	8	8		0	8	8
窑头电气室	废气风机	1	8	8	F2	8	0	8
	冷却风机	4	16	16	F3	16	0	0
	斜拉链	1	16	16	F4	16	0	0
	余热发电机组	1	6	6	F5	6	0	6
水泥磨电气室	磨	2	20	20		0	20	20
	辊压机	2	16	16		0	16	16
合计		27	200	200		142	58	104

图 24-13　现场传感器、采集器安装

现场安装了 10 个无线 AP，完成了全厂区的无线覆盖。现场无线 AP 安装如图 24-14 所示。

图 24-14　现场无线 AP 安装

24.4　总结

设备管理系统在上线实际应用过程中达到了初步的上线目标与要求，在一定程度上提升了企业的综合管理水平，提高了员工的综合素质及现代企业生产、运营水平。任何一个智慧工厂的建设，都不是哪一个厂家能够独立完成的，也不是所有厂家简单的系统集成实现的，它需要客户、方案设计方、子系统建设方共同规划，才能实现。同样，智能化建设也要基于此进行深耕细作，不断挖掘现有信息系统的功能，结合企业自身实际管理需求，与厂家一起提出新思路，提出新需求，几方共同建设，让孟电水泥的信息化管理再上一个台阶，真正实现智慧工厂的核心目标：对整体运行状况实时感知、智能控制、决策优化。

智慧工厂的建立，既要自上而下地进行规划，又要自下而上地分步实施，可以"智能设备管理系统"平台为依托，逐步上线各个子系统，进行一体化的平台建设。

生物医药篇

第 25 例

河南羚锐制药股份有限公司　智能制造助力
百亿羚锐"膏"飞

25.1　简介

25.1.1　企业简介

河南羚锐制药股份有限公司（以下简称羚锐制药）是一家以药品生产经营为主业的国家高新技术企业和上市公司，羚锐制药总部位于大别山革命老区、鄂豫皖苏区首府所在地——新县。羚锐制药始建于1996年4月，其前身是羚羊山制药厂，是原国家科委大别山扶贫开发团定点扶持新县时所创建。目前拥有各类专业技术人员476人。羚锐制药拥有橡胶膏剂、片剂、胶囊剂、颗粒剂等十大剂型100余种产品，产品市场占有率达到30%以上。

25.1.2　案例特点

经皮给药系统（TDDS）是指药物以一定的速率通过皮肤，经毛细血管吸收进入体循环而产生药效的一类制剂，可避免肝脏首过效应，不受胃肠吸收中各种因素影响，具有长效缓释、安全性更高、随时停药的特点。然而与经皮给药制剂广阔发展前景不相适应的是，中药橡胶膏剂作为国内主要应用的经皮给药制剂，其生产技术受制于传统制作工艺及装备技术的落后，普遍存在产能提升缓慢、生产成本高等问题。由于缺少智能装备技术，在质量检测、数据采集、数据分析等过程管控方面相比于其他流程型行业也存在较大差距。

本项目建设实时在线监控及故障诊断系统，实现对生产过程的实时监控、诊断和处理，减少了因过程异常导致的停机、停线、停产等问题，提高了生产过程的全面保障水平。羚锐制药以MES为主，与ERP、PLM等系统集成，将生产过程进行了有机协同集成，各环节信息互通、功能互联，提高了过程管理水平和效率。本项目取消了有机溶剂（120#溶剂油）的使用，避免了生产过程中大量挥发性有机化合物（VOC）废气排放，集中回收处理含尘废气、废渣及污水，减少能源消耗，达到"近零"排放标准。

25.2　项目实施情况

25.2.1　项目总体规划

羚锐制药智能工厂建设目标是建成国内领先的年产百亿贴膏剂产品的智能制造数字化工

厂，实现生产流程、仓储过程的自动化、可视化。通过生产现场实时数据采集、工艺数据库平台、车间 MES 与 ERP 系统的协同与集成，实现产品全生命周期管理，达到缩短新产品研发周期、提高生产效率、降低不合格品率、降低企业运营成本的目的。其智能工厂在中医药行业发挥引领示范作用，并在行业中进行复制、推广和应用。贴膏剂智能工厂体系架构如图 25-1 所示。

图 25-1　贴膏剂智能工厂体系架构

25. 2. 1. 1　项目技术路线

本项目以贴膏剂产品生产工艺为基础，以工业互联网、智能技术装备、集成管控系统为手段，设计开发切合贴膏剂生产工艺的智能应用系统，采用"方案设计→关键技术研究→设计开发→系统集成→系统完善"的技术路线，如图 25-2 所示，完成百亿贴膏剂智能制造数字化工厂的建设。

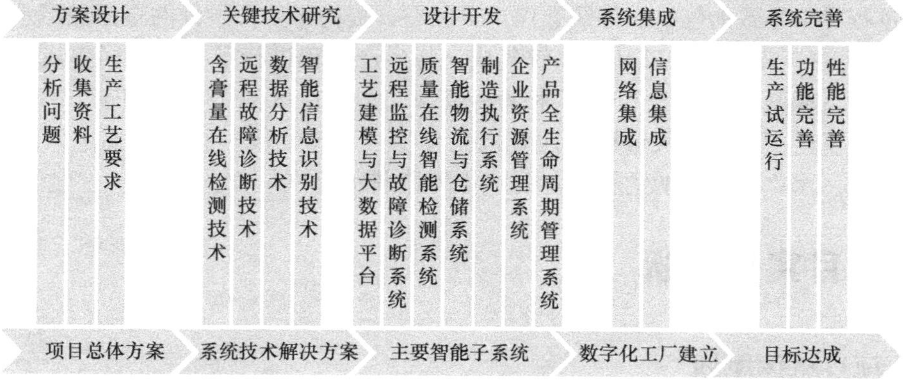

图 25-2　项目技术路线图

25.2.1.2 数字化工厂总体设计

羚锐制药贴膏剂产品数字化工厂主要由包材库、冷藏库、贵细品库、标签库、原材料库、中央仓库、分拣区、浸膏提取车间、膏剂涂布生产车间以及质检包装车间组成。其中包材库、冷藏库、贵细品库、原材料库由组合式货架构成，通过 AGV 实现物品的出入库操作，中央仓库由单元式货架构成，通过堆垛机实现物品的自动出入库操作。贴膏剂产品数字化工厂平面布局及工艺流程如图 25-3 所示。

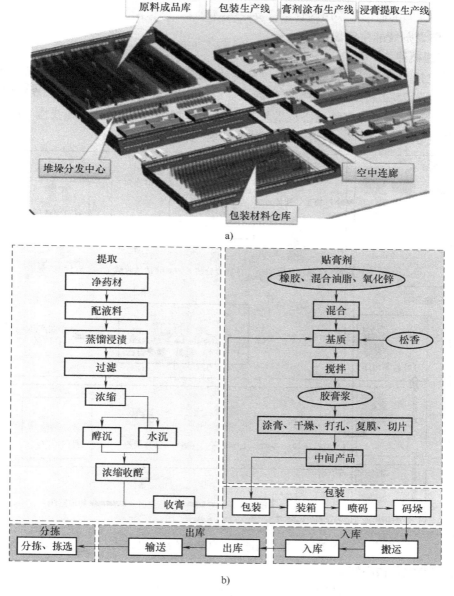

图 25-3　贴膏剂产品数字化工厂平面布局及工艺流程

25.2.2 建设内容

25.2.2.1 工业互联网建设

项目采用工厂无线网络、工业以太网及网络安全系统等工业互联网技术，设计建设数字化车间工业互联网体系，确保工业互联网稳定、高效、可扩展、安全性。技术方案要点如下：主干局域网采用万兆光纤、星形结构；数据通信网络和视频通信网络分离；建设覆盖全厂的无线网络，支持 IEEE802.11a/b/g/n 标准，Wi-Fi 标准兼容；采用 Profinet 等工业以太网技术，实现系统与设备之间的通信；采用网管系统及应用防火墙，确保网络安全；网络具有扩展性。

25.2.2.2 贴膏剂智能生产线建设

1. 生产线概述

生产线包括全自动提取智能生产线、全自动热挤出涂布智能生产线，管理范围覆盖全部工艺流程，如图 25-4 所示。采用新型热回流提取成套设备、国内首创热挤压涂布成套设备、六轴关节型搬运机器人等多种核心技术装备，突破自动切片包装、自动在线检测两种关键短板装备，年处理 2800t 药材，产出 100 亿贴贴膏剂产品。

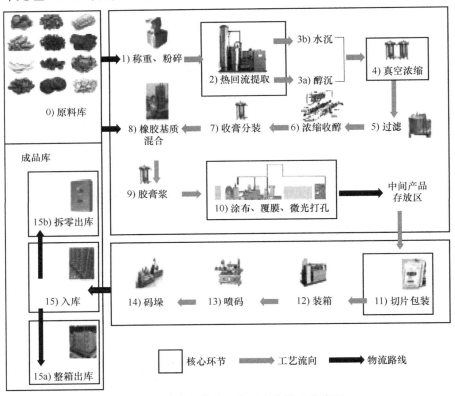

图 25-4　贴膏剂产品全自动生产线工艺流程

2. 工艺流程及核心智能技术装备

在满足 GMP⊖要求的前提下，选用技术先进、高效节能的环保型国产自动控制设备，关

⊖　GMP 为 Good Manufacturing Practices，中文含义是生产质量管理规范，是一套适用于制药、食品等行业的强制性标准。

键工艺设备指标达到国内领先、国际先进水平。

1）提取工艺及主要智能技术装备。本项目中对珍贵药材粉碎工序采用了超微粉细胞破壁机，机内装有分级结构，生产过程连续进行，出料粒度可调。一般是常温、低温及超低温粉碎作业，物料破壁率在98％以上，物料无残渣。物料粉碎后经过真空上料系统和物料输送系统后，在出料口实现自动称量和包装。

2）贴膏剂工艺及智能技术装备。制剂工艺包括造粒、配制、制浆、涂布等环节。

① 切胶机将胶块放到传送带上，用油压切胶刀将胶块切割为胶条。在切割过程中，通过数控系统控制传送带传送距离，从而控制胶条宽度，该设备使用能够降低人员劳动强度，提高切割效率，为生产线的自动化和连续性创造条件。

② 造粒机将切割为胶条的橡胶通过挤出切割后形成橡胶颗粒。在造粒过程中通过数控系统控制生产过程中的橡胶挤出速度、旋转飞刀转动频率以及喂料频率、振动筛频率，生产出颗粒橡胶。该设备能够将条状橡胶转化为颗粒橡胶，提高制浆生产效率。

③ 国内首创全自动挤出涂布生产线成套设备，降低对涂布基材的厚度、克重要求，自动化的复合基材放卷机构可以满足无纺布、弹性布等多种材料的双轴自动放卷；根据复合材料的特殊性，设计了两级张力控制系统，更好地控制复合基材进入复合时的张力状态。该成套装备涂布速度由原来的 6m/min 提升至目前的 20m/min，涂布速度提高了 2 倍多。通过在线激光打孔设备、在线的 X 射线测厚仪，贴膏剂打孔密集、整洁，药物涂层均匀一致，产品透气度、使用舒适度极大提高，生产效率及产品质量达到国内领先水平，填补了我国贴膏剂生产核心装备空白。

3. 智能包装工艺

贴膏剂产品在中药行业中属于多类产品，存在产品规格多、包装形式多的问题。本项目设计的智能包装成套系统，支持多规格的自动模切包装，实现模切、计数码垛、装袋、喷码、装小盒、激光在线打码、三维裹包、捆扎、码垛全过程的自动化、智能化控制。智能包装成套设备主要由输送设备、自动包装生产线、机器人、专机设备、管理模块等组成。贴膏剂产品包装工艺流程如图 25-5 所示。

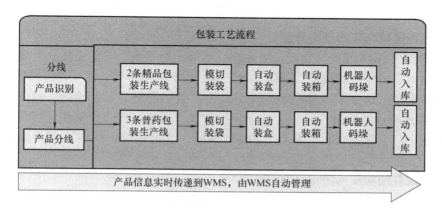

图 25-5　贴膏剂产品包装工艺流程

4. 生产线集成管控方案

贴膏剂产品有 30 多种品种，智能生产线需支持多品种、多规格的柔性制造。智能生产线通过与 MES 集成，实现基于 MES 指令的动态过程控制，柔性生产。生产线集成管控方案要点如下：MES 通过对生产线设备的作业指令下达，实现柔性智能过程控制；MES 通过 OPC 技术实现与智能生产线信息集成。

25.2.2.3 工艺建模与大数据平台

基于贴膏剂制造工艺及配方的工艺模型，建设工艺建模与大数据平台，包括工艺数据、过程数据、销售数据等；同时，部署云服务平台，实现产品防伪及终端数据收集，反馈给工艺研制流程。

贴膏剂产品工艺建模与大数据平台结构如图 25-6 所示。工艺建模，即建设基于贴膏剂提取、涂布工艺及配方的生产模型，包括模型要素定义、模型要素分析等功能。大数据平台，即以工艺建模为基础，融合过程数据采集，逐步形成工艺大数据平台，为工艺改进优化提供数据支撑、决策支撑。以大数据为数据源，部署云服务平台，支持终端产品检索防伪、终端用户问答及终端用户数据收集，逐步丰富大数据平台，将数据反馈给产品研制环节，持续改进。

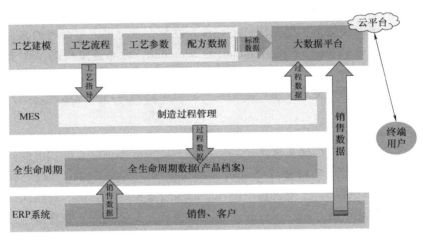

图 25-6　贴膏剂产品工艺建模与大数据平台结构

25.2.2.4 远程监控与故障诊断系统

集成生产线 SCADA 系统、在线检测系统、环境监控系统、安防系统，实现集中远程监控，在中控室实现对生产、质量、安防、物流等信息的集中监控，便于各部门集中办公，实现扁平、高效管理。建立故障诊断数据库，对监控数据进行分析、诊断，判定故障，结合 MES 报警模块进行故障报警，同时给出合理化建议和措施，反向控制相关智能生产线、设备，实现数据采集、数据分析（故障）、故障诊断、改进建议、反向控制的闭环监控、诊断、控制流程。

25.2.2.5 智能在线检测系统

建设智能在线检测系统，实现制造过程多个关键工艺点的实时检测。检测系统通过接口自动接收 MES 质检参数，实现不同批次、规格参数的自动下达、动态设定，实现质检过程依据不同标准的智能管控。将采集的实际数据与标准参数进行比对分析，形成分析结果，进行质量判定，在工艺知识库、数学模型、大数据分析等支持下为人工智能技术应用创造条件。质检数据实时传递到 MES 做归档保存，同时关键数据由 MES 传递到工艺大数据平台，作为数据海量分析及工艺改进优化数据来源。如果质检结果出现不合格信息，则该信息传递到 MES，由 MES 报警模块进行报警操作。

贴膏剂产品智能在线检测系统数据流程如图 25-7 所示。

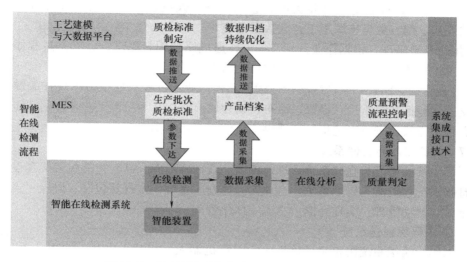

图 25-7　贴膏剂产品智能在线检测系统数据流程

1）提取是浸膏的重要工艺环节，对药物成分转移率进行监测，以确保产品质量。传统检测方法是离线取样检测。本项目通过对罐体加装温度、压力传感器以及气体流量计，对提取过程中的关键参数实行实时监控，自动产生连锁反应，保证了提取过程的可控性。

2）在回收乙醇环节，回收蒸馏塔分离的提取液中的醇，通过对醇含量数据的采集，实现对乙醇含量的在线实时监测，确保回收过程的安全可控及数据准确。醇含量检测通过乙醇浓度计在线实时监测和显示完成。

3）在浓缩环节，实现浓缩过程中在线实时显示浸膏的密度，自动通过液位计控制自动连续进液和自动泵走回收乙醇，由感应器控制开关完成。采用的设备属于国内领先核心智能装备。

4）在涂布在线厚度均匀性检测环节，利用低能量的 X 射线为光源，根据 X 射线穿过不同质量的物质时，物质对其吸收量呈线性关系的特性，来推算和测量物质厚度。本系统的应用提高了产品质量，节约了原料，降低了成本，降低了劳动强度，提高了企业经济效益，属于国内领先核心智能装备。

5）在包装不合格品剔除环节，在生产线上装配工业高速摄像机，采用机器视觉算法，实时监测通过生产线的每一单品三期喷印质量，确保切片后膏片符合要求、没有瑕疵，在完全匹配生产线产能的前提下，保证产品包装的品质。

25.2.2.6　MES

建设贴膏剂生产 MES，管理范围覆盖全工艺过程，具备生产建模、生产计划、生产过程、数据采集、过程质量、设备集成、报表等功能；满足与 ERP、生产线设备、智能仓储与物流、产品全生命周期管理等系统协同集成的要求。本项目以 MES 为核心，管控、调度、集成各系统及设备，实现贴膏剂生产智能化作业。本项目 MES 主要功能如下：

1）系统平台。本项目自主开发 MES，要求平台成熟、稳定、可扩展，支持集团化应用，支持云平台、移动化应用。

2）数据建模。对制造过程相关的工艺、设备、人员、组织结构等进行数据定义、建模，相关工艺、配方数据来源于工艺大数据系统。

3）生产领料管理。根据作业计划及配方，形成原料领料需求，尤其是过程添加料，领料信息通过接口传递到原材料库房，形成自动出库。

4）过程管控。贴膏剂生产线属于连续性流程作业，过程管控主要体现在关键工艺对多品种的支持，包括在线质量、提取、涂布、切片成形、包装等关键工艺环节的智能管控。通过工序看板的方式，进行工艺指导，提供工艺信息展示、浏览功能。

25.2.2.7 智能物流与仓储系统

本项目中智能物流与仓储系统管理范围为贴膏剂成品库，结合智能包装成套设备、电子监管码打码系统、机器人码垛系统、自动化立体仓库系统，实现从包装、码垛、入库、分拣出库的全过程自动管理，实现仓储、物流一体化管理。

1. 机器人码垛输送系统

机器人码垛输送系统由包装后输送线、码垛机器人、机械手夹具、AGV、拆盘机构成。系统对接成品包装线，自动读码判定码垛规则，实现机器人自动码垛、自动呼叫 AGV，由 AGV 将产品搬运到立体仓库入库平台完成自动入库。系统功能包括自动读码，关联产品信息，进行包装规格、码垛规则判断。机器人自动根据产品规格实现不同的抓取码垛程序，自动读码，进行批次判断，确保每个托盘产品为同一个批次，托盘组盘信息（产品信息）自动传递到 WMS，实现自动入库，实现 AGV 搬运自动调度。

2. 仓储业务系统

仓储业务系统是一套完整的自动化立体仓库系统，由自动化立体仓库、WMS 管理系统、仓库控制系统（WCS）组成，实现仓储过程的自动化作业，同时通过集成 MES、ERP 系统，打通入出库数据流，实现整体业务的协同。系统功能包括：库存基本业务功能的设计和开发（入出库、盘点、移库）；自动、可配置的存储优先级（货位分配、入出库原则）管理；人工记账、自动记账相结合的记账模式。

自动化立体仓库的入出库系统由两台高速托盘输送机、辊道机、拆盘机、链式机及其控制系统组成，均采用三维设计和铝合金型材制造。

25.2.3 实施途径

项目实施共分为四个阶段：

第一阶段：确立项目建设目标，规划项目建设内容，深入分析项目需要解决的问题，针对生产过程的特点，进行定制化方案设计，在工艺、技术分析的基础上完成智能制造数字化工厂的总体方案。

第二阶段：智能工厂基础设施建设。主要是建成年产 100 亿贴贴膏剂产品生产工厂，集中应用中药材自动提取设备、自动高架仓库、热压法生产技术和中药贴膏剂包装设备等。

第三阶段：智能系统、设备定制开发。主要是针对中药外用制剂生产工艺流程和工艺要求，有针对性地开发 MES、ERP、PLM 等信息管理系统。

第四阶段：智能管理系统的验证和集成应用。主要是针对管理系统在实际生产过程中与设备的融合试验性应用，确保管理系统的有效性和生产产品质量。

目前，该项目已经顺利完成第一、第二阶段所有建设任务。

在第一阶段，主要是根据公司的销售数据和市场供需情况，确定了生产规模和新产品开发方向，确定了热压法生产工艺，请专业的医药设计公司对厂房布局、工艺线路和设备选型等方面进行了规划和设计，明确了符合新时代发展的智能化生产车间总体方案。

在第二阶段，根据既定方案和设计，修建厂房主体及配套设施，根据智能化要求和自身中药橡胶膏剂生产经验，对多家设备厂家进行了考察和筛选，通过直接采购、定制和共同开发等方式购置设备。

目前正在进行第三阶段的系统开发任务。公司于后续的实施过程中，采用项目联合体的形式共同推进项目实施。公司先后与北京理工大学、北京机科易普软件技术有限公司、苏州鼎松自动化技术有限公司、浙江大学等单位组成联合体，根据任务分工按时、分步推进项目建设。

25.3　实施效果

目前，羚锐制药已经完成了中药材自动化提取车间、热压法生产车间、全自动高架仓库部分的建设任务，初建成 "年产百亿贴膏剂产品" 生产基地，2017 年 6 月通过 GMP 认证。基地在工艺上采用国际先进的生产技术，研发并应用了智能化生产装备，实现生产流程的科学布局，中药提取过程自动化、贴膏剂制造过程全程自动控制、产品包装线自动化、立体数控自动化物流仓储系统建设等技术创新 100 多项，是公司近年来各类创新成果的集中应用和展示，是国际国内中药行业自动化程度最高的生产基地。

项目通过与原有生产效率、产品研发周期、不合格品率、运营成本等指标的对比分析，生产效率提升 288%，生产用工降低 75.44%，单位产值能耗降低 71.1%，产能提升 455.56%。项目的经济效益和社会效益十分显著。

25.3.1　标志性建设成果

25.3.1.1　中药材自动提取车间

中药材自动提取车间集中应用了多功能热回流提取技术、减压真空浓缩技术、热泵浓缩技术等多项核心技术，其中热泵浓缩技术是国内首次应用于中药提取工艺上。与传统工艺相比，生产周期缩短 50%，节约蒸汽 60% 以上，回收率提升 5 个百分点，综合能源节约约 40% 左右，同时有效地保留了药物的有效成分。生产运行过程全部采用的是工业电源，几乎没有任何二氧化碳排放的问题，实现了清洁生产，不产生任何污染。

25.3.1.2　热压法生产车间

生产过程实现了自动换布、涂布、激光打孔、覆膜、下卷、切片、分装，减少了 16 名操作人员，不合格品也减少了，并且涂布速度由 6m/min 提升至 20m/min，生产效率得到大幅度提高，在保证产量的同时，节约了人工成本。应用在线检测和在线切孔技术，通过感应系统和报警系统及时发现生产过程中的异常现象，并能够根据监测结果调整压力、温度、挤出胶浆速度等，保障产品质量。同时，能够在线自动检测故障原因并进行诊断，对提取、膏剂涂布、覆膜、激光切片等关键工艺实时监测，达到国内领先、国际先进水平。

25.3.1.3　自动化高架仓库

建设的贴膏剂成品库，结合智能包装成套设备、电子监管码打码系统、自动化立体仓库系统，实现从包装、码垛、入库、分拣出库的全过程自动管理，实现仓储、物流一体化管理，达到国内领先水平。生产工序环节的自动物流及全自动高架仓库如图 25-8 所示。

图 25-8　生产工序环节的自动物流及全自动高架仓库

25.3.2　关键环节改善

1）提取过程实现全自动控制，对关键工艺参数实时监控，包括提取温度、真空度、搅拌速度、高低液位、在线浓度、工作时间、产出量等。新工艺缩短了 50% 的提取生产时间，节约能源 25% 左右。

2）采用国内首创热挤出法涂布全自动生产线，该成套设备涂布速度为 20m/min，突破了以往老工艺的 6m/min，涂布速度提高了 2 倍多，实现了少人化生产控制，大幅度提高了生产效率及产品质量稳定性。

3）研制了关键工艺在线智能检测成套设备，实现过程的在线检测，保证少人化作业下对质量管控的要求。

4）引入智能回收装备，解决附加产品和药渣的自动回收的问题，实现过程废弃物的再利用和无污染排放，达到绿色制造和资源循环利用的效果。

25.3.3　主要指标改善

项目实施前后关键指标改善对比见表 25-1。

表 25-1　项目实施前后关键指标改善对比

指标类型	项目实施前	项目实施后	指标变化率
生产效率	208 万贴/(人·年)	807 万贴/(人·年)	+288%
运营成本	3.09 亿元	2.48 亿元	-20%
产品研制周期	20 个月	10 个月	-50%
产品不良品率	1.08%	0.48%	-55.56%
单位产值能耗	23.52kg 标准煤/万贴	6.78kg 标准煤/万贴	-71.1%
作业人数	48.05 人/亿贴	11.8 人/亿贴	-75.44%
产能提升	18 亿贴	100 亿贴	+455.56%

25.4　总结

通过项目实施，突破中药橡胶膏剂产品自动化包装设备、在线检测系统两项关键短板装备技术，有力地推动中医药行业智能化升级，带动智能装备在中药外用制剂行业的普及推广。项目成功实施的主要经验如下：

1. 明确发展方向

公司从创立之初就坚定了以经皮给药系统为主的发展理念，在发展过程中，始终站在外用药领域的前列，在研发、生产、销售方面为公司积累了丰富的经验。

2. 重视科技创新

企业发展离不开科技创新，羚锐制药始终坚持"科技创新"的发展思路，每年将销售收入的 3%～5% 用于科技创新，充分保障科技创新、技术改造、产品研发项目的资金需求。先后组建了一批国家级的创新平台，利用平台优势，先后承担了一批省部级重大科技专项，培养了一支在行业内有影响力的科技创新人才队伍，不断提升企业自主创新能力。

3. 加强国际交流合作

随着科技的不断进步，生物医药呈现多学科融合发展的趋势，国内外先进生产技术、新材料、新设备对我国传统行业的升级都有积极的促进作用，羚锐制药积极发挥着美国药物研究中心的区位优势，通过技术引进、学术交流、任务合作的形式开展国际交流与合作，掌握行业国际发展趋势，不断提升自主创新水平。

4. 加强产学研用合作

科技是第一生产力，发展科技，不断创新是建设智能工厂的必备条件和坚实基础。羚锐制药先后与中国中医药大学、北京理工大学、大连理工大学、浙江大学、德国翰辉公司、德国 Labtec 公司等国内外的高校、科研院所建立深度融合的产学研用合作机制，整合优势资源、分工合作，完成研发任务。

现代家居篇

第 26 例

格力电器（郑州）有限公司 物料智能配送系统建设

26.1 简介

26.1.1 企业简介

格力电器（郑州）有限公司（以下简称郑州格力）是珠海格力电器股份有限公司在郑州市高新区投资建设的空调生产项目。建设面积为 105.7 万 m^2，规划年产家用空调 600 万套，全部达产后预计年产值超过 100 亿元。郑州格力针对北方地区（尤其是河南）销售市场的特点，主要生产各种中高档变频、定频家用空调产品，深受市场欢迎的代表机型有 UII、冷静王、王者、I 系列等高端产品，是中原地区最大的空调生产基地，产品主要销往华中、华北等地区。

26.1.2 案例特点

郑州格力采取物料智能配送模式，实现物流过程中运输、存储、包装、装卸等环节的一体化和智能物流系统的层次化；打破供应商之间壁垒，实现协同送货；通过推广 JIT 和第三方牛奶取货模式，控制在库物料数量，提高库存周转率，提升各厂家进厂物料的协同效应，从前端提升供应链整体水平。

郑州格力物资现场设置电子看板，展示生产进度、拉动式的需求量及现场实时库存，以目视化方式辅助人员作业，同步提升现场作业进度监控水平；推广自动化配送，改变低效配送方式，实现绝大部分物料通过输送线、AGV、隧道、吊篮配送，保证配送不断向自动化、无人化配送方向发展；统一工装器具工艺标准，扩大运作兼容性，根据物料运输属性，联合供应商外协厂制定工装工艺标准，保证产业园内工装种类全而不乱，生产运作柔性高、兼容性好。

26.2 项目实施情况

郑州格力的物流管理是现代化的综合型物流配送体系，涉及物资收货、仓储、分拣、配送、成品仓储、发运、物流技术引进、物流信息化建设等多项职能，以供应商管理库存（VMI）、供应商直配、自动化输送的物流模式实现供应链物流的高效运转，辅以 ERP、在途运输监控系统、WMS、MES 等信息系统贯通生产和物流运输环节，为郑州格力的智慧物流之路迈出了坚实的一步。

26.2.1 项目总体规划

郑州格力为实现物流配送高效化，缩短物料配送距离，在建设筹备阶段采用"中心辐射"模式进行规划，形成以总装分厂为中心，两器分厂、控制器分厂、物资库、钣金注塑、凌达压缩机、凯邦电机、成品库环绕式布局。

郑州格力物料智能配送模式实施框架如图 26-1 所示。

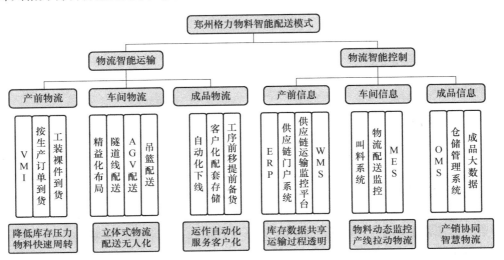

图 26-1 郑州格力物料智能配送模式实施框架

郑州格力物料智能配送模式整体从物流智能运输和物流智能控制两个模块同时开展规划建设。整体规划思路为：

1）建立以总装车间为中心、配套车间围绕的整体布局模式。

2）规划立体空间物流模式。在车间平面纵向方向，依据岗位性质建立线边仓，并延伸到岗位；在车间平面横向方向，实现由线体两头向中间输送；并综合应用空间运输方式实现车间内物料经由空中物流系统垂直向下输送到工作岗位。

3）由总装订单拉动，通过物料配送载体标准化，实现一个流、齐套、混载配发，提高物流载体利用率。

4）应用现代化物流仓储技术，建设智能平面库，实现物料存储配发无人化、自动化。

5）建设配套信息系统，实现产前物料信息、车间配送信息、成品发运信息智能分析、决策，实现物流智能控制。

26.2.2 建设内容

26.2.2.1 物流智能运输

物流智能运输主要从空调生产过程中的产前原材料配送、生产过程中物料存储布局、物料配送载体及成品物流等方面进行逐阶段规划建设。

1. 产前物流

郑州格力按照供应商距离将供应商分为两类，并推行 JIT 物料配送模式。

（1）本地供应商

以生产订单为中心，供应商按照生产订单裸件来货，直配线边仓。针对供货距离较近的本地供应商，采用生产订单到货模式，根据生产线需求拉动供应商，供应商严格按照生产订单供应物料，降低中间库存。通过标准化工装共用平台建设，供应商投入标准化工装，郑州格力负责厂内标准工装的正常流转，减少物料拆包、搬运浪费。

（2）外地供应商

结合外地供应商运输距离远、到货批次大的特点，郑州格力推行 VMI 模式。供应商将物料送货至第三方物流公司，由第三方物流公司代为保管，在郑州格力生产需要时，按照生产订单、裸件送货至线边仓。郑州格力和供应商通过 VMI 模式，实现了双赢，优化了整个供应链的库存管理。

（3）物料 JIT 配送模式应用

郑州格力通过对现状的深入分析，针对内部存在的浪费点，制定了符合自身的 JIT 改善方向及思路。

由于推动 JIT 物流模式运作，目前郑州格力厂内生产物资分厂生产部件到总装使用二次消耗，周期约 0～12h。分厂生产物料为总装完全消耗，分厂部件没有库存浪费，即用即产，即产即耗，同时没有在制品库存，提高了物料的配送效率，大大消除了物流板块的库存浪费。JIT 配送模式为实现郑州格力物流配送的高效化、准时化，及消除物流环节浪费，创造了巨大效益。郑州格力 JIT 物流模式如图 26-2 所示。

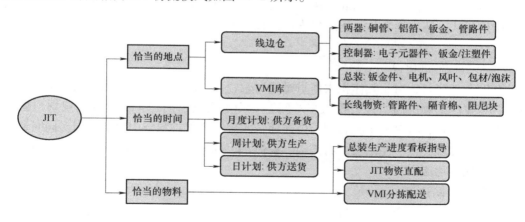

图 26-2　郑州格力 JIT 物流模式

2. 物资库建设

郑州格力基地建厂第一年，主要将基建竣工的仓库进行合理规划，完成仓库定置，第一时间满足物资仓储需要，共计完成 3 万余平方米仓库的规划工作。根据物料大小，郑州格力建立了海、陆、空式的立体物流自动化配送系统，极大地减少了地面物流，实现了无人化配送。

3. 物料一个流配送

根据精益生产规划思想，郑州格力引入一个流生产模式，如图 26-3 所示，即各工序只有一个工件在流动，使工序从原材料到成品的加工过程始终处于不停滞、不堆积、不超越的流动状态，从而使生产过程中的各种问题、浪费和矛盾明显化，迫使人们主动解决现场存在的各种问题，实现人尽其才、物尽其用、时尽其效。

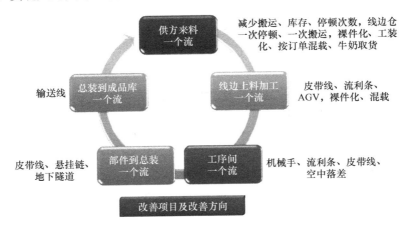

图 26-3　郑州格力一个流规划思路

（1）地下隧道线建设

空调生产中的四大部件分为蒸发器部件、冷凝器部件、压缩机和四通阀部件。传统模式中，采用叉车配合托盘进行地面配送，造成地面物流交叉严重、产品运输过程中质量管控难度大、人力投入多等问题。为彻底解决以上问题，郑州基地在规划之初在集团内率先采用地下隧道配送模式，实现两器件、压缩机直配到岗，同时配合智能管理系统应用，实现叫料、发料自动化。

（2）空中悬挂链建设

针对钣金件物料，由于其体积大但重量相对较轻，传统模式采用专用工装车配送，单车容量少，导致配送频次高、人力投入多等问题。为解决这一问题，郑州基地规划空中悬挂链，将钣金件下料点与总装车间装配岗位连通，实现钣金件物料空中直配到岗。同时通过生产节拍核算，实现底盘、左侧板、右侧板、前侧板、面罩、格栅、顶盖等物料的齐套配送，消除钣金件地面物流。

（3）物流天网建设

在精益公司建设理念下，为进一步提高物料配送效率，结合公司整体线边仓规划、供应商 VMI 来料模式，总装分厂、控制器分厂根据自身布局特点，将皮带线输送线进行推广应用，建设郑州格力物流"天网工程"，减少车间内、预装至总装、工序间物料转运，实现物料一个流裸件配送到岗。

26.2.2.2　VMI 模式应用

1. 线边仓扩建

郑州基地当日库为当日订单物料周转所用，实现所有供应商当日库交货又显空间不足，故在公司领导长远规划下启动改造与扩建项目，其中总装南、北楼线边仓扩建增加面积 10%，新增两器管路件线边仓与铜管、铝箔线边仓约 $4500m^2$。

2. VMI 项目

VMI 即"供应商管理库存"，供应商等上游企业通过信息手段掌握其下游客户的生产和库存信息，并对下游客户的库存调节做出快速反应。郑州格力充分利用安东物流和宅急送物流的优势，把物流环节的业务外包至第三方物流管理，包括物资到货的收货作业、拆包拣货作业及配送作业，已经完全切换成功。郑州格力的人员工作主要集中在监督管理和生产调度板块，通过业务外包，作业效率大大提升。其最大优势是同时降低供需双方的库存成本。

26.2.2.3　物料智能存储库建设

1. 过程制品智能存储

为进一步提升郑州格力物料智能配送管理水平，自 2016 年起，郑州格力逐步探索两器件智能存储库应用项目。结合两器件生产模式特点，建立两器智能存储平面库，通过智能机器人自动码垛、智能取货 AGV 自动运输入库，实现平面库智能管理库存。另外，自动化平面库与两器隧道线的自动化物流系统进行信息联动，根据总装的需求实现两器件自动拣选、发料；通过导入 SCADA 系统，实现两器设备终端数据的实时采集与监控，提高两器生产智能化管理水平。

2. 成品物流建设

郑州格力规划建设成品入库流水线体，通过提升机、流水线、自动码垛机器人，实现成品下线、输送、码垛一个流自动化作业，替代传统人工作业模式，大幅提高成品入库效率和自动化水平。

26.2.2.4　物流智能控制

为实现生产过程库存信息共享、物料运输过程透明，依托 ERP 系统、MES、订单管理系统（OMS），生产过程中的物料库存信息、生产进度实时信息、生产订单等核心的生产信息通过条码技术、RFID 技术由自动化采集、人工采集、PLC 集成等多种采集方式，实时汇聚至郑州格力 DCT 采集服务器中，使用 Windows 定时数据同步服务，这些信息同步至 MES 中予以集成。与此同时，生产过程数据采集分析系统中所预设的生产集成数据、预警阈值、数据分析模型按照效率云端、质量云端、设备云端、协助云端、慧人 App、智造云端六个管理分类，以不同时间频度、预设接收用户、多种形式的媒介进行消息的自动推送。

郑州格力在 ERP 系统、MES 的基础上，围绕公司生产业务流程，开发了"供应商库存管理系统""齐套检查系统""电子拣选系统""退补料系统""生产进度看板系统""落地反冲系统"，形成了一个全流程的综合信息管理平台，支撑齐套排产、定额配送、反冲结算三个核心环节各项措施的有效实施。该信息管理平台完全根据郑州格力的生产特点量身定制，在企业内部适应性强；同时采用总体的开发规范和接口标准，保证系统结构完整性和信息一致性，能够根据企业的经营策略及时快速替换系统功能，并根据实际需求不断完善信息系统功能。综合信息管理平台示意图如图 26-4 所示。

1. 产前信息建设

（1）ERP 系统建设

郑州格力 ERP 系统采用全球顶尖的 ERP 系统供应商 Infor 公司的 BAAN 系统，目前已升级至 LN 10.0 版本。2011 年建厂初期，公司即着手准备建设 ERP 项目，安排专门团队至总部学习对接系统建设。通过 ERP 项目的实施建设，初步建立了涵盖生产计划、工艺数据、采购计划、物料库存、制造执行、财务结算、成品管理等相关模块，确立了现场作业流程的标准化。

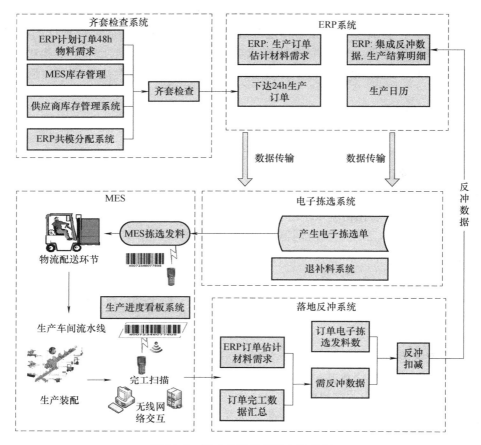

图 26-4　综合信息管理平台示意图

（2）供应商产出监控

为加强供应链的协同制造，郑州格力为供应商开发生产监控系统，用以统计供应商单小时产出和库存，实现供应商生产计划数字化管理和库存数字化管理。生产监控系统界面如图 26-5 所示。

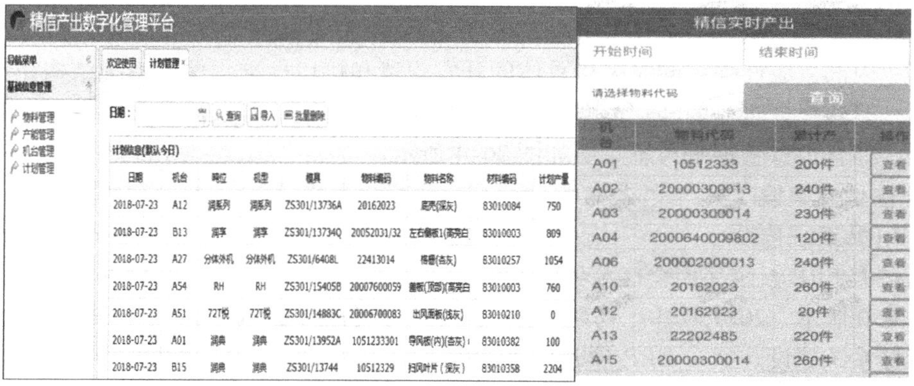

图 26-5　生产监控系统界面

（3）供应链运输监控系统

郑州格力开发供应链运输监控系统，利用 GPS 技术，用以监控送货车辆从发车、运输、到达的物流过程，由生产线拉动供应商送货，供应商根据生产线进度自主补货，降低线边库存，保障生产线供应。

（4）WMS 建设

为加强对生产过程的管理控制，及时快速地发现生产中的各种问题并解决，提高各部门工作效率，降低生产成本，项目组以总装分厂为中心带动成品出入库、配套分厂 MES 项目实施，实现生产线的订单化生产模式。WMS 是专业仓储管理软件，包括收货、上架、拣选、发运等业务操作，可实时体现物料实际状态，实现账实同步和库存精细化管理。

2. 车间信息化建设

车间信息由 MES 生产线进度拉动物流配送，同时辅以配送监控系统，覆盖厂区物流无死角监控。

（1）MES 生产线进度

系统显示订单上线进度，管控物料配送节拍。生产进度系统界面如图 26-6 所示。

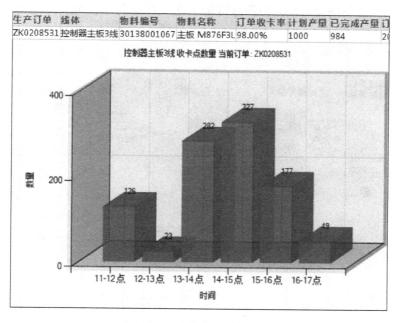

图 26-6　生产进度系统界面

（2）物流拉动系统建设

订单上线进度（消耗量）超过安全库存时，则拉动配送。生产进度看板界面如图 26-7 所示。

（3）物流配送监控系统

物流配送监控系统实现物流工装配送的可视化管理，可从客户端了解线边、途中、投料口物料工装数量。

3. 成品信息化建设

成品物流信息围绕 ERP 作业计划展开，融合 TMS、OMS、WMS、ERP、MES 功能，实

总装产线拉动当日库看板-内机1N1当日库								
生产日期		分厂	线体	当前订单		订单数量		已生产数
2018-07-24		ZZZ	1N1	ZB0019290		800		559
No	物料编码	物料名称 || 总需求	已配送量	消耗量	线边余额	标配量	紧急
1	10314001	离心风叶 || 800	800	650	150	120	
2	10374006	导流圈(黑色) || 800	800	595	205	100	
3	22224474	底盘(亮白) || 800	750	650	100	60	☆☆☆
4	40020895	橡胶电源线(耦合器插头)… || 800	800	559	241	200	
下一订单: ZB0019329								

图 26-7　生产进度看板界面

现前台后台业务数据的无障碍流通, 同步搭建成品大数据平台。

（1）OMS 建设

成品物流信息化围绕物流公司、销售公司、郑州格力本身的成品运作协同管理平台, 以计算机、手机终端、平板计算机、PDA、扩音喇叭、LED 显示屏等设备为媒介, 实现成品仓储、发运方面的管理系统化、实时化、可视化, 全面提升各相关方运作体验, 达到成品物流运作管理方式的全新变革与升级。

OMS 规划思路如图 26-8 所示, 以门店终端计算机、手机、PDA 等设备为媒介, 打造成品智慧物流, 实现成品物流末端客户信息智能采集、机型混载装车、配送门到门（Door-to-Door）一步到位。

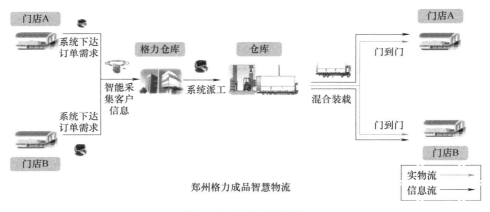

图 26-8　OMS 规划思路

（2）成品大数据应用

成品大数据建设重点推进干线、仓储、发运三大环节大数据深度应用。调度员根据生产计划, 系统录入各机型入库计划（含仓库、库位）, 叉车驾驶员通过平板计算机终端登录系统, 查询下线物料入库方向, 并根据系统指引, 将物料入至调度员提前安排好的库位, 同时通过平板计算机实时更新入库数据。

系统下传发运计划至物流公司, 物流公司通过手机终端反馈车辆落实信息, 同步安排车辆进厂, 计划员根据车辆进厂信息对车辆进行派工, 叉车驾驶员根据平板计算机查询执行备货任务, 同步实时更新发货数据。

26.2.3　实施途径

自 2010 年建厂至今, 郑州格力智能物流应用与实践工作稳步推进, 具体实施主要经历以下几个阶段：

1. 探索筹划期

从 2010 年规划期至 2011 年筹备期，公司领导对郑州格力的整体精益规划进行顶层设计，完成企业整体管理架构规划和精益物流布局规划，前瞻性地完成地下隧道线和空中吊篮配送模式的规划，实现两器件、压缩机等大件物料直配到岗，同时配合智能管理系统应用，实现叫料、发料自动化，消除地面物流。

2. 第一阶段：线边仓建设

从 2012 年至 2014 年公司逐步系统化生产，公司启动一个流及信息化改善，先后完成总装、两器、控制器、注塑、钣金、电机、压缩机等线边仓建设，同时完成工序间、部件与总装、总装至成品的一个流生产模式应用。同时加强供方管理，打破供应商之间的壁垒，实现协同送货。

3. 第二阶段：JIT 模式应用（2015 年）

2015 年持续深化线边仓建设，同时开发引入 WMS，实现定额领料的精益化成本建设；完成各配套分厂、总装分厂的跨车间物料一个流配送模式，开启精益梦工厂建设；通过推广 JIT 和第三方牛奶取货模式，控制在库物料数量，提高库存周转率，提升各厂家进厂物料的协同效应，从前端提升供应链整体水平。

4. 第三阶段：VMI（2016 年）

深化车间内物流配送天网建设，同时通过物流公司整合，开展 VMI 项目及成品物流模式升级。根据精益生产规划思想，引入一个流生产模式。

5. 第四阶段：智慧园区（2016 年至今）

郑州格力逐步加强物资信息化建设，通过关键信息系统深度开发、系统间集成应用，实现生产计划、工艺数据、采购计划、物料库存、制造执行、财务结算、成品管理等相关模块智能化管理。

26.3　实施效果

郑州格力经过多年的探索和实践，逐步形成了多种物流载体配合、多维度立体交叉物流模式，在物流信息采集分析、物流过程监控、大数据分析决策等方面独具一格。主要建设成果如下：

26.3.1　立体交叉物流配送模式的形成

通过地下隧道线、空中悬挂链、空中皮带线输送线、地面智能 AGV 等多种配送载体混合使用，形成了立体交叉的物流配送模式，消除地面人工物流。

26.3.1.1　隧道线应用成果

地下隧道线实现压缩机、两器、塑封电机及管路件的无人化配送，如图 26-9 所示，取消地面大件物料周转，直接减少配送人员，改善车间整体 5S 环境。

26.3.1.2　空中悬挂链应用成果

空中悬挂链（吊篮）实现钣金喷涂件（底盘、面板、右侧板）的无人化配送，取消地面大件钣金物料周转，如图 26-10 所示，直接减少配送人员，改善车间整体 5S 环境。

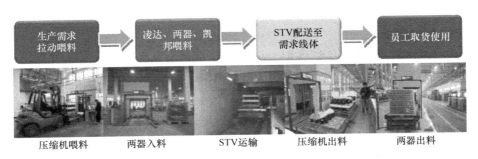

图 26-9　地下隧道线使用情况

图 26-10　空中悬挂链使用情况

26.3.1.3　空中皮带线应用成果

空中皮带线实现线边仓至总装、配套分厂至总装、工序间物料、预装至总装的无人化一个流配送，如图 26-11 所示，取消地面物料周转，直接减少配送人员，改善车间整体 5S 环境。

图 26-11　空中皮带线输送线使用情况

26.3.2　线边仓建设及供应商直配建设成果

1）降低库存：由原来的 5～15 天物料库存控制在 3 天以内。

2）节约场地：由原来的近 50000㎡ 降为线边仓 10903㎡，为郑州基地成品摆放节约了大量存储空间。

3）人员增效：实现内部累计 18 人增效。

4）缩短交货期：由原来的物资库至总装线边的交货周期 4h 降低为目前的线边仓短距离配送 2h。

5）员工作业劳动强度改善：项目优化后直接取消跨仓库转运及员工单板物料长距离转运工作，所有作业集中在 1 个仓库区域内完成，降低连续作业时间，降低员工劳动量。

外协供应商直配前后对比如图 26-12 所示。

图 26-12　外协供应商直配前后对比

26.3.3　智能平面库系统建设成果

首先，建设自动化平面库，如图 26-13 所示，两器件氦检完毕之后，通过机器人自动码垛、智能流水线自动入库；其次，自动化平面库与两器隧道线的自动化物流系统进行信息联动，根据总装的需求实现两器件自动拣选、发料；最后，导入 SCADA 系统，实现两器设备终端数据的实时采集与监控，提高两器生产智能化管理水平。

图 26-13　两器智能平面库

氦检完毕之后，两器码垛通过流水线入库。该库库位有 118 个，可以存储 2700 件冷凝器部件，占地 630m²。在技术层面以信息物理融合系统为基础，实现生产物流高度数字化、机械化、自动化、智能化；在业务层面实现两器冷凝器成品物流所有业务的全面升级与革新。

26.3.4　成品业务革新成果

26.3.4.1　运作革新之成品下线出入库成果

成品物流推行自动下线、客户化配套存储，成品下线采取扫描码垛联动方法，达到提高成品入库自动化水平的目的。郑州格力自主研发设计提升机及自动码垛机等自动化设备，使成品下线作业完全无人化。其发运环节推动提前摘果式备货，在发运前库内按订单齐套备货，全力提升发运效率。

成品自动下线和自动码垛如图 26-14 所示。

提升机　　　　　　　　　　成品输送线　　　　　　自动码垛

图 26-14　成品自动下线和自动码垛

26. 3. 4. 2　运作革新之发运成果

郑州格力成品物流板块，经过分离备货、升高工序，设置专人备货、专人升高，通过分离备货装车工序、提前备货，消除传统发运三处浪费。效率提升如下：单组发运量达到 3824 台，较传统单组 2425 台，提升 57.69%；人均发运量达到 1242 台，较传统人均 1030 台，提升 20.58%；单组发运车辆达到 5.5 辆，较传统单组发运 3.5 辆，提升 36.36%。

26. 3. 4. 3　信息化革新之全流程管理

1. 仓储效果

1）入库、返包、转库计划系统下达至终端平板计算机。摒弃原有电话、邮件通知，实现通过平板计算机了解作业。

2）物料入库、出库、转库、返包的平板计算机指导、平板计算机更新。通过平板计算机向叉车驾驶员提供目标物料、目标库位，避免叉车驾驶员无目标寻找，同时叉车驾驶员每叉取一托盘物料即更新一次系统，系统账务实时更新且有记录，实现信息传递零延迟。

2. 财务效果

1）账务员利用平板计算机终端盘点账务。取消纸质盘点方式，利用平板计算机系统盘点，高效节能。

2）物料进出实时更新。叉车驾驶员作业过程实时更新账务，系统库存信息实时准确，账务零延时。

3. 发运效果

1）计划员发运计划由系统下达，物流公司经系统反馈。取消电话邮件沟通方式，有效提升沟通质量，杜绝人工沟通错误。

2）车辆进出厂区系统登记。代替门卫手工登记方式，系统传递车辆进出状态，达到门卫、计划员、仓管员信息共享。

3）车辆根据进厂顺序智能排队。计划员按进厂时间派工打单，避免人工插队，同时遏制仓管挑单。

4）短信、LED 显示屏、扩音喇叭三重手段通知驾驶员驶入车位开始装货。人性化服务省去仓管人工寻找车辆、叫车环节，提升服务水平。

5）车辆装运进度系统实时更新。系统统计车辆在厂状态，汇总每日计划完成情况，升级原有电话、短信、微信等统计方式。

6）加急车辆开通绿色通道。开设加急车辆功能，优先处理加急车辆，方便加急车辆装车业务。

通过信息化系统实现物流公司、销售公司发货排队透明、公平，使得装车有序、规范；计划科与仓储科、物流公司、门卫之间的沟通协调机制更完善，信息传递更加快速准确；仓储科包含入库、返包、转库在内的各类作业计划，可实现系统共享与可视化，调度员、叉车驾驶员沟通机制更透明完善，明显降低相互间的投诉异常。

26.3.5　物流智能控制建设成果

26.3.5.1　物料管理水平大幅提升，经济效益显著

1）在计划排产方面，生产计划部借助"物料齐套检查系统"，在排产时可以快速准确地检查到订单所需物料的齐套情况，并对不齐套的物料进行跟踪，实施齐套排产，确保了24h生产计划的准确性。这样从计划源头上杜绝了风险排产，根本上杜绝了缺料导致的停线异常。2014年公司缺料停线比2013年下降95862工时，下降幅度达72.5%，折合增加产值1.5亿元。缺料停线的大幅下降使生产更加顺畅，人均产值大幅提升，员工的收入也随之明显提高，士气不断提高，2014年在生产人数下降的情况下，相比2013年同期，人均产值提升51.9%。

2）在物料采购环节，采购中心严格按照生产订单来下达采购计划，实现根据成品入库数量反冲发料数量，并根据反冲结果与供应商结算货款，从源头上控制了供应商超计划送货的问题，有效减少了呆料的产生。经统计，在生产基数不断增加的情况下，2014年公司呆料金额比2013年下降45.8%，控制在合理水平。

3）在物料配送环节，物资仓库严格按生产订单定额拣选配发物料，同时对异常物料实施了先退后补，并通过"退补料系统"按订单控制补料数量和退料数量一致。

4）在物料使用环节，分厂严格按照订单使用物料，对于分厂损坏、丢失或由于质量问题导致的补料，必须查清责任单位，由责任单位进行整改，降低物料损耗；对明细定额不准造成的物料领用异常由工艺部及时更改，保证明细定额和现场使用情况一致。据统计，2014年物料实际耗用与标准耗用金额差异率为0.10%，较2013年下降了89.9%，达到行业领先水平。

本次生产物料闭环管理的实施，对郑州格力之前不规范、不合理的生产管理系统进行了改革与创新，优化了操作流程，完善了管理制度，不仅解决了企业存在的各种成本浪费问题，同时还建立了可以及时暴露问题和验证改善效果的综合信息平台，提升了公司的生产管理水平，为公司的经营效益增长做出了重大贡献。

26.3.5.2　全面实现了物料管理信息化

通过综合信息平台的建立，郑州格力利用自身的资源对原有的ERP系统和MES进行了深度整合和二次开发，实施WMS，并围绕公司物料管理流程自主开发了一系列的信息系统，包括"供应商库存管理系统""物料齐套检查系统""JIT物料送货看板系统""电子拣选系统""生产进度看板系统""退补料系统""落地反冲系统"等。通过开发应用这些信息系统，实现了从仓库管理、计划排产、物流配送、生产过程监控、成品管理等全流程的物料管理信息化。

物料管理信息化的实现，改变了以前依靠人工收集信息、传递信息、处理信息效率低，

且信息内容不全面、不准确的弊端，采用高效、全面、准确的信息系统手段进行处理。物料管理各环节都按照系统的指令进行操作，杜绝人工干预，管理方式更加规范，信息传递更加准确，提高了工作效率，提升了管理水平。

26.3.5.3 促进了供应链上的多方合作共赢

生产物料闭环管理的实施不仅对企业内部管理问题进行了改善，也促使供应链管理进行了一系列改善，提升了管理水平，实现了供应链各方合作共赢。供应商严格按照公司下达的订单数量组织生产，减少了供应商物料的库存积压和物料损失，提高了经营效益；物料送货需求以信息化系统为基础，信息直观、准确，物料送到公司货场后，能够快速配送到生产分厂使用，提高了物料周转效率；供应商和公司的结算严格按照"落地反冲系统"的反冲数据进行结算，数据更加准确，不但提高了效率，而且减少了不必要的争议。

26.4 总结

郑州格力物料智能配送模式是格力集团内关键示范性建设项目，在项目实施推广的过程中，在项目方案规划、推进实施、应用推广等方面均积累了丰富的经验，同时也得到了许多教训。郑州格力物料智能配送模式的发展以精益生产和精益物流为指导思想，在基于生产业务，严格把控质量关的同时，依托自动化和信息化手段不断提升业务效率，以最低的支出支撑最高的产出，且在未来的发展中不断优化。经验教训可总结如下：

1）郑州格力业务运作水平提高，但一种模式从引进到运作成熟并非一日之力，如 VMI 模式的引进和发展，虽然给郑州格力带来了巨大的收益，但是运作不成熟，也伴随着一系列的问题。第三方管理水平参差不齐，安东业务管理水平还可以，但是其他第三方的管理水平和执行能力差，人员流动率高，就带给了郑州格力物流板块工作压力，使郑州格力不能完全按照格力的工艺标准执行，给郑州格力带来了困扰。在后期运行 VMI 时，要选择运行成熟的第三方，并且结合本公司的业务选择适合自己的第三方，这样可以减少甚至避免不必要的麻烦。

2）郑州格力在最近三年，针对业务需求开发了不同的系统 MES、OMS、PUTTY 等，虽给业务水平带来了提升，但是信息化零散，未构成信息化的体系建设，单个用户作业时要启用多个系统，操作烦琐。后期郑州格力会整合信息系统，从体系建设方面整合业务和信息化，为用户提供优质的产品和服务。

第 27 例

郑州大信家居有限公司 分布式模块化智能工厂实现不可思议的竞争力

27.1 简介

27.1.1 企业简介

郑州大信家居有限公司（以下简称大信家居）1999 年成立，是专业从事全屋定制、家用橱柜、衣柜、厨房电器、水槽、水家电及五金功能件的生产、研发及供应的企业，目前在全球拥有超过 1800 家大信品牌专卖店。大信家居是国家标准 GB/T 11228—2008《住宅厨房及相关设备基本参数》、JZ/T 1—2005《全屋定制家居产品》、SB/T 11013—2013《整体橱柜售后服务规范》参编企业。大信家居的特点是运用中国人独有的网状思维方式和中华传统优秀文化内涵，以自主研发的软件系统为依托，实现定制家居的大规模个性化定制。

27.1.2 案例特点

大规模个性化定制的关键是智能制造，大信家居大规模个性化定制模式，是以工业设计为驱动，发明"十方关联"的工业设计理论，以自主研发的软件系统为核心，以分布式模块化为手段，抛弃在传统的自动化流水线进行信息化改造做定制的思维模式，联合国内智能家具装备定制企业，发明创造了双分布式双模块化的智能生产模式。这是一个"互联网＋"的模式，以尚品宅配、欧派等为代表的定制企业是以进口的、原有服务于单件大批量家具产品的自动化流水线设备为基础，打通前后端进行信息化改造，从而实现个性化定制，这是一个"＋互联网"的模式。这两种技术都实现了个性化定制，技术得到了突破。

大信家居技术与其他技术的不同在于创造的结果不一样。众所周知，定制产品有成本高、周期长、质量差以及规模生产难的四大世界性难题。大信家居的技术成果在品质相同的前提下，成本低于传统成品家具的 15%，低于定制家具同行成本的 50%，相较于传统的成品家具，大信家居的技术具有颠覆性和替代性，而另一种技术是优化性和竞争性。

27.2 项目实施情况

27.2.1 项目总体规划

大信家居分布式模块化智能制造工厂，以构建企业级主干网络、工厂工业级互联网等为集成渠道，以大数据、云计算、互联网＋、VR、RFID 等新一代信息技术为突破口，通过以下几个方面的建设，打造以顾客为中心的设计、制造、服务三位一体的定制家具大规模个性化生产智能制造工厂，如图 27-1 所示。

1）建立模块化设计平台，基于产品基础大数据的研究、挖掘与应用，实现产品的模块化设计和个性化组合。

2）建设基于云端的定制家居 DIY 一键设计平台，实现用户在设计环节的深度参与和体验。

3）建设数字化生产与运营管理平台，实现对个性化订单的跟踪与管控。

4）建设智慧物流管理平台，实现订单的智能化分拣。

5）实现云端和关键数控设备的互联互通。

6）建立企业 ERP 和 MES 等集成的个性定制服务平台，将企业研发设计、计划排产、柔性制造、营销管理、供应链管理、物流配送和售后服务等系统实现协同与集成。

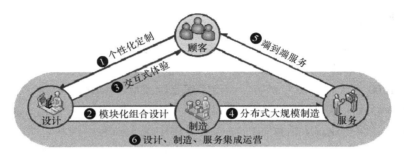

图 27-1 以顾客为中心的三位一体智能制造新模式

工厂建设中采用云计算、大数据、互联网＋、物联网、人工智能（AI）、机器学习、智能传感、虚拟现实（VR）、自动控制等智能制造使能技术，以及 ERP、OA、订单系统、3D CAD、WMS、门户网站、DIY 设计、云端系统、O2O 电商等智能制造应用技术，在《中国制造 2025》、《智能制造工程实施指南》和德国"工业 4.0"等智能制造建设标准的指引下，与各工业控制系统、智能制造装备及执行终端、数据采集终端等要素深度融合，最终实现智能制造技术创新、模式创新、形态创新。工厂建设的总体技术路线如图 27-2 所示。

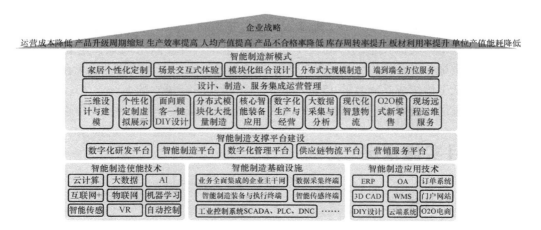

图 27-2 工厂建设的总体技术路线

27.2.2　建设内容

27.2.2.1　定制家居模块化三维组合设计与建模

企业成立开始便立足于对定制家居的"大规模个性化定制"模式进行不懈的探索研究。经过长时间的努力，收集到 10 万套整体厨房设计方案，形成了基于整体厨房的原始"大数据"，并整理成 4365 个整体厨房样式，通过对收集到的样式进行梳理归纳、交叉对比和分项合并，归类生成了 380 个原始标准化模块，成功破解了整体厨房的模块化密码，截至 2017 年年底，通过 2763 个模块实现板式家具的大规模个性化无限制全屋定制，涵盖 360 多种材质和色彩，可组合成兼容空间、成本、质量、风格、日常居家需求等各种要素在内的全屋定制解决方案。

大信家居在全屋家居设计领域历经多年探索与积累，逐步形成了一套独有的"需求在店面顾客、设计在本部终端、制造在工厂"的一体化研发体系，并充分应用 3D AutoCAD、3DS MAX、KitchenDraw 设计工具、大信云图库平台等创新工具，全面强化了定制家居的三维设计与建模能力，有效支撑了公司的研发设计创新和门店服务能力的拓展。

3D AutoCAD、3DS MAX 软件主要用于材料设计、家居设计、动画设计、室内设计等业务，KitchenDraw 主要用于合作门店的装修施工设计与现场指导，大信云图库则用于开发成果保存、网络传播分享。

经 3D AutoCAD、3DS MAX、KitchenDraw 设计的各种"梦模块"家居方案（尺寸图、平面图、效果图等），被上传到大信云图库中提交审核，方案通过后予以永久保存。合作门店的设计师可从云图库中即时获取方案，并能依据基础方案在另行建立的云端设计系统（详见下文）中为顾客提供更加个性化、专业化的定制解决方案。本部设计师可将已审核的云图库方案上传到云端设计系统中，可在云端设计平台中协助店面进行模块化设计，亦可将高价值的店面设计方案下载至本地，建立新的"梦模块"上传于云图库中保存、分享。

27.2.2.2　基于云端的全屋家居设计与虚拟展示

基于云端的家居设计系统主要包含：基于浏览器的操作展示模块、基于云端的计算服务器模块、基于 GPU 和 CPU 的云端渲染集群、基于云端的数据存储模块。整个系统的核心部分为应用层的建筑造型模块，负责家居设计最基础的建筑设计功能。基于云端的家居设计系统架构如图 27-3 所示。

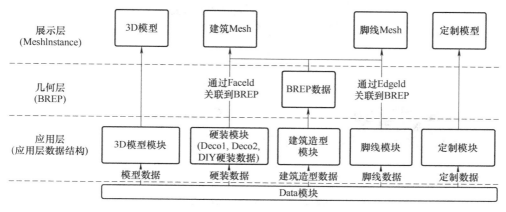

图 27-3　基于云端的家居设计系统架构

系统采用基于浏览器的云计算操作设计模式，1800 余家店面的设计师可在公司所提供的模块化、标准化的家居设计方案基础上，进行个性化定制的二次创意设计，并可结合 VR 技术提供体验服务，从而有效提升顾客满意、提升顾客感受以及设计服务水平。

系统还采用 GPU 运算技术，并运用云端渲染集群架构，高效、稳定地完成设计方案的快速渲染，如图 27-4 所示。Proxy 调度层负责总任务的调度工作，通过 Proxy 选举机制、ringhash 任务跟踪机制、多任务多权重队列等方式，保证大批量渲染任务有序运行。渲染节点集群负责实际的并行渲染，每个节点完成各自的渲染任务，确保了总任务不会由于某个节点的故障导致任务阻塞，提高了系统的稳定性。结合在线对象存储阿里云 OSS、监控系统和素材云存储系统，进一步保证了整个渲染体系的正常运转，因此相对于传统的渲染模式，有了数十倍的性能提升。

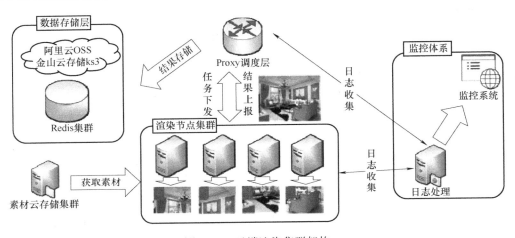

图 27-4　云端渲染集群架构

如图 27-5 所示，大信家居采用了酷家乐 Kool VR 技术，其沉浸式、720°动态情景能为顾客提供身临其境式的体验过程，在提供强大感官体验的同时，大大简化设计沟通的过程与时间。Kool VR 系统将酷家乐云设计系统中的所有设计方案作为数据的来源。

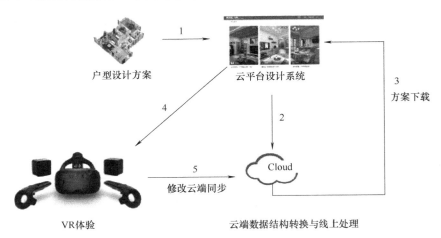

图 27-5　Kool VR 系统框架

　　设计师在酷家乐云设计系统中完成方案后，直接选择需要构建的方案，再加上简单的输入条件，即可自动生成一系列符合设计师需求的 VR 视觉方案。服务器收到构建的请求的方案 ID 后，会将需要构建的方案中所需的模型、户型、光照等的信息，打包发给 UEService 服务器进行数据解析。UEService 使用 XML 作为数据来源，将数据按特定的数据结构解析成 Java 内部格式。方案场景中的贴图、模型都需从 swift 内部云（EXACloud）中下载，系统自带了 EXACache 用于缓存内部云的数据。在系统完成材质合并后，户型数据转换完成，再次发送到云转换平台，通过 UE4 的渲染引擎进行硬装，最终打包为 EXE 文件，上传到云服务器。EXE 方案可直接由 VR 终端运行展示，也可被下载到店面设计师或本部执行虚拟展示。

27.2.2.3　大数据采集与分析

　　大信家居规划收集、整理、分析来自顾客、生产、设计、产品四大领域的大数据，对这些家居大数据的整理、分析、研究及运用，是大信家居建设智能工厂、实现智能制造的有力支撑，如图 27-6 所示。

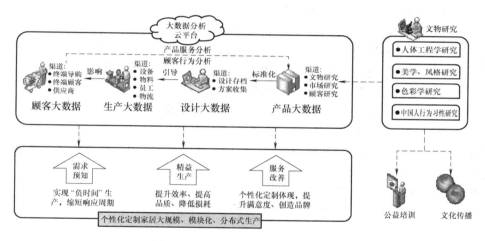

图 27-6　大信家居大数据分析模式

　　产品数据主要来源于市场案例、文物和顾客行为研究。在顾客行为研究领域，由 1800 余家分销店面实时收集顾客进店购买的数据，包括客户的家庭信息、家居风格、消费倾向、收藏喜好、关注频次等，然后将与全屋家居定制相关的重要信息数据进行保存。公司后台则依托系统收集的数据，不断整理、优化、更新、升级自己的标准模块、业务模式等。

　　生产数据主要来源于设备、物料、物流、员工等方面，目前这些数据都分散在各生产车间以及仓库的现场，未来会通过数据采集系统进行收集、整理、运用。

　　大信家居规划于 2020 年前完成大数据分析平台的建设，一方面以新建基于顾客消费行为的家居大数据采集系统为主，结合酷家乐 O2O 新零售平台的后台数据，提供客户行为大数据。另一方面，存储于云图库中的设计方案、市场案例、历史文物研究等产品基本信息也作为大数据平台的重要分析研究依据。另外，公司现有的生产、物料、营销、管理等信息化应用系统中的数据可作为大数据分析平台的有效支撑。

27.2.2.4　数字化生产与运营管理

　　大信家居的数字化生产与运营管理主要包括企业 ERP、全屋家居订单跟踪管理系统、生产订单主控系统以及电子化协同办公平台 OA 等。

企业资源管理系统以用友 U8 ERP 为核心，以提高管理会计为核心，实现财务管理、销售订单管理、采购库存管理、成本管理，并实现获利能力分析、状态跟踪、交货期控制等。系统实施的功能模块包括：财务会计/管理会计、销售管理（订单系统中）、计划管理（订单系统中）、物料管理、库存管理、客户服务管理、质量管理。

全屋家居订单跟踪管理系统是大信家居基于 Internet 技术所开发的门店订单管理应用软件。系统主要功能包括产品网上订单制定、订单状态跟踪、历史信息查询、报表分析统计等。门店在合同签订后，登录账户，在系统中按照全屋家居订单配置规则（"梦模块"等标准化单元）直接下单，这些"梦模块"由设计师预先保存于云端服务器中，必要时进行升级、更新，不断为顾客完善可选的家居品类。1800 余家门店的订单最终通过 Internet 汇总到本地 ERP 系统当中。

27.2.2.5　基于 RFID 技术的智慧物流

大信家居智慧物流管理平台，核心是将所有的物流资源联网，挖掘过程数据以指导决策，以及传递信息指导执行。平台可对物流过程状态进行实时监控，通过智能运输装备、检测装备、传感及显示仪表、管理软件，改造传统的以人工方式组织货品流转的配送模式，具体包括收料、存储、分拣、配送等过程。各过程物流数据可实时进行采集、追溯、监控，并与 ERP 等经营管理软件进行集成。货品在生产作业计划等执行决策软件系统的统一管控下，实现精准配送，确保实现高效灵活的大规模模块化定制家居制造。

RFID 系统主要包括 RFID 闸门、RFID 读写器、无源 RFID 标签、天线（接收器）等设备。无源标签安装在货架储位、运输托盘和产品外包装箱上，货位按品类预先规定分类。物流组织过程中，一个 RFID 电子标签对应一批托盘，托盘可由一张订单或一个整批次来运输，当托盘上的所有货品被送入指定区域时，经由 RFID 闸门扫描仪读取状态信息，拣货人员按照 WMS 管理软件的指示及仓库标识牌、信号灯或数字显示屏等辅助工具，进行分拣作业。货品在系统的精确指引下，按批次、按类别、按订单汇总后分别配送到对应的储位上或周转区域内，完成拣货。

WMS 管理软件通过入库业务、出库业务、仓库调拨、库存调拨和虚仓管理等功能，进行批次管理、物料对应管理、库存盘点、质检管理、虚仓管理和即时库存管理。系统能够集中管理整个一期及二期新建立体仓库与发货区，有效控制并跟踪仓库业务的物流和成本管理全过程，实现大型仓库整体的精细化智慧管理。

WMS 与其他信息系统（用友 U8 ERP、全屋家居订单跟踪管理系统、生产订单主控系统）存在数据交互，以云平台、企业主干网等方式进行数据集成；WMS 与现场物流资源（AGV、叉车、立体仓库等）通过无线网络通信方式构建信息连接，形成由业务层、执行层到现场层的自上而下物流高效调度管理。WMS 集成关系如图 27-7 所示。

27.2.2.6　业务全面集成的企业主干网建设

大信家居工厂网络主要分为管理控制层（含数据及应用服务器、数据链路出口、防火墙及安全控制等）、核心交换层、区域汇聚层（四个物理网段）、接入层。

工厂采用有线与无线一体化交换控制设备、有线无线网络共用安全策略管理和网络设备，实现网络无缝集成，同时采用统一的网管策略，做到有线、无线设备融合管理，一站式网管，从而实现生产线与信息系统互联、设备互联。人员通过手持终端（PDA）、工控系统终端、设备触控屏等与系统互联，物料通过条码、RFID 与系统互联。

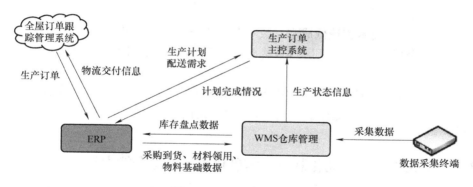

图 27-7　WMS 集成关系

27.2.2.7　分布式模块化工厂生产布局

在针对大规模个性化定制的板材加工环节创造性地采用了分布式模块化的加工方式，并通过对各个工序的加工设备不断进行升级改造和优化配置，使得生产加工的效率大为提升，及时响应大规模个性化定制的需求。

1）分布式体现在生产布局上，将不同的加工工序按区域划分有：下料区、雕刻区、打孔区、打磨区、喷胶区、模压区、封边区等，在制品根据自身的工艺路线在不同加工区域间进行批量流转，各个加工区域根据工序产能的水平，以平衡产能为原则，配备不同数量的加工设备，以满足整个加工流程的流转需求。

2）模块化的理念贯穿在产品设计与生产阶段，大信家居不直接生产最终的定制家居成品，而是生产用来组成最终定制成品的模块。通过云计算中心，将同类的个性化订单拆分重组为一定数量的模块批量订单，实现按批次组织生产，最终实现个性化家居的模块化大规模生产。模块化理念的优势还表现在裁切与雕刻加工工序，设备结合模块库的模块尺寸信息实现排版优化，极大地提升了板材的利用率，降低废料比例很小，使得大信家居的板材利用率远高于行业平均水平。

27.3　实施效果

27.3.1　工厂建设的具体成果

1）建成基于全智能融合的家居产品个性化高效全体系系统。大信家居采用了酷家乐为大信家居开发的基于云端的家居设计与虚拟展示系统，通过利用云计算、模块化设计等形式，解决了本行业家居设计的常见问题，并运用 Kool VR 技术进一步提升了客户满意与感受。

2）实现个性化定制家居产品的即时设计、即时原创、即时成像、即时交易、无须试装、一次成功，将定制家居的交货时间由 18~45 天缩短到最慢 4 天。

3）极效用材，绿色发展。大信家居将定制家居国际平均用材率的 76% 提高到 94%，且比非定制传统成品家居平均用材率的 89% 提高了 5%。

4）极低差错，高质高效。大信家居将定制家居国际平均差错率 6%~8% 降低到 0.3%，达到世界先进水平的 1/20。

5）极低成本。高技术创造低成本，成本驱动价格，支撑性价比，创造不可思议的竞争力。大信家居综合成本比定制家居行业先进水平降低 50%，比成品家居行业先进水平降低 15%。

6）颠覆库存概念，零库存 + 超时空效率。设计在先，以需定产，产品零库存、金融零风险，利用大数据云计算、人工智能，先知先觉，大批量精准预先生产，创造负时间，获得超时空效率。

27.3.2　数字化设计、智能化制造、信息化服务等综合能力提升

工厂的建设提升了企业核心竞争力与可持续发展能力，通过大幅提升数字化设计、智能化制造、信息化服务等综合能力，在下述几个方面实现创新：

1. 核心业务环节运营模式的创新

1）实现设计模式创新。本项目中大规模个性化全屋定制工业设计方案采用独创性模块的设计思路，自成独创性体系，不同于目前世界上普遍使用的定制产品"板件级"的设计逻辑方式，而是提升到"模块级"。从设计和制造环节都采用模块化思路，极大地提升了针对消费者个性化定制的效率。

2）实现供应链模式创新。通过建立全屋家居订单跟踪管理系统、ERP、条码识别系统、RFID 系统等，深化订单及物流管控，推进立体仓库的应用，促进内部生产进度、物流配送信息向客户方和供应方的及时传递，实现基于客户需求、制造需求、供应商需求全面协同的敏捷化供应链。

3）实现制造模式创新。通过自建的云计算中心实现销售订单的汇总与拆分，代替了人工拆单环节，此外，云计算中心的拆单信息直接与生产的智能化设备进行集成，省去人工给生产设备下达生产指令的环节，一方面节约拆单时间，提升效率，另一方面，减少人为差错率。国产化的智能加工设备通过排版优化算法，自动对加工的产品进行排版，不断提升材料利用率，降低总体生产成本。

4）实现营销模式创新。建设面向消费者的云设计平台，完善设计方案展示功能。基于该平台的设计方案可在 10s 一键于服务器上渲染出图，并生成 VR 文件，消费者利用 VR 眼镜实现沉浸式体验，还可将方案呈现于手机移动端。该平台配备了户型图大数据系统与云图库系统，户型图大数据系统集成了全国绝大多数小区的户型图，云图库有上千个典型户型的典型风格装修方案，均可直接被用户调用，一方面提升了用户体验，另一方面，改进了设计出图的效率。

5）实现服务模式创新。建设现场施工监控服务平台，消费者只需将相应 App 软件终端下载到自己手机上，便可通过视频全天候全方位地远程监控工人施工细节、材料进场情况、材料使用情况、施工工艺、施工流程等，并可通过该平台与现场施工人员实时交流，及时反馈在施工过程中存在的问题与建议，提升沟通效率，降低沟通效率低下带来的成本浪费，完善用户体验。

2. 订单、生产、物流的集中协同工作

通过将云设计系统、客户订单系统（销售终端与后台主控系统）、ERP 系统、智慧物流系统、条码系统与升级的智能设备控制系统进行集成，实现了订单、生产、物流分拣与配送

的集中协同，改进了业务信息的流转速度，提升了信息的准确度，进而提高企业运营效率，降低定制化产品的制造成本，为大规模定制化生产奠定了良好的基础。

3. 关键短板设备、设施突破

通过对生产设备的创新智能改进，包括计算机裁板锯、智能雕刻机、异型热压机及双排封边机等，实现了人机交互的界面操作，且配置开放的数据接口，可直接与信息系统关联，提高信息传递的效率和准确率；作业方式的改变使得加工效率得到极大改进；配置多种加工模式，提升生产线柔性生产能力。

27.3.3　建设实施前的具体指标比较

运营成本降低45%以上，产品升级周期缩短50%以上，生产效率提升75%以上。同时，在交付周期、产品差错率、板材利用率、运营成本等几个方面均赶超国外先进水平。综合技术指标改善情况见表27-1。

表 27-1　综合技术指标改善情况

序号	改 善 项	指 标	数 值
1	运营成本降低	运营成本降低比率	45%
2	产品升级周期缩短	产品升级周期缩短比率	50%
3	生产效率提高	人均产值提升比率	75%
4	交付周期提高	产品生产周期缩短比率	75%
5	产品不合格率降低	年产品不合格率降低比率	90%
6	库存周转率提升	库存周转率提升比率	53%
7	板材利用率提升	板材利用率提升比率	23%
8	单位产值能耗降低	单位产出能耗降低比率	28%

27.3.4　大信家居模块化智能制造工厂定制生产模式下的效果

1. 人叫人百声不应，货叫人不叫自来

价格是产品的最大竞争力，大信橱柜的性价比在同行业中优势明显，这在大信家居全国各地专卖店和同行业店面的人气对比中可以体现出来。同时，大信家居通过生产模式、管理模式和营销模式的全系统创新，赢得了无数顾客的信赖，积累了大量的老顾客，通过老顾客的口碑宣传，实现了品牌的传播和企业的稳健发展。

通过模块化组合，可以进行无限制设计定制，同时可以匹配多达360种材质和色彩，大信家居的全屋定制不是简单随意地摆积木，而是可以形成无限制多样的设计风格，如现代简约、古典、中式、简欧、田园等，这些在大信家居的模块下均可以完美实现。

2. 消费者个性化需求得到充分满足

在前端，消费者登录企业官方网站，输入自己小区的名字，即可调出户型图，并可以形成立体和平面效果，消费者和终端驻店设计师一起，调用企业在线即时交互软件设计系统中的模块化产品，用40~60min的时间，将自己的家和家居随心设计，设计完后，用云端服务器10s渲染完毕，再通过VR技术1:1虚拟现实，也可通过二维码扫描将设计方案连接到手机移动端，如果消费者满意，则交定金，驻店设计师一键生成安装图和生产数据。

在生产端，生产数据直接到达工厂云计算中心，云计算中心对生产数据进行自动整理分析形成生产指令，生产指令到达车间随即进行生产，四天内工厂出货。通过安装服务，消费者得到属于自己的个性化定制家居产品，工厂实现精准制造，零库存。

27.3.5 四个理论突破

1. 经营活动观念转变

传统的工业化大批量生产是以消费者为中心，大规模分布式模块化定制是以消费者满意为中心；经济数学模型求的是消费者满意的最大公约数，个性化定制求的是每一个消费者完全满意的总和。

2. 经营活动方式转变

从先产后销转变为先销后产，零金融风险、零库存风险，使个性化定制活动具备了供应链金融的全部要素，成为社会生产和金融体系的健康基因成员。

3. 经营模式转变

传统制造业边际成本高、边际效率低、边际效益差转变为个性化定制的边际成本低、边际效率高、边际效益好。消费者满意度充分提高，社会资源巨大节约，社会效率巨大提升，社会经济生态风险巨大降低。

4. 企业经营组织转变

企业经营组织架构由传统制造业塔式多级转变为扁平的平台结构。决策的科学性、客观性，以及决策执行的精准性和企业的执行力都得到了很好的提升。

27.4 总结

1）大规模个性化制造的基础是数字化的标准和模块的确定。因此针对所在企业特点的基础研究是智能制造的出发点和根本点，这不是一件简单和容易的事。

2）智能制造的核心是软件，要自主原创。能够实现大规模个性化定制家居必须实现虚实连接、智慧算法，连接的纽带和算法的载体就是软件。软件是大规模个性化定制核心技术，核心技术不能简单地选用通用软件或者抄袭，必须创新。

3）为顾客创造价值的多少，为企业带来产品市场竞争力的强弱是检验企业一切技术创新是否科学合理的唯一标准。

4）全面数字智能物联、全球网络可视系统、商业模式自动化、生产智能化的实施基础是企业组织架构的转型，每个企业的具体情况不同，但企业组织架构转型升级总的方向是由职能型转向平台型。

轻纺篇

第 28 例

际华三五一五皮革皮鞋有限公司 制鞋智能化生产工厂

28.1 简介

28.1.1 企业简介

际华三五一五皮革皮鞋有限公司（以下简称际华公司）是"世界500强"中央企业新兴际华集团下属际华集团股份有限公司的全资子公司。际华公司始建于1950年，1951年第一双皮鞋下线，标志着际华公司正式投产。际华公司在国内制鞋行业位居前列，在军队、武警、航空、城市执法等市场领域有着举足轻重的市场地位，是军队和武警部队核心供应商，是航空、城市执法等行业配发领域的"第一品牌"。目前，际华公司的制鞋整体水平达到了国内一流、国际领先水平。

28.1.2 案例特点

本项目涉及的领域为轻工制鞋领域。在稳定产品质量的前提下，逐步摆脱劳动力成本上升的束缚，依托工艺创新、设备升级，实现生产过程自动化、智能化，是中国制鞋企业刻不容缓的重任。际华公司依托70年的制鞋生产经验和强大的技术研发实力，在制鞋智能化生产领域已经展开了多年的研究和实践，主要为解决以下关键问题：①降低生产成本，使公司在激烈市场竞争中具备更大空间的议价能力；②减轻劳动强度，使企业职工提升职业幸福指数；③改善工作环境，改变制鞋作为传统劳动密集型产业的印象，逐步适应年轻一代择业新观念；④通过物联网等将生产数据做到实时传递，使管理更加高效规范。

在传统的制鞋生产环节，从仓库领料、下裁、缝帮、制底到最后的包装入库，所有生产数据、进度、质量信息等的收集都需要通过人工进行，生产成本也需要人工进行数据的收集和整理。这样就存在数据不准确和传递不及时的问题，而通过 MES，与际华公司现有 ERP 系统对接，就能有效解决上述问题。不仅大幅提升效率，还能够节约大量人工成本，并且能够保证数据的准确性。

28.2 项目实施情况

28.2.1 项目总体规划

作为中国皮鞋生产的骨干企业，公司同样面临着从劳动密集型生产模式转换到智能化生产模式的选择，通过机器换人，关键工序实施智能化生产，缩短生产周期，提升品质，降低成本，形成产品核心竞争力。智能化生产工厂结合际华集团股份有限公司的要求，系统地提出通过"三化"——设计数字化、工艺设备智能化、管理信息化，来实现皮鞋在研发、生产过程的信息化管理。它是公司目前在研发、技术、生产的基础上建立起的智能制造系统。

28.2.1.1　鞋楦及帮样设计数字化

经过单一脚形静动态受力分析，配合 3D 扫描和打印技术，完美实现数字化设计鞋楦；帮样设计通过设计软件与样板刻制设备的有机结合，实现从设计到出版的全程计算机化操作。

28.2.1.2　工艺设备智能化

将皮鞋生产按照下裁、缝帮、制底、包装、入库等工艺流程划分模块实现专业化操作。下裁主要采用皮革自动排版下裁机、辅料自动铺布下裁机、自动换刀头裁底机等设备实现下料自动化操作。缝帮主要采用全自动计算机花样机进行装饰线缝制、装饰件缝制、后帮缝制、接头缝制等模板化作业。制底主要采用可记忆楦型的全自动绷尖机、绷跟机、智能 PU 注射生产线、智能胶粘生产线来实现自动化操作。包装采用全自动化智能包装生产线，其中包括条码粘贴、鞋号鞋型自动分类、自动装箱打包。仓库采用智能仓储系统，从成品入库、分类摆放到出库全流程实现自动化。

28.2.1.3　管理信息化

项目从研发、订单、技术、采购、仓储、生产、入库发运的全流程信息化管理，通过信息平台实现信息共享，实时监控订单的完成进度，并对产品的研发、生产、发运的实现全过程进行控制。

际华公司紧紧以上述"三化"的总体思路为基础，从外围到核心整体设备升级为主线，紧密结合公司实际情况，充分借鉴精益生产等先进理念，成立相应专业项目组，分步骤、分阶段实施来建设制鞋智能化、现代化工厂。信息化系统模型如图 28-1 所示。

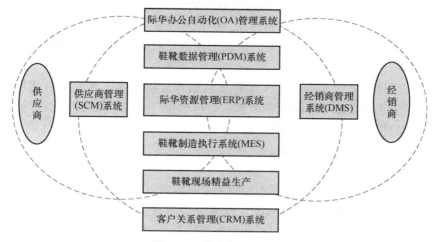

图 28-1　信息化系统模型

信息化系统应用在鞋靴生产流水线，完全实现了鞋靴生产、管理的核心信息化模块，且在这个过程中，是一次规划，整体实施上线，故各系统之间的业务流是连贯的，没有断层，各系统之间的接口清晰、简单、稳定。例如在 PDM 完成鞋靴的设计、定形；DMS 完成经销商鞋靴的订单下达，DMS 将订单传给 ERP 做资源计划，ERP 再将排好的日生产计划发到

MES 进行生产制造，并将采购计划发给 SCM 指导供应商备货；MES 将生产进度反馈给 ERP、DMS；制造完成后将完工计划报给 ERP；最后 DMS 进行入库，CRM 系统根据 DMS 销售与质量反馈对客户做售后服务。最终完成了鞋靴从设计开始到交付顾客的信息流闭环。信息化核心体系框架如图 28-2 所示。

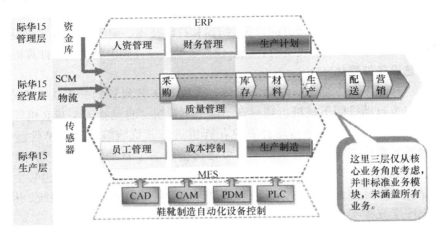

图 28-2　信息化核心体系框架

28.2.2　建设内容

28.2.2.1　设计数字化

1. 智能化鞋楦设计

鞋楦是一双鞋的灵魂，只有鞋楦设计合理并符合自己的脚形，我们穿用的鞋靴才会感到舒适。高端定制是近年来公司重点规划的项目，公司基于鞋楦个性化定制，从脚形测量入手，结合款式设计、材料选用、工艺制作、维护保养等环节，全方位、全流程为客户提供高端、个性的高级定制鞋靴服务。通过对客户脚形的测量收集关键脚形数据，同时利用 3D 打印技术，实现鞋楦的个性化定制。

智能化鞋楦设计具体流程为：①采集脚形数据并分析，通过大数据对共性数据进行分析，建立相应的脚形数据库；②输入常用款式鞋楦数据（楦长、跖围、跗围等数据）；③客户测量后的脚形数据通过分析和楦型数据进行自动匹配；④对于常规脚形，则推荐尺码进行生产，对于非常规脚形，则量脚定制。

2. 帮样设计数字化

际华公司帮样设计的方式一直传承着贴楦手工开版的方式，但是随着市场的变化，客户对款式要求不断增加，传统设计方式在效率上就成为制约的一大因素，如何快速掌握数字化设计，有效提升开版和样板切割效率，对样品制作周期的缩短和市场反应的加快有着关键影响。

公司采用新技术，引进新设备，利用 3D 扫描技术帮助设计师更好、更快地采集脚形数据，进行分析研究以及快速设计，保证设计的鞋靴可以更好地满足顾客需求。

28.2.2.2　工艺设备智能化

1. 下裁设备智能化

通过智能皮革下裁机对已经检验过的皮革进行视觉扫描，自动区分完好和受损皮革，将信息传导至计算机中心，计算机中心通过样板的导入，结合每张皮革的实际大小和利用率情况，通过排版软件自动计算形成最优化的排版结果，完成自动排版，然后通过控制震动刀头对吸附于作业面的皮革进行切割作业。

由于制鞋生产所用布料具有较好的重复性，因此布料可以进行多层下裁，自动铺布下裁机可实现自动铺布，计算机中心实现自动最优化排版，自动切割，自动收料。自动化底料裁断机可有效针对底料进行多刀头自动更换，样板输入后可自动化排版、自动裁断等。

2. 缝帮模块化

针对际华公司现有的主要产品，分款式、分工序进行模板开发设计和制作，利用全自动计算机花样机，实现复杂工序的模块化缝制，从而简化生产工序，降低操作难度，提升生产效率。从新产品设计开发入手，在满足市场和客户要求的前提下，结合缝帮生产的模块化实际需求，本着生产成本节约、市场议价及竞争能力增强的原则，设计符合模块化生产需要的新产品。

3. 制底智能化改造

采用机器换人的思路，从作业劳动强度大、作业环境差、人工作业效率低三个方面考虑，逐步用机械臂替代人工操作，减少有毒有害工序，实现无污染排放，绿色生产，同时实现产品加工过程的自动化传输。

4. 包装智能化

成品的条码粘贴、号型分类、装盒、装箱、包装全流程实现自动化操作，同时对产品信息进行实时的录入、传输。

5. 仓储物流智能化

智能仓储系统最终实现成品自动入库、自动扫描分流、自动分拣上垛、自动信息录入、出库指令自动下发、成品自动出库等。仓储物流智能化的建立由单元货架设计方案、堆垛机系统、输送机系统、控制系统、仓储信息管理系部分构成。

仓储物流控制系统如图 28-3 所示，涉及堆垛机、自动穿梭车、自动输送设备、拆码垛机器人、AGV 等设备，作为整个自动化立体仓库系统设备执行的控制核心，完成物料输送及过程控制信息的传递，实现设备监控、数据采集、通信网络、控制接口的一体化控制和管理。

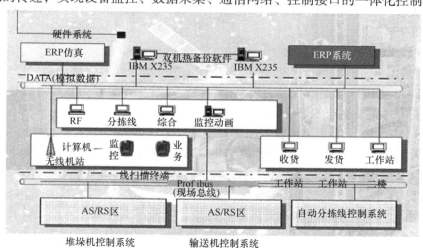

图 28-3　仓储物流控制系统

28.2.2.3 管理信息化

管理信息化主要包括生产过程数据采集与分析系统建设、MES 和 ERP 系统有机结合两方面。

1. 生产过程数据采集与分析系统建设

此项目生产线数据采集系统基于 TCP/IP 的工业以太网建立，由数据库服务器、数据采集计算机和智能终端等组成。整体架构参考图 28-4。

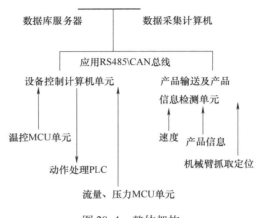

图 28-4　整体架构

温控环节，目前采用巴赫曼 M2 系列 PLC 控制，针对智能 PU/TPU-AMIR 生产线实际情况，设置调整检修与手动、自动三种状态，动作数据通过单工位 PLC 模块进行 D/A 采集。更正、补充信息自动二次检测与手动录入均可，其中运行温度的数据自动采集，其余设置控制温度需要人工录入。在产品输送及产品信息检测环节，传送带速度、产品信息录入后，外箱标识自动打印，包装机械臂抓取自动定位。数据采集计算机自动采集或计算机客户端手工录入的数据存入数据库服务器的数据库中，以便检测、生产、技术调用。

数据采集计算机运行自动采集程序，通过智能终端实现对生产数据的自动采集。数据采集计算机（上位机）与智能终端（下位机）采用主从应答方式进行通信。数据采集计算机处于主动的状态，通过以太网向智能终端发送各种命令。而智能终端作为下位机则处于从动状态，一直处于监听状态。

2. MES 和 ERP 系统有机结合

鞋靴制造 MES 与 ERP 系统有机结合，如图 28-5 所示。针对鞋靴制造生产业务和流程，鞋靴制造 MES 提供生产计划排程、工艺集中管控、实时生产监控、过程防误控制、分厂物流管理等功能支持企业生产的信息化。

鞋靴制造 MES 从 ERP 系统接收生产计划之后，通过计划排程模块将粗生产计划进行细化分解，拆分成各个生产单元可执行的具体的工序作业计划，并将生产指令下达至生产现场，同时鞋靴制造 MES 还提供生产订单报工、绩效分析等功能，全面提升对鞋靴生产计划执行的管控能力。

鞋靴制造 MES 可以对生产实时进度进行监控，并通过实时数据采集，计算计划完成实时达成率，对实际生产量和生产计划进行进度、质量对比，统计实时的半成品库存数据，实现自动化上下工序生产匹配，从而达到"柔性""敏捷式""拉动式"生产。

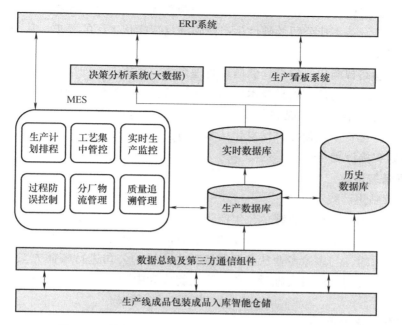

图 28-5 鞋靴制造 MES 与 ERP 系统有机结合基础架构

过程防误控制针对鞋靴制造从原材料、半成品投产到产品生产完成、质检入库的各个工序的一系列的防误验证，如材料有效期、BOM、工位、工装、线边等验证。鞋靴制造MES 提供专门的过程防误控制功能，通过严格验证，确保各种生产准备和工艺执行的正确性，减少设备停机停产现象，从源头减少生产事故和生产质量问题。同时鞋靴制造MES 还通过采用各种信息识别采集技术手段，通过扫描记录和实时信息采集，为生产质量的全过程追溯管理、快速定位质量产品和生产阶段，实现快速产品召回提供全面信息支撑。

针对分厂物流管理，鞋靴制造 MES 提供线边库位置、物流指引以及呼叫、送料、在途监控等功能实现对库存物料的先后顺序与计划控制，实现库区库位可视化管理，减少库存量，提高库存利用率和资金周转效率。鞋靴制造 MES 通过对生产质量信息的自动化采集、统计、分析、检测等数据处理工作，并通过质量信息标签和鞋靴编号的绑定，支持鞋靴全生命周期的双向追溯管理，并通过信息分析，实现对业务流程的持续优化与改善，缩短生产周期、提升产品质量，从而提升企业竞争实力。

28.2.3　实施途径

28.2.3.1　实施的四个阶段

际华公司的制鞋智能化生产工厂建设包含整个制鞋过程，从设计阶段开始，直到入库实行全过程的智能化操作，共分为四个阶段：

第一阶段：设计数字化。利用 3D 扫描技术和远程动态捕捉技术把人的脚形扫描到计算机中，通过计算机自动计算出脚的长度，脚各部位的宽度、围度、高度，通过相关软件形成脚形 3D 模型和相关参数，将数据与公司的楦型数据库中的鞋楦匹配，把生成的数据传输到公司进行生产。

第二阶段：工艺设备智能化。投入大量资金购买从下裁、缝帮到制底整个制鞋过程的自动化、智能化生产设备，让公司的硬件生产设施满足智能化工厂的要求，从而实现制鞋智能化生产工厂的建设。

第三阶段：仓储智能化。建设仓储信息管理系统，采用一流的集成化物流理念设计，通过先进的控制、总线、通信和信息技术应用，协调各类设备实现自动出入库作业。

第四阶段：管理信息化。规划 ERP、MES，为公司打造数字化工厂，为信息化、自动化、智能化和服务化工厂建设提供信息化技术支持。

28.2.3.2 后续实施计划

1. 工艺设备智能化

（1）智能胶粘生产线项目

柔性化、智能化、自动化、绿色化生产将会成为制鞋行业未来发展的主流趋势；机器代人、智能化设备提升效率会成为制鞋行业的发展方向。目前际华公司已启动该项目，成立智能、绿色生产项目组，与多家专业从事智能胶粘生产线的公司进行整体方案的沟通和设计，已经初步达成合作意向。项目实施后，该生产线将成为中国制鞋业最先进的胶粘工艺智能化流水生产线。

（2）包装智能化项目

1）智能后道包装线，包括后道包装线、自动开箱机、自动装箱机、自动折盖封箱机、打包机、自动传送带等。

2）自动检测识别，包括数据采集线、入库采集线、内外箱码匹配识别系统、条码识别系统、RFID 芯片识别等。

2. 仓储智能化

仓储智能化将从已经规划设计好的存储单元货架、堆垛机系统、输送机系统、运行控制系统、仓储管理信息系统五个方面如期建设。

3. 管理信息化

利用部署的 MES、ERP、PDM 等系统，通过共享数据服务总线将各个系统之间实时的协议、数据转化，打通各自独立的孤岛，形成数据驱动的业务流，完全实现鞋靴生产、管理的核心信息化模块建设。

28.3 实施效果

28.3.1 数字化设计实施成果

28.3.1.1 数字化三维设计流程

项目实施后，整个数字化三维设计的流程介绍如下：

1）通过 3D 脚形扫描仪和 Feetscan 软件进行脚形测量，自动采集客户的脚形数据，如图 28-6 所示。

2）测量后的客户脚形数据通过 Feetscan 软件和 Geomagic Studio 11 软件形成脚形的 3D 模型和有关于脚的 50 多项参数。客户脚形的 3D 模型如图 28-7 所示。

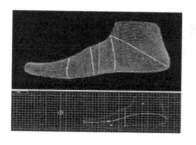

图 28-6　3D 脚形扫描仪和 Feetscan 软件

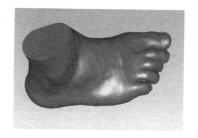

图 28-7　客户脚形的 3D 模型

3）将数据导入 Delcam Crispin shoemaker 三维设计软件中，根据各项数据分析结果，在 Delcam Crispin shoemaker 三维设计软件中进行鞋靴设计。

4）将 Delcam Crispin shoemaker 软件中设计好的样板从 3D 转化为 2D，如图 28-8 所示。

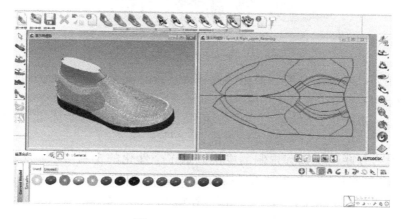

图 28-8　样板转化示意图

5）将设计好的样板数据导入 CAD 软件中，进行进一步修改、调整、扩缩。

6）输出样板数据，进行切割样板。

目前际华公司的高端定制鞋全部采用 3D 脚形扫描仪进行脚形测量，实现个性化定制，让顾客穿上满意、舒适的鞋。

28.3.1.2　鞋楦设计智能化实施效果

际华公司于 2014 年启动高端定制量脚服务，截至 2018 年 3 月，高端定制业务已拓展至北京、重庆、漯河等城市，培育了数量可观的客户群体。高端定制店建立的数据中心先后采集脚形数据 2.7 万余条，提供定制服务 1 万余人次。通过建立脚形数据库和楦型数据库，运用大数据技术对数据库进行数据挖掘和分析，仅 2017 年公司就为各种行业领域的高端人士成功定制高端皮鞋 3000 多双。

高端定制项目运作以来，已经为军队、国企等提供多种个性化定制服务。其中，对三军仪仗队、国宾护卫队等实行单体单量，除对每个人的脚形数据采集分析外，还要对腿部数据进行测量，并对特殊脚形进行人工复测，确保鞋型及靴筒最大限度地满足穿用需求，合脚率 100%。三维脚形数据采集设备如图 28-9 所示。

际华公司个性化高端定制团队多次为部队老干部提供鞋靴定制、维护保养等服务，舒适

图 28-9　三维脚形数据采集设备

度获得首长的肯定；前女篮国家队队员郑海霞的鞋靴也由公司定制制作，专属专款。特定款式脚楦关系匹配如图 28-10 所示。

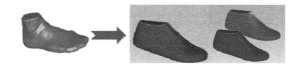

图 28-10　特定款式脚楦关系匹配

此外，际华公司已成功开展了退伍残障军人、森林武警、城市执法团体类定制服务。2018 年 3 月份已经启动南方航空公司鞋靴定制服务，同时在南方航空公司点对点定制优质服务的引领下进一步展开了东方航空公司、深圳航空公司、山东航空公司等航空市场的定制服务。

单体单量结合互联网 + 远程定制的应用满足了个性化的定制需求，实现"一次量脚，终身服务"。有了这些长期的积累和高科技的硬件做坚实基础，际华公司个性化高端定制服务的开展成了顺理成章的结果，满足了人们对鞋靴更美更舒适的追求。

28.3.1.3　帮样设计数字化实施效果

目前公司已经与国内制鞋开版软件——鞋博士进行合作，实现从 3D 设计、2D 开版到生产技术转换到裁断下料的全连通。

实现突破 1：基于特征模型的全参数化展平，适合各种工艺、各种楦头。

实现突破 2：同类产品中首次划分五种类型分片，操作简单快捷，其他软件需借助辅助线条完成。

实现突破 3：可以处理直筒皱、一边褶、对称皱等多种类复杂的褶皱，且处理方式灵活方便，褶皱样板处理瞬间完成，备受版师青睐。

实现突破 4：可以处理渐变型阵列，角度设置方便，全参数化。手工处理此类样板时耗时、费力。此功能属本软件独有。

实现突破 5：常规扩边与指定扩边、指定反扩边、不等距扩边、合边、换边、加内线等组成一个完备的系列，适应各种复杂的搭接。

28.3.2　工艺设备智能化实施效果

28.3.2.1　智能缝帮实施效果

引进全自动计算机花样缝纫机及智能皮革印线机（图 28-11）等智能缝纫设备，在际华公司缝帮工序推出了模板化缝纫，缝纫效率得到了极大的提升。智能皮革印线机与人工划线相比，效率提高 2 倍，材料消耗节约 20% 左右，一个人可以同时操作 3 台机器，劳动强度大大降低。全自动计算机花样缝纫机的引进使效率提升 35% 以上，部分产品效率提高能达到 200% 左右。

图 28-11　全自动计算机花样缝纫机及智能皮革印线机

28.3.2.2　智能下裁实施效果

通过长时间的摸索和反复试验，基本实现了从上料、自动铺布、自动排版到自动下裁等全工序的智能化生产。与传统的人工下裁相比，大批量自动下裁机消耗节约 10% 左右，效率是人工的 1.8 倍。双头震动刀皮革下裁机消耗相比于人工下裁超出 3.5%，效率约为人工的 70%，且无须制作刀锇，能够切割较复杂的形状，产品一致性较好，响应速度快，适用于小批量、快速转产的产品。智能下裁设备如图 28-12 所示。

图 28-12　智能下裁设备

28.3.2.3　胶粘智能生产线项目预期实施效果

传统胶粘线从热定型烘箱开始，至压合工序结束，至少需要 16 人。通过使用智能胶粘生产线方案，每条生产线可节约 10 ~ 11 人，按照 4000 元/月工资计算，每年每条生产线可节约人工工资 48 万元以上。

原来传统的生产线大部分由人工操作，人工操作受到员工素质、技术能力、质量意识等多方面的影响，操作不规范，容易出现各种各样的问题。智能胶粘生产线解决了以下工序中传统胶粘生产线容易出现的问题：

1）起毛工序：起毛过高引起子口不清洁，影响外观质量，从而造成产品不合格；起毛过低引起产品开胶，造成实质性质量问题，产品不合格。

2）刷胶工序：刷胶过高引起子口不清洁，影响外观质量，从而造成产品不合格；刷胶过低引起产品开胶，造成实质性质量问题，产品不合格。

3）喷光亮剂：喷量过多造成涂层过厚，喷涂不均匀不符合要求，喷量过少造成亮度不够，达不到标准要求。

4）压合：压合位置不明确，导致产品受力不均匀，造成开胶；流水线容易造成露压合，造成严重开胶。

同时传统胶粘生产线由于工艺要求，容易在砂帮脚、刷胶、过烘箱等工序产生粉尘、挥发性有机物等污染，对员工造成极大的健康隐患，同时烘箱周围产生的高温也使得员工处在较差的作业环境中。通过智能胶粘生产线方案的改造，在这些对应工序全部使用机械臂替代人工进行操作，同时对粉尘、挥发性有机物等污染进行集中收集、处理后排放，不仅不会对员工造成健康隐患，也避免了对环境造成污染。

28.3.3　仓储智能化实施效果

仓储智能化项目有立体货架、轨巷道堆垛机、出入库输送系统、信息识别系统、自动控制系统、计算机监控系统、计算机管理系统以及由其他辅助设备组成的智能化系统，采用一流的集成化物流理念设计，通过先进的控制、总线、通信和信息技术应用，协调各类设备实现自动出入库作业。

仓储智能化项目采用高层货架、立体储存，能有效地利用空间，减少占地面积，降低土地购置费用，节约场地空间，单位面积储存量为平库的 4 ~ 7 倍；改善了工作条件，减轻了劳动强度，减少了收发差错，提高了作业效率。仓库作业全部实现机械化和自动化，能大大节省人力，实现"无人化仓库"，减少劳动力费用支出，节约人力成本 60% 以上。采用托盘式货箱储存货物，货物的破损率显著降低；库内容易进行温度湿度控制，有利于物资的保管。货位集中，便于控制与管理，特别是利用计算机，不但能实现全部作业过程的自动控制，而且能进行信息处理，实现库存物品的"先入先出"，并有利于防止货物和物料的丢失和损坏。

28.4　总结

随着社会的不断发展，传统制鞋业存在的问题不断浮出水面：①制鞋成本不断上升，用工成本成为制约制鞋行业的主要因素，招工难，招熟练工更难，管理成本节节攀升；②随着互联网及网络技术的飞速发展，时尚产业发展愈加迅速，制鞋行业从以往的大规模生产逐渐向小订单多样性的个性化定制转变，生产和研发周期被不断缩短；③环保意识逐渐强化，相关政策逐步完善，用工环境的改变及耗材成本的上升使传统制鞋行业再受阻碍。

制鞋企业使用柔性化、智能化、自动化、绿色化生产设备是制鞋行业未来发展的主流趋势。际华公司将智能设备模块化，大幅提升了生产效率；将生产管理程序化，管理更加精细、精准；减少了人工、机器对耗材的不必要浪费，提高了公司智能化的整体水平。际华公司的智能化生产工厂项目可以从三个环节进行复制推广：

1）鞋楦及帮样设计环节，通过购买 3D 扫描仪，运用大数据分析技术，由计算机直接计算出脚的各项数据，改变了传统人工测量的方式，节约了人力，避免了误差。

2）生产制造环节，将皮鞋生产按照下裁、缝帮、制底、包装、入库等工艺流程划分模块实现专业化操作。通过引进自动排版下裁机、全自动计算机花样机、全自动生产线等一系列智能化设备，来实现整个生产过程的智能制造。

3）管理信息化环节，通过 MES，将测量产生的数据与公司专门的生产数据和实时数据库对接，为实现快速及时的生产反馈提供了基础。通过 MES 实时监测生产过程，并通过实时数据采集，计算计划完成实时达成率，对实际生产量和生产计划进行进度、质量对比。

智能制造是数字化、网络化、智能化循序渐进的过程。际华公司推进智能化生产工厂建设的经验如下：

1）要建立智能制造项目组，主要负责公司智能制造的统筹规划和协调。立足公司发展实际，尊重客观发展规律，有序开展工作。不要盲目跟风建设，避免出现"高端产业低端化"的现象。

2）要将工作重点放在成熟的智能成套装备上，加强系统的顶层设计，成链条制定解决方案，系统组织实施。要实现制鞋行业的智能化升级改造和智能制造，智能制造技术装备是基础。在引进智能制造技术装备时，要"货比三家"，经过详细的科研论证，引进成熟的智能制造技术装备。

3）要建立公司智能制造数据中心，完善支撑智能制造的企业大数据库。智能制造的所有感知、判断、处理、决策、反馈都离不开数据，大数据是智能制造的核心。产业大数据需要长期积累和总结，应提前布局。

总之，智能化工厂建设势在必行，但是要切合公司实际，量力而行，稳步推进，以大数据为基础，把互联网、物联网等信息技术充分融入大批量生产中，实现生产方式智能化，迎接第四次工业革命。

第 29 例

河南阿尔本制衣有限公司 阿尔本智能工厂解决方案及产品生命周期管理

29.1 简介

29.1.1 企业简介

河南阿尔本制衣有限公司（以下简称阿尔本）由阿尔本企业于 2011 年 12 月投资兴建，是一家集品牌设计、智能制造、个性化定制销售于一体具有 ODM 能力的综合型服装企业。阿尔本企业创建于 1992 年，至今已有 28 年的服装制造经营历程。阿尔本主要生产中、高档时装，产品经 80 多个港口出口到欧洲、美国及日本等 20 多个国家和地区，主要客户为西班牙 ZARA、瑞典 H&M 及国内的赫基国际集团、森马集团、上海拉夏贝尔服装股份有限公司等。

29.1.2 案例特点

阿尔本智能工厂解决方案及产品全生命周期管理项目由公司专门成立的两化融合项目中心负责管理，具体由企管部监管、办公室承建。智能工厂解决方案及产品全生命周期管理项目服务于公司全部员工及公司产业链（客户、供应商）。目前已建成的智能工厂解决方案及产品全生命周期管理项目，主要应用领域有：产品质量的全生命周期管理；供应商、合作商协同管理；面辅料采购、零星采购以及生产机器的采购业务处理；仓储协作管理（日常出入库、盘点、滞压数据、短缺料等）；物流的自动化管控（从订单、备货、备车、运输、仓储到发货信息管理匹配）；生产线实时数据在线监测和控制等。

阿尔本智能工厂的建设摒弃了以往企业简单堆砌智能设备的做法，通过自主研发的二维码系统、ERP 等系统，将产品与互联网终端设备联系在一起，在很大程度上实现了智能化的生产过程管理与控制，全程跟踪产品，提高了企业的生产效率和产品质量。阿尔本智能工厂主要实现了人与机器相互协调合作、生产和管理自动化，降低了人工成本，提高了经济效益。

29.2 项目实施情况

29.2.1 项目总体规划

2016 年 12 月，阿尔本开始全面实施智能工厂项目，计划用两年的时间建设完成智能工厂，通过构建智能化生产系统、网络化分布生产设施，实现生产过程的信息化、智能化，把阿尔本工厂打造成国内乃至国际领先的智能工厂。

智能工厂具有自主能力，可采集、分析、判断、规划；通过整体可视技术进行推理预测，利用仿真及多媒体技术，将虚拟技术应用于产品设计与制造过程。系统中各组成部分可自行组成最佳系统结构，具备协调、重组及扩充特性。系统具备了自我学习、自行维护能力。因此，智能工厂实现了人与机器的相互协调合作，其本质是人机交互。人机网系统（CPPS）三元战略如图 29-1 所示。

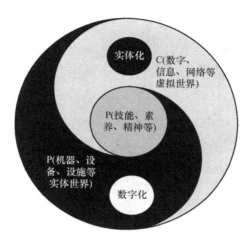

图 29-1　人机网系统（CPPS）三元战略

阿尔本智能工厂体系架构如图 29-2 所示。

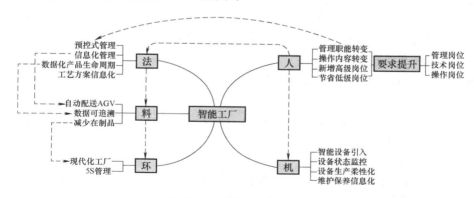

图 29-2　智能工厂体系架构

人机料法环是对全面质量管理理论中的五个影响产品质量的主要因素的简称。人是指制造产品的人员，机即制造产品所用的设备，料是指制造产品所使用的原材料，法是指制造产品所使用的方法，环是指产品制造过程中所处的环境。而智能生产就是以智能工厂为核心，将人、机、法、料、环连接起来，实现多维度融合的过程。

在智能工厂的体系架构中，质量管理的五要素也相应发生变化，因为在未来智能工厂中，人员、机器和资源能够互相通信。智能产品"知道"它们如何被制造出来的细节，也知道它们的用途。它们将主动地对制造流程，回答诸如"我什么时候被制造的""对我进行处理应该使用哪种参数""我应该被传送到何处"等问题。

29.2.2 建设内容

建设内容主要包括智能计划排产、智能生产协同、智能设备互联、智能资源管控、智能质量管控、智能决策支持六个方面，如图 29-3 所示。

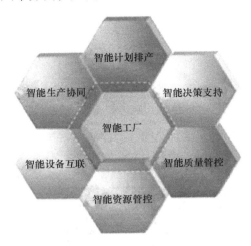

图 29-3 六维智能工厂

29.2.2.1 智能计划排产

从计划源头上确保计划的科学化、精准化。通过集成，从自主研发的 ERP 等上游系统读取主生产计划后，利用 APS 进行自动排产。按交货期、精益生产、生产周期、最优库存、同一装夹优先、已投产订单优先等多种高级排产算法，自动生成的生产计划可准确到每一道工序、每一台设备、每一分钟，并使交货期最短、生产效率最高、生产最均衡。

29.2.2.2 智能生产协同

为避免生产设备因辅助工作而造成设备有效利用率低的情况，阿尔本从生产准备过程上，实现物料、工装、工艺等的并行协同准备，实现车间级的协同制造，可明显提升机床的有效利用率。阿尔本做到工艺直接下发到现场，实现生产过程的无纸化，也可明显减少图样转化与看图时间，提升工人的劳动效率。

29.2.2.3 智能设备互联

实现数字化生产设备的分布式网络化通信、程序集中管理、设备状态的实时监控等。将数控设备纳入整个 IT 系统进行集群化管理。通过对制造数据采集，俗称为机床监控，解决数据自动采集、透明化、量化管理的问题。高端带网卡的机床，可直接采集到机床的实时状态、程序信息、加工件数、转速和进给、报警信息等丰富的信息，并以形象直观的图形化界面进行显示。比如，绿色表示机床正在运行，黄色表示机床开机没工作，灰色表示没开机，红色表示故障；鼠标在机床图形上一点，相关的机床详细信息就全部实时地显示出来，实现对生产过程的透明化、量化管理。信息通信系统与网络结构如图 29-4 所示。

29.2.2.4 智能资源管控

对物料、辅料、设备等生产资源进行精益化管理、库存智能预警等。通过对生产资源进行查询、盘点、报损、并行准备、统计分析等，有效地避免生产资源的积压与短缺，实现库存的精益化管理，可最大限度地减少因生产资源不足带来的生产延误，也可避免因生产资源

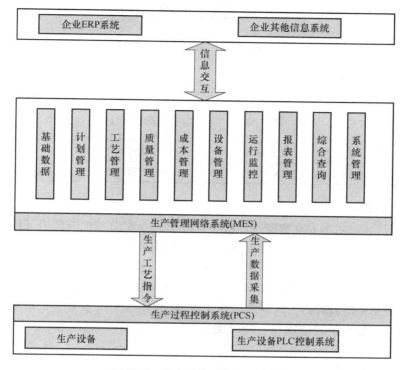

图 29-4　信息通信系统与网络结构

的积压造成生产辅助成本的居高不下。

29.2.2.5　智能质量管控

对影响产品质量的生产工艺参数进行实时采集、控制，确保产品质量。除了对生产过程中的质量问题进行及时的处理，分析出规律，减少质量问题的再次发生等技术手段以外，在生产过程中对生产设备的制造过程参数进行实时采集、及时干预，也是确保产品质量的一个重要手段。当生产一段时间，质量数据出现一定的规律时，通过对工序过程的主要工艺参数与产品质量进行综合分析，为技术人员与管理人员进行工艺改进提供科学、量化的参考数据，选择最优的生产参数，保证产品的一致性与稳定性。

29.2.2.6　智能决策支持

生产过程中系统运行着大量的生产数据以及设备的实时数据，企业一个车间一年的数据量就有几千万条以上，这是真正的工业大数据，这些数据都是企业宝贵的财富。对数据进行深入挖掘与分析，自动生成各种直观的统计、分析报表，如计划制订情况、计划执行情况、质量情况、库存情况、设备情况等，可为相关人员决策提供帮助。基于大数据分析的决策支持，可形成管理的闭环，以实现数字化、网络化、智能化的高效生产模式。

阿尔本通过打造智能工厂解决方案，极大地促进了企业的计划科学化、生产过程协同化、生产设备与信息化的深度融合，并通过基于大数据分析的决策支持对企业进行透明化、量化的管理，明显提升了企业的生产效率与产品质量。

29.2.3　实施途径

阿尔本智能工厂解决方案于 2016 年 12 月开始实施建设。具体实施阶段见表 29-1。

表 29-1 实施阶段

项 目 阶 段	时 间	具 体 内 容
需求调研	2016 年 12 月至 2017 年 2 月	成立项目咨询专家组，对项目需求进行详细的调研
智能车间设备购买、安装、调试	2017 年 3 月至 2017 年 6 月	硬件设备订购、安装、调试
系统软件开发、安装、调试	2017 年 7 月至 2017 年 12 月	在需求调研的基础上，对软件系统进行开发、安装调试
人员培训	2018 年 1 月至 2018 年 2 月	人员培训、正式生产
试运行	2018 年 3 月至 2018 年 12 月	及时发现生产和管理中的问题，持续优化

29.2.3.1 需求调研

2016 年 12 月，阿尔本成立智能工厂解决方案项目专家组，对项目的可行性和实施方案等进行详细的调研，项目调研阶段持续到 2017 年 2 月。此阶段的主要工作重点是调研项目的可行性，包括国内外服装智能工厂的发展现状和核心技术、企业的现状和急需解决的问题，企业的信息化需求和自动化需求等，通过详细准确的调研以确定软件和硬件的投入资金量、项目规划路线和实施时长，以及项目要达到的效果。阿尔本智能工厂解决方案项目专家组在后续工作中还要不断跟进项目，随时关注国内项目的技术发展水平，结合公司实际情况，持续优化升级该项目。

29.2.3.2 智能车间设备购买、安装、调试

2017 年 3 月至 2017 年 6 月，阿尔本开始购买智能自动化设备，构建智能化生产系统、网络化分布生产设施。安装调试包括前期现场布置和设计、单台设备安装调试、成套设备安装调试、整个项目设备安装调试等。

29.2.3.3 系统软件开发、安装、调试

2017 年 7 月至 2017 年 12 月，阿尔本开始研发安装调试软件，以期达到工厂设备智能化、管理智能化、产品智能化。根据多年的实战经验，结合信息化技术，开发符合公司实际的应用软件。

29.2.3.4 人员培训

2016 年 12 月至 2017 年 12 月，阿尔本基本上按计划完成了智能设备平台的搭建、软件系统的安装调试等工作，2018 年 1 月至 2018 年 2 月，管理人员和一线工人的培训工作有条不紊地进行，引进先进管理人才，提升企业整体管理水平，加强企业管理人员的学习和培训。

29.2.3.5 试运行

2018 年 3 月，阿尔本正式开始智能工厂的试运行。

29.3 实施效果

经过两年的建设，阿尔本智能工厂在数字化、可视化、自动化方面有了大幅提升，经济效益、社会效益显著。公司得到快速稳健发展，各财务指标良好，主导产品性能具有突出优势，处于国内外领先水平，优于竞争对手。公司产品和质量管理体系先后通过优衣库、ZRAR、以纯、Target 等国际顾客的认可，是行业内为数不多的公司。实施本项目之后，操

作工的作业效率相比于原来提升了 30% 以上，设备利用率提升 25% 以上，工时相比于以往降低了 18%，公司的人均收入显著提高，客户满意率、忠诚度逐年提高。

前期建设内容运行稳定，已经取得了阶段性标志性建设成果。主要改善的关键环节如下：

1）面向生产管理，自主研发 ERP 系统，引入智能 MES，从供应链范围优化企业的资源，改善了企业业务流程，提高了企业核心竞争力。

2）面向生产操作，设计开发 MU 服装精准化管理系统，即 Alpen 服装标准工时分析系统和 Alpen 计件工资系统的集成，实现服装生产过程精细化控制管理。

3）面向质量把控，建立全生命周期管理系统，实现了产品全生命追溯管理。

29.3.1　智能管理

阿尔本依托公司的 MRP，根据市场情况，不断提升快速反应能力，根据自身情况，自主研发 ERP 系统，系统上线后车间整体运营管理费用降低 20%，综合折算后可提高企业净利润 14%。生产优化、能源优化、环保监测等都实现了很大的提升。

实现功能如下：

1）能够对市场快速响应，同时包含供应链管理功能，强调了供应商、制造商与分销商间的新的伙伴关系，并且支持企业后勤管理。

2）更强调企业流程与工作流，通过工作流实现企业的人员、财务、制造与分销间的集成，支持企业过程重组。

3）纳入了 PDM 功能，增加了对设计数据与过程的管理，并进一步加强了生产管理系统与 CAD、CAM 系统的集成。

4）按工段、班组汇集过程实时数据，形成班组作业记录、作业报告，把班组作业数据上传至 ERP，将生产过程周期性质检数据纳入系统，支持从质检设备获取数据和 SPC 分析。

5）将能源数据纳入系统管理，实现能源计量数据自动抄表，能源平衡分摊。

6）支持生产运行，包括工作日志、调度指令、异常管理、巡检管理、职业危害管理、应急预案管理、安环记录管理、环境质量监测等功能。

7）强调财务管理，具有较完善的企业财务管理体系，这使价值管理概念得以实施，资金流与物流、信息流更加有机地结合；较多地考虑人的因素作为资源在生产经营规划中的作用，也考虑了人的培训成本等。

8）在生产制造计划中，ERP 支持 MRP 与 JIT 混合管理模式，也支持多种生产方式（离散制造、连续流程制造等）的管理模式；ERP 与用友的 AE 基于统一的用友 UAP 平台，基础数据统一，业务数据实时同步。

9）采用了多种计算机技术，如客户/服务器分布式结构、面向对象技术、基于 Web 技术的 EDI、多数据库集成、数据仓库、图形用户界面、第四代语言及辅助工具等。阿尔本服装 ERP 生产管理系统如图 29-5 所示。

29.3.2　生产过程精细化管理

阿尔本开发了 Alpen 服装标准工时分析系统和 Alpen 计件工资系统。

1）Alpen 服装标准工时分析系统主要功能模块包括系统参数、服装标准工时参数设

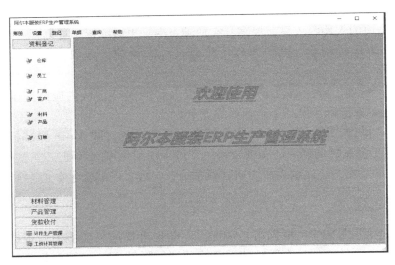

图 29-5　阿尔本服装 ERP 生产管理系统

定、服装标准工时数据采集、信息化分析、综合性处理、信息统计、安全管理等。系统采用信息化与智能化控制的方式，实现服装标准工时分析的动态化、智能化控制。该分析系统可应用于裁剪、车缝、熨烫、手工、检验及包装等相关操作的标准动作和标准工时的分析和管理，企业可依此建立管理所需的标准数据，为企业标准化管理提供基础及量度。同时，通过标准该工时分析系统还可以进行新产品市场定价、外发和外接订单报价、产能负荷预算、机器设备需求、工人劳动强度评估、工人劳动报酬评估，以及生产排单计划、生产流水编排、生产线平衡跟踪、生产效率计算等日常工作，帮助企业提高整体管理水平。Alpen 服装标准工时分析系统包含"工时及应用""计件工资""基础数据""系统设置"。

2）Alpen 计件工资系统是一款对计件工资进行管理的系统。通过使用该系统，用户可以对计件工资进行系统化管理。Alpen 计件工资系统具有强大的功能，可以自动搜集软件在运行时候的错误，并且自动上传，方便后期软件的升级优化，包括人员架构管理、工资系数维护、日产量录入、工资分析、部件产量分析等功能，还包括对物料、辅料、设备、刀具、量具等生产资源进行精益化管理、库存智能预警等。通过对生产资源进行查询、盘点、报损、并行准备、统计分析等，有效地避免生产资源的积压与短缺，实现库存的精益管理，可最大限度地减少因生产资源不足带来的生产延误，也可避免因生产资源的积压造成生产辅助成本的居高不下。基础数据包括动作代码维护、车缝种类维护、机器名称维护、工序难易设置、服装类型维护、主要部件维护、针步类型维护、客户资料维护、款式特征维护、布料级别维护、面料维护、款型维护、报表编码设置。

29.3.3　全生命周期质量追踪

阿尔本对产品质量进行全生命周期追溯管理，自主研发了 Alpen 产品全生命周期管理系统。该系统基于动态化二维码控制技术，配置专业化的二维码控制识别设备，设定科学合理的控制参数，达到生产数据二维码的在线式、综合性与智能化控制管理功能。主要功能模块包括系统参数、生产数据二维码配置、生产数据二维码设备、生产数据二维码分析、生产数据二维码监测控制、信息查询、安全管理等。系统具有结构简单、界面友好、操作方便、信息化程度高的特点。

下达每一个生产任务之后，公司会对每一环节的生产过程进行实时信息管控。从面辅料进厂，到成衣出厂，全部生产过程当中对每一件衣服、每一个部件进行二维码系统标识，再经过系统层层细分后，下达到各部门去执行。这样可以实现所有批次产品从原料到成品、从成品到原料100%的双向追溯功能，确保产品质量。系统上线后，公司产品质量稳定性得到进一步提升；排产计划不断优化，可完成率将提高60%；生产计划编制时间缩短到5min内；计划调整的时间缩短到10min内；生产成本核算时间较以前提升80%以上；生产物资的使用转换率提升到99%；生产数据统计可以实现实时提取，无须反应时间；产成品准时交货率提升到100%。成衣二维码发放界面如图29-6所示。

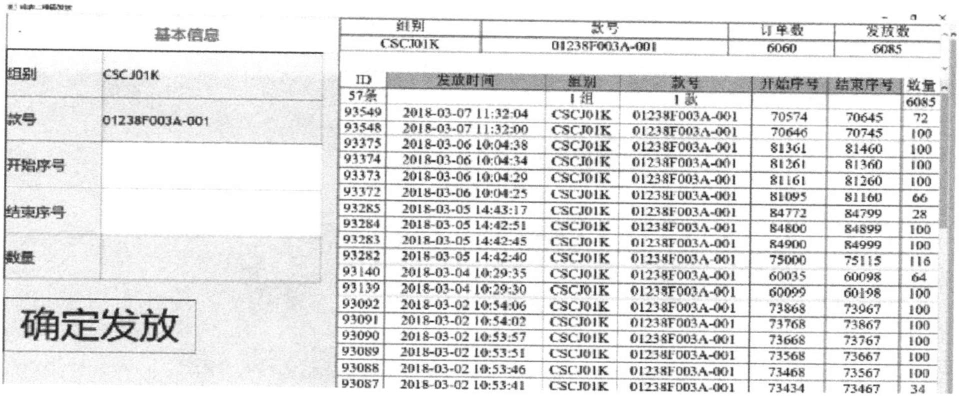

图 29-6　成衣二维码发放界面

29.4　总结

阿尔本智能工厂解决方案及产品全生命周期管理项目从2016年12月开始实施建设，投入资金12600万元，经过1年多的建设和不断运行、改进优化，不仅保证了产品的质量，而且提高了产品的生产效率，企业发展实现了速度、质量、效益协调统一。

阿尔本智能工厂是面向全体员工应用的操作使用技术，车间一线生产工人均具备各环节操作能力，除了本公司的信阳阿尔本公司、南通阿尔本公司在建设智能工厂外，阿尔本在与同行业工厂及合作工厂的经验交流过程当中，还向诸如以纯、森马等企业做项目推荐，目前已有鼎鑫、领秀、凯祺等60多家工厂通过学习阿尔本的成功经验，果断开启了智能工厂解决方案项目计划。近年来，公司积极推广成功经验，先后举办了培训班4期，参加人数合计806人次，并多次召开工作推进现场会，将公司的成功经验向参学企业进行全方位展示，促使企业转型升级，提升发展活力，受到了企业的普遍欢迎和赞誉。

阿尔本智能工厂在探索发展中发现，国内目前绝大部分ERP的生产部分无法满足"快、短、少"的实际生产需求。阿尔本通过自主研发 ERP 系统，打造精益制造管理系统，集合系统管理软件和多类硬件的综合智能化系统；通过布置在生产现场的专用设备，对原材料上线到成品入库的整个生产过程实时采集数据、控制和监控；通过控制物料、仓库、设备、人员、品质、工艺、异常、流程指令和其他设施等工厂资源来提高生产效率。中国具有人力资源优势，因此应该充分挖掘人的作用，不能完全照搬发达国家的战略，更宜采用 CPPS 战略，充分体现人的能动作用。

造纸印刷篇

第 30 例

郑州华英包装股份有限公司 包装的智能变革

30.1 简介

30.1.1 企业简介

郑州华英包装股份有限公司（以下简称华英包装）创建于 2000 年，是一家集专业生产和销售各类中高档瓦楞纸板、纸箱、大型家电及其配件等包装制品设计研发、制造、服务于一体的大型综合包装企业。华英包装拥有国内先进的全自动高速瓦楞纸板生产线 3 条，并配备进口五色高速印刷机、七色／九色高清预印机、平压平模切机、全自动高速粘箱机、糊盒机、全自动钉箱机等 60 多台高性能的纸箱生产加工设备，年生产各种规格型号纸箱（3 ~ 6 层，A、B、C、E 楞型）约 2.6 亿 m²。华英包装历经十几年的发展，在中国瓦楞纸包装行业具有举足轻重的地位，是河南省规模较大的瓦楞纸箱制造企业。

30.1.2 案例特点

智能工厂建设是包装企业从传统的劳动密集型向智能制造方向转型升级的重要支撑。通过智能工厂建设，提高生产设备自动化、智能化程度，提高生产效率，降低人工成本；通过智能系统与设备联网，提高生产信息化程度，有效实现产品从原料采购、订单、生产状况、仓储管理到客户管理的全生命周期管理；通过智能改造提高产品质量，增加产品附加值，增加企业利润。

华英包装以工厂运营管理整体水平提高为核心，关注产品及行业生命周期研究，通过自动化和信息化实现从客户开始到自身工厂和上游供应商的整个供应链的精益管理，提高从满足到挖掘，乃至开拓和引领客户需求的销售与市场管理能力。

30.2 项目实施情况

30.2.1 项目总体规划

该智能工厂运用"互联网＋"信息技术与自动化制造技术融会贯通于生产运营的全过程。通过高速数控自动化设备装置、生产管理系统（DCS、MES、ERP）与设备无缝对接，以及 RFID 智能仓储系统、车间全自动地面物流系统和在线质量监测系统的集成运用，提高车间自动化、数字化、智能化水平，实现产品从设计、订单、生产控制到仓储、物流、售后的全生命周期管理，降低生产成本，提高生产效率，实现建设自动化包装智能工厂的目标。

智能自动化升级包括数字化平板线改造、印刷工艺技术的改进、可视化预印设备的投入、全自动粘钉箱技术的应用，以及全自动地面物流系统的采用、成品库区管理等。具体如下：①生产过程实时调度，主材全检，指标实时录入 ERP，条码与实物对应（供应商辊号与企业内部条码）。②成品入库全项检测，温湿度监控及处理，实现食品级虫害预防，条码精准定位库区位。③生产过程中根据 ERP 系统反馈信息，实时监控生产设备运行状态、故障报警和诊断分析情况，并根据数据集成信息下达生产任务单和生产指令计划，减少车间员工等待时间。④平板线 DCS 以数据取代经验，人机界面参数设置、设备精度、产品实测指标不断优化，做到所有产品的标准参数全部量化。⑤生产过程采用二维码、条码移动扫描终端在线质量监测技术，实时监测产品质量信息，将产品数据传输至计算机，实现 ERP 系统和生产数据的对接，实现成品自动入库归位和数据实时反馈，确保产品出厂合格率达 100%。

智能工厂总体架构如图 30-1 所示。

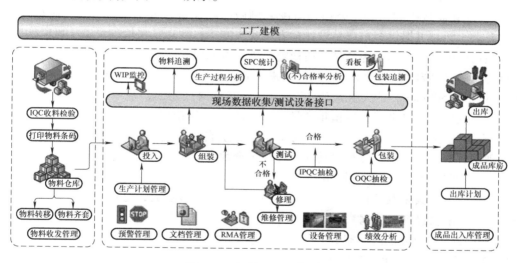

图 30-1　智能工厂总体架构

30.2.2　建设内容

30.2.2.1　智能化装备的应用

华英包装拥有瓦楞纸板生产线 3 条，加工生产及检测设备 130 台，智能自动化设备 110 台，智能化设备占比 84.6%。

1. 瓦楞纸板生产线 3 条

其中：祥艺五层瓦楞纸板生产线 2 条，最大有效进纸幅宽 2.5m，最高生产速度达 300m/min；京山 WJ300-1800-Ⅱ型五层瓦楞纸板生产线 1 条，最大有效进纸幅宽 1.8m。3 条生产线均配备自动上纸系统、DCS 智能控制系统、自动制胶系统和自动堆码系统。通过计算机数字监控设备实时监控各项工艺参数，如压力、温度、间隙、上糊量等，原材料从投料开始直到产品完工的全过程均由 DCS 自动控制。PMC⊖只需在办公室将 ERP 系统自动产生的排程表单发送至生管系统中，平板线就会按单自动生产出合格的产品，并将生产过程中的各项关键数据（正次品、开完工时间、对应产品的工艺参数等信息）进行收集。应用 DCS，根据纸质将不同的工艺数据自动发送给单瓦机使用，压力辊、瓦楞辊压力随速自动调整，单面机进气温度自动控制，粘合段各类纸板工艺自适应，而且是全自动制胶系统，胶量根据速度自动调节，或根据 DCS 写入的配方执行胶量的自动控制，自动堆码机采用高品质工业 PLC，系统可联线生产管理系统，配备主控双显示器，生产线开机信息齐全，分别显示干段和湿段的产况。另外，以数据取代经验，人机界面参数设置、设备精度、产品实测指标不断优化，实现设备与数据的对应。

2. 智能自动化生产设备应用

1）高速数控印刷设备。公司购进高速数控全自动印刷设备 12 台，性能可靠，可实现高清水印、胶印转柔印，预印印刷产品品质稳定，日生产能力达 90 万 m^2。每台设备均配有生管系统及 MES，可实现 PMC 远程下单、印刷机自动调节工艺参数（版压、相位自动归零、开槽模切位置调整等）、完工数据自动回收等功能，每台印刷机旁均配有连接局域网的计算机，通过计算机可随时查看平板线生管系统的完工及计划情况，便于合理安排生产及日常维护。

2）智能化质量检测设备。公司拥有配套制版印版设备，可满足从研发、制作到生产、维护的需求，同时可提供客户产品设计全方位解决方案；拥有完整检测设备，可以实现产品物理性能指标的全面检测，为产品品质稳定提供全方位保障，并可对外承接检测服务。

3）高速预印智能生产设备。公司已引进意高发核心技术柔版预印机两台，最大纸幅宽度达 $1470mm \times 500mm$，最大机速达 $260m/min$，安装调试完成，各项性能测试良好，投产运营后，柔版预印瓦楞纸板、纸箱年产量约 0.6 亿 m^2，年销售额约 1 亿元。

4）粘钉箱连线一体化设备。全自动粘箱机、全自动打包机、纸箱传送设备一体化安装，实现粘钉箱、打包的全过程自动化，提高生产效率，减少人工成本，节省人力。

5）智能平轧设备、半自动钉箱设备。购置全自动平轧机 4 台、全自动钉箱机 1 台、半自动钉箱机 6 台，其中双叶钉箱机 2 台，粘箱能力达 40 万箱/天，钉箱能力达 20 万箱/天。

30.2.2.2　智能化设备的联网

智能化设备联网数量占据整个工厂智能化设备的 50% 以上。

1. 各类信息系统的建设及集成运营

信息系统包括 ERP 系统（图 30-2）、MES、生管系统、OA 系统、财务管理系统、监控系统等。通过上述信息系统的实施，将公司经营生产全过程及数据接口予以覆盖及无缝链接。

2. 先进控制系统建设

通过先进控制系统的建设，工厂基本实现无纸化生产，能够较好地支持生产现场对任务的快速响应和优化组织，提高了生产效率；同时实现了生产现场加工状态信息动态采集，为管理层提供生产进度状况、生产质量状况、设备利用状况等关键数据支持，提高企业生产管理水平和管理效率，实现企业生产管理的实时化和透明化。先进控制系统架构如图 30-3 所示。

⊖ PMC 为 Production Material Control 的简写，可直译为"生产及物料控制"，这里特指生产及物料控制人员。

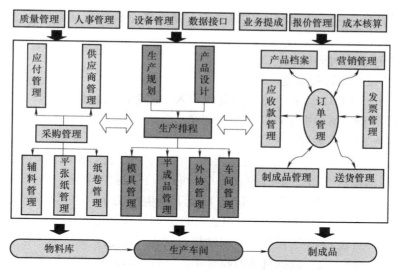

图 30-2　ERP 系统功能示意图

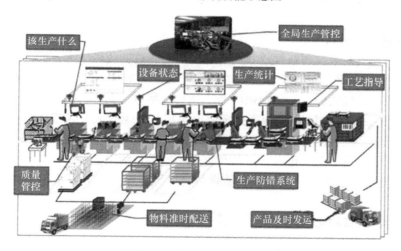

图 30-3　先进控制系统架构

3. 信息安全保障制度建设

（1）建立公司信息化制度文库

为规范公司员工合理使用信息化平台，公司管理部联系培训部相继制定了《机房定期巡检制度》《公司网站管理制度》《公司培训部岗位职责书》《ERP 系统操作规范手册》《OA 系统操作规范手册》《IT 设备维护制度》《公司信息化平台常见问题自助解决手册》等一系列管理制度文件，为信息化的建设和运行提供了制度保障。

（2）建立员工培训制度

公司内部制订年度培训计划，定期进行不同内容及形式的培训。通过渐进式的员工培训，确保公司信息化系统快速推广和成熟应用，为公司实现内部管理信息化极大地提高了管理效率，减少了管理成本。

（3）建立信息技术人员轮岗制度

华英包装培训部人员定期到各部门轮岗的传统极大地提升了信息技术人员"只懂技术

不了解业务"的现状，信息技术人员在轮岗后，结合各个岗位情况有力地推动公司各信息平台的深度应用。

30.2.2.3 生产过程实时调度

1. 实施生产设备运行状态监控

通过 MES 与企业 ERP 集成的技术方案的导入，使生产设备的运行状态得到实时监控、故障报警和诊断分析，再根据生产任务指挥调度、车间作业计划生成情况，可以分析与生产直接相关的子系统的功能数据。

MES 与 ERP 集成可使企业进行生产指示，使生产严格按照预定义的工艺路线进行，确保工单"保质保量"完成，实时控制工单状态，可以冻结问题工单，通过仪表盘、报表、看板实时监控生产情况，可从 ERP 等系统下载生产工单，也可将生产执行的数据上传至 ERP 等系统。同时，对于关键设备可进行自动调试和修复。全自动印刷设备均配有生管系统及 MES，可实现 PMC 远程下单、印刷机自动调节工艺参数（版压、相位自动归零、开槽模切位置调整等）、完工数据自动回收等功能；每台印刷机旁均配有连接局域网的计算机，可通过计算机随时查看平板线生管系统的完工及计划情况，便于合理安排生产及日常维护。

2. 生产数据采集分析

生产数据采集主要涉及物料投放、产品产出数据、数据传送三个方面。

1）物料投放：ERP 系统连接移动扫描终端，通过扫描终端对原材料条码进行扫描，录入关键物料信息，关键物料信息包括供应商、品种、品名、批次、批号等。

2）产品产出数据：主控 PLC 通过指定协议采集生产线的加工状态，即从生产线上线点开始，对瓦楞纸箱、纸板的生产过程数据进行采集，采集内容包括对应产品的参数、各工序加工用时、加工工位号、返工记录、成品和半成品库区自动归位信息、标示卡产品信息。

3）数据传送：通过智能设备接口，数据可直接传输至生产管理系统，机台可随时调看产品生产状况。

30.2.2.4 物料配送自动化建设

1. 自动识别技术应用

为解决原纸库库存庞大以及频繁的出入库操作，实现准确、快速高效方便的信息化管理，建立智能化的仓储管理系统，采用 RFID 技术，赋予每卷原纸 RFID 标签，在入库、回仓等环节以及抱车上，部署 RFID 读写设备或手持扫描设备，实现远距离原纸标签信息的自动读取；结合网络及后端软件，获取的数据信息接入 ERP 及 MES、DCS 生产管理系统。

2. 自动物流设备使用

地面自动物流系统分为自动滚轮排和无动力滚轮排两类。自动滚轮排将生产出来的纸板自动传送到无动力滚轮排上，再根据各机台实际需求将纸板送至机台，通过地面自动物流系统，大大提高生产效率、减少人工。

30.2.2.5 产品质量检测系统应用

产品质量检测系统通过运用互联网将条码数据录入计算机，运用条码管理软件编程计算，将喷码设备连接生产设备，条码喷印至每一产品包装箱上，同时连线条码监测系统，实现产品包装一箱一码在线条码监测。在生产线上架设感应器，当物品过来时，触发工业扫描头对经过的条码进行扫描，通过工业扫描头把数据传输到计算机端软件，由软件进行逻辑计算判断条码的状态，如果有异常，通过控制面板进行声音和光电报警，通知工作人员现场操作控制，使生产损失降到最低。

智能化检测设备的应用，实现了产品质量自动诊断分析和处理。在 MES 中，提供对瓦楞纸箱纸板的生产信息跟踪，以及产品生产全过程的追溯。可查询各个工序的生产信息，查询某一道工序是在哪台设备上加工的，并进行诊断分析和处理。通过 DCS，可以记录出现的操作和设备的异常状况及时间并保存。对一些影响设备正常运转的常见故障，增加了故障显示和诊断画面，设备操作工或维修工可以根据故障提示进入相关监控画面，按照设计的监控条件来逐步排除故障。

30.2.3 实施途径

30.2.3.1 第一阶段（2015 年—2016 年）

这一阶段通过购置国内外先进自动化智能化生产设备，提高产能和质量，且有计划、按批次地淘汰工厂内高能耗、低能效的生产设备，完善物流仓储、配送设备及相关配套辅助设施，确保设备智能化程度达到智能工厂的要求。

30.2.3.2 第二阶段（2016 年—2017 年）

根据设备运行情况和生产运营需求，安装生产管理系统、ERP、MES、RFID 等多项系统实现联动，并通过接口将设备与系统连接，实现设备系统无缝对接。公司根据包装行业的特点，进行一系列业务流程重组，实现 ERP 系统模块化。ERP 系统实施成功后，公司又相继启动了 OA 办公平台、ERP 异地管理、用友财务管理、平板线生产管理系统、印刷机生产管理系统、印刷机 MES、全厂自动地面物流系统、印刷机自动进出纸系统、机包箱自动包装装置、工厂智能探头远程监控等多个项目。

30.2.3.3 第三阶段（2017 年—2018 年）

建设和完善信息化管理机制、智能信息系统规章规范。建立公司信息化制度文库，建立责任领导审批制度，建立员工培训制度，建立信息技术人员轮岗制度，建立信息项目建设跟踪提报制度。

30.2.3.4 下一步实施计划

1）利用信息化管理手段完善制造服务。实现产品从设计、订单、物料、生产、产品回收均由互相集成的信息化软件完成；通过 RFID 采集实时信息，所有纸箱实现编码管理，实现生产各个环节的信息追溯和查询；建设无纸化车间，运用信息系统与生产管理系统交互连接，建立信息档案，实现永久保存；建立故障快速处理机制，提高快速处理故障的能力。

2）借助智能制造技术实现大规模定制生产。依赖智能制造技术，可实现大规模的定制生产，有效解决生产过程效率低、设备精确度差、流程不合理、质量得不到保证等一系列传统制造企业的难题。因此，要引进海外数控生产设备，包括数控制版机、高速数控印刷机，改造数字化平板线，建成 ERP 系统、MES、DCS 等实现产能高效，使质量环节可控。

3）建立覆盖全国的电商平台，使客户能够在平台上设计自己所需的产品，这是互联网＋发展给制造企业带来的挑战，也是制造企业必须与时俱进的变革。

4）引进一批先进的设计与分析软件，引进高性能的计算工作站，新增加一批先进的生产设备，以满足更高要求的生产条件。

5）彻底改变原有的经营模式，顺应互联网＋对现有企业的发展要求，实现智能设备、产品、仓库与生产、销售等资源的云技术连接，在各环节实现控制和修正。

30.3 实施效果

30.3.1 生产线智能化改造实施效果

1. DCS 智能控制中心的应用

通过主控双显示器，分别显示干段和湿段的产况，生产线开机信息齐全；集中协调干段设备自动换单，提高整线的速度，减少故障来源；由堆码机打印标签，用户定制标签格式，大小及显示内容随时可调整；通过移动的叉车备料系统，实时掌握备料信息，应对客户临时加单、临时换纸等异常情况。

网址可实时显示生产线数据，快速客观地反映产况，可通过手机访问获取。成本系统可统计纸板生产水、电、汽、压缩空气、胶水等消耗。排程拼单系统将客户需求的纸板转化为车间可以直接生产的订单，提高生产湿段换纸频率，提高平均车速。DCS 智能控制中心界面如图 30-4 所示。

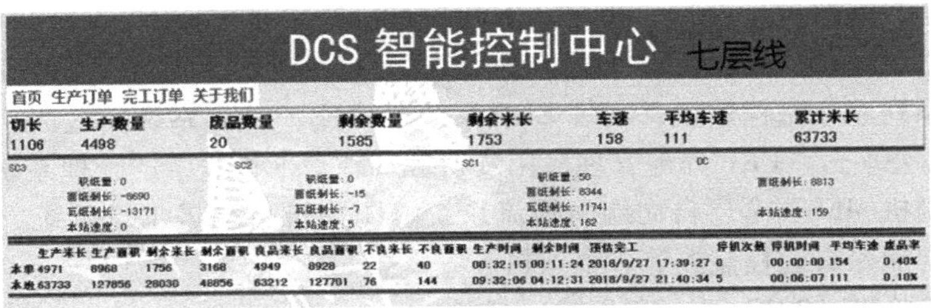

图 30-4 DCS 智能控制中心界面

2. 制胶环节的智能化升级

进口全自动制胶机，如图 30-5 所示。胶量根据速度自动调节，或根据 DCS 写入的配方执行胶量的自动控制。员工只需将淀粉投入制胶机的入料口处，制胶机就会按预先设定好的参数进行全自动配料，并根据自动检测的黏度来调节各项助剂的使用量，确保每滴胶水的质量。

图 30-5 全自动制胶机

3. 一箱一码自动喷码技术升级与应用

客户通过数据库传输数据，经由营销部接收，再传送至生产平板工序计算机系统，该系统与喷码设备连接，按照预先设定的程序，喷码设备将条码喷印至要求的产品上。喷码设备设置手持扫描枪进行条码检测，在线抽检产品条码信息。

4. 全自动上纸机的应用

配合生管系统，全自动上纸机已实现零消耗不降速切换。

5. 纳米技术上光油印刷的应用

根据客户要求，面纸采用纳米技术上光油，印刷效果如图 30-6 所示，有效防潮、防锈。

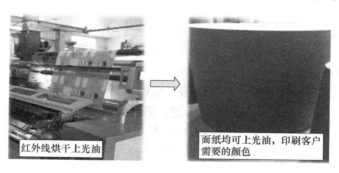

图 30-6　光油印刷效果

6. 天桥自动纠偏系统的应用

三层、五层原纸在经过 70 余米的天桥生产，极易产生抖动偏移，通过自动纠偏系统，确保所有原纸偏差精度小于 0.5mm。

7. 粘合段智能控制装置的升级

1）各类纸板工艺自适应，上胶机胶量自适应，开机时的胶量配方直接由 DCS 数据库写入上胶机执行。

2）多重预热器的包角自适应，开机时的包角配方直接由 DCS 数据库写入多重预热器执行。

3）烘干机热板温度和气囊压力自适应，开机时温度和压力由 DCS 数据库写入烘干机执行。

4）接纸机自动接纸、残卷接纸，并显示残卷剩余长度。可通过操作上胶机触摸屏在大显示牌上显示面纸换纸状态和面纸代用信息。

8. 全自动堆码机的应用

1）堆码机入口毛刷自动控制：根据纸板长度及生产速度自动控制毛刷抬起、落下及毛刷压力。

2）可以自动调整皮带上纸板重叠率，PLC 程序根据纸板长度、厚度、生产速度自动在设定的重叠率基础上进行调整，保证各个速度段纸板的整齐堆码。

3）堆码机与 DCS 中央集成控制中心采用 PN 实时总线通信，可实现订单信息实时共享、通信状态 HMI 实时监控、历史记录查看。

9. 地面自动物流系统

地面自动物流系统分为自动滚轮排和无动力滚轮排两类。通过地面自动物流系统的上线，生产效率提升 60%，人员减少 34 人。地面自动物流

图 30-7　地面自动物流系统

系统如图 30-7 所示。

30.3.2 信息化系统实施效果

30.3.2.1 MES 实施效果

平板线、印刷机及后工序所有设备安装了全计算机控制程序及 MES，对生产区各工序产品流转安装了地面自动物流系统，对关键工序（如平板线、印刷机、机包箱包装线）实现了自动上纸、自动出纸的全自动化控制，使得生产线设备自动化、智能化达到了国内同行业的新高。

30.3.2.2 ERP 系统实施效果

ERP 系统主要包括以下内容：销售管理、采购管理、库存管理、制造标准、主生产计划、物料需求计划、能力需求计划、车间管理、即时生产管理、质量管理、财务管理、成本管理、应收账管理、应付账管理、固定资产管理、工资管理、人力资源管理、分销资源管理、设备管理、工作流管理、系统管理等。该系统最大限度地利用公司现有资源，实现经济效益最大化，实现企业管理从"高耸式"组织结构向"扁平式"组织结构的转变，提高公司对市场动态变化的响应速度。

30.3.2.3 物料配送自动化系统实施效果

1. 智能仓储管理系统

以 RFID 技术为基础，运用云计算、数据分析与算法、互联网等计算机技术，将每卷原纸粘贴 RFID 标签，赋予其唯一性编码；在入库、回仓等环节，以及抱车等仓储设备上部署 RFID 信息采集系统，结合 RFID 手持机、手机等设备，实现入库、出库、盘点、移位等仓储业务信息化；提高仓储业务的效率和水平，提升原纸材料精准管控能力，实现仓储管理的实时化、动态化、智能化。

2. 地面自动物流管理系统

车间铺设滚轮排，连接瓦楞纸板生产线自动堆垛系统，当纸板按照预先设定的高度堆垛完成后，通过控制器使自动滚轮排接收到信息将生产出来的纸板自动传送到无动力滚轮排上，再根据各机台实际需求将纸板送至机台。采用 PLC 作为主控制器，并配以人机交互系统、信号检测系统、驱动系统、安全系统、通信系统，与地面控制系统之间采用工业无线红外光通信模式。

30.3.2.4 产品信息可追溯实施效果

在线质量监测系统的应用可实现产品质量在线自动监测、报警和诊断分析，如图 30-8 所示，同时实现了原辅料供应、生产管理、仓储物流等环节产品信息情况的实时记录。

产品从生产到最后消费的整个过程中，需要经过多个部门的信息转换，为保持信息连续性，各个环节的产品信息被录入 MES，MES 将生产过程中采集到的生产数据，形成生产档案信息，以文件的形式归档，永久保存。因此，通过条码查询，可对产品生产加工过程中的工艺和质量数据进行追溯。

30.3.3 智能工厂取得的效益

30.3.3.1 经济效益

智能工厂项目建设后，第一年生产效率提升了 34%，第二年提升了 55%。生产期实现

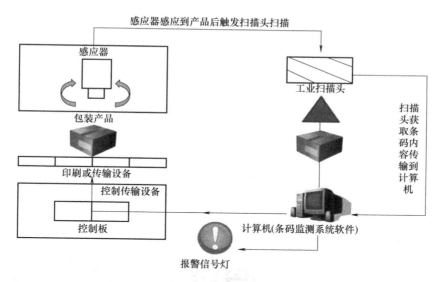

感应器感应到产品后触发扫描头扫描

图 30-8　在线质量监测系统

年平均销售收入 37345 万元（不含税）；运营期年平均利润总额为 1595 万元人民币，年均上缴税收达 1414 万元。设备自动化、智能化提升后，公司生产效率提升 55%，人员减少 20%，单位产品利润提升 15%，可为中原地区各类产品提供包装一体化的解决方案。

30.3.3.2　社会效益

智能工厂项目建设后，智能工厂运营管理整体水平得到提高，实现了对产品及行业的全生命周期管理，也实现了从客户到自身工厂和上游供应商整个供应链的自动化和信息化精益管理，开拓和引领客户需求的市场管理能力得到了提高，为成为服务型制造企业奠定了基础。环境、安全、健康管理水平，以及产品研发水平、整个工厂的生产水平、内外物流管理水平、售后服务管理水平和能源（电、水、气）利用管理水平等方面都得以提升。

30.3.3.3　环境效益

智能工厂建设后，公司实现了绿色环保发展，减少了废弃物的排放和二次污染，达到了资源节约型和环境友好型的要求。

30.4　总结

本项目建立智能制造新模式，包含先进的生产管理及组织方式、先进的物流系统、先进的软件系统及集成技术、先进的智能化加工、检验设备等。这些技术成果充分结合了瓦楞纸包装行业的工艺和生产特点，对瓦楞纸包装行业起到很好的示范作用。此外，本项目在核心技术装备的创新应用以及工业软件的构建与集成方面取得了部分技术成果，可以推广应用到与瓦楞纸包装行业工艺特点相似的一些领域，带动相关领域的产业升级。

冷链与休闲食品篇

第31例

河南中烟许昌卷烟厂 许昌卷烟厂智能工厂 建设

31.1 简介

31.1.1 企业简介

河南中烟许昌卷烟厂（以下简称许昌卷烟厂）始建于 1949 年，坐落于素有"烟叶王国"美誉的许昌市。许昌卷烟厂年生产能力 50 万箱以上，是河南中烟工业有限责任公司（以下简称河南中烟）的重要生产基地，主要生产"黄金叶"品牌卷烟。河南中烟一体化重组以来，许昌卷烟厂积极适应行业改革发展的新形势，抢抓"黄金叶"品牌"中原突破"的新机遇，认真做好传承和创新两篇"文章"，加快推进管理进步，不断做精"金叶制造"，工厂继续保持良好的发展态势。

31.1.2 案例特点

本项目是借助许昌卷烟厂易地技术改造的良好机遇，按照国家烟草专卖局提出的"统一标准、统一平台、统一数据库、统一网络"的要求，在河南中烟信息化建设总体规划指导下，遵循"统一规划，统一设计，统一实施，统一运维"的原则，依照"上下贯通，左右协同"的设计思路，借鉴行业内其他各个卷烟厂的优秀设计，积极引入"云大物联"技术，以"数据驱动的智慧工厂"为核心内容，坚持以生产执行系统建设为抓手，统一管理全厂信息化建设项目，始终坚持系统性、统一性和完整性，紧紧抓住业务流、数据流这两条主线，通过将信息技术、自动化技术、制造技术、传感技术与企业生产、管理相融合，积极打造智能制造系统，努力构建智能工厂。

在易地技改项目建设中，许昌卷烟厂通过新一代信息技术、自动控制、人工智能与物联网等技术与卷烟生产制造的深度融合，打破信息壁垒和业务壁垒，实现上下贯通、左右互联，推动工业技术与信息技术的深度融合，推动互联网与卷烟营销、业务管理、供应链管理的深度融合，最终实现智能制造和智慧管理；逐步完成了基础平台、生产自动化控制系统、物流自动化立库管理系统、数据采集系统、生产制造执行系统和各类综合管理系统的建设，信息化已全面覆盖工厂生产经营管理各个重点领域，信息化综合水平不断提高，有力促进了企业转型升级发展。

31.2 项目实施情况

31.2.1 项目总体规划

从制造业层面看,推进信息化和工业化的深度融合已上升为企业发展核心战略。从烟草行业层面看,"生产过程智能化、物品流通数字化、经营管理网络化"已成为信息化和烟草产业深度融合的主要方向,成为卷烟提升水平的重要支撑。从河南中烟来看,借助信息化手段和平台,实现流程顺畅、精益管理,已成为助推"黄金叶"品牌发展不可或缺的重要环节。许昌卷烟厂易地技改项目融合河南中烟的精益管理理念,以"业务数字化、业务协同化、决策智能化"为基础,以"数据驱动的智能工厂"为核心内容和目标,通过强化精品意识、建立精细标准、实施精准控制、推进精益生产,并结合 PDCA 闭环管理和快速流程改进(RPC)的设计理念,打造精品制造之路。

许昌卷烟厂在遵循国家大环境和行业发展趋势的情况下,借助易地技改项目的契机,构建了基于"数据驱动的智能工厂"的智能工厂体系(图 31-1),并为未来的"数据驱动的智慧工厂"打下基础。许昌卷烟厂的智能工厂体系是以"业务数字化、业务协同化、决策智能化"为核心智能能力,辅以"两化融合"为核心的管理与技术协同升级机制、以"网络安全"为核心的安全运维一体化机制以及大数据治理机制三大保障机制的智能工厂体系。

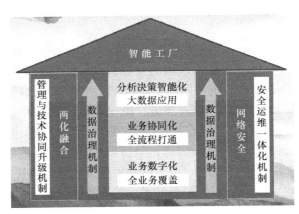

图 31-1 许昌卷烟厂智能工厂体系

许昌卷烟厂智能工厂的总体框架基于两化深度融合以及全过程精益管理理论的技术方法体系,通过自上而下的总体规划,创新性地提出全过程多层次的企业精益管理体系,指导精益管理理念的落地和信息系统建设,同时结合许昌卷烟厂易地技术改造的机遇,打造"四纵一横"许昌卷烟厂精益管理一体化集成管控平台,实现"管理体系"与"信息化平台"的匹配。许昌卷烟厂智能工厂总体框架如图 31-2 所示。

许昌卷烟厂精益管理一体化集成管控平台的战略定位,是河南中烟"全面智能制造能力建设"目标的落地实施,与河南中烟的金叶研发、金叶制造、金叶营销、金叶供应链四大精益管控平台紧密结合,共同支撑公司品牌发展战略,实现了业务交互、信息共

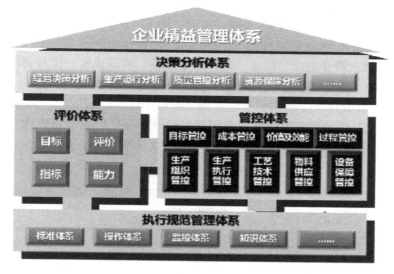

图 31-2　智能工厂总体框架

享、相互支撑的上下贯通与左右协同，将市场需求与顾客满意意识贯穿整体价值链的始终，实现了生产制造与精益营销的产销存协同、生产制造与精益研发的产研质协同、生产制造与精益供应链的产供存协同。许昌卷烟厂精益管理一体化集成管控平台的战略定位如图 31-3 所示。

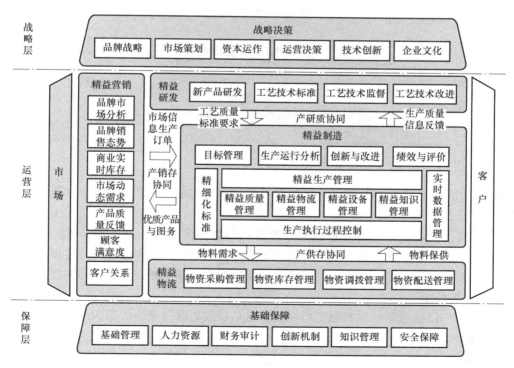

图 31-3　精益管理一体化集成管控平台的战略定位

　　许昌卷烟厂精益管理一体化集成管控平台是根据许昌卷烟厂业务管理的实际需求，采用合适的精益管理分析工具和先进技术手段，基于"IE + IT"融合理论的思路设计，将精益管理思想应用到厂 MES 建设中，打造"六精益、三平台、一视窗"的信息化总体架构（图 31-4）。纵向建立精益生产、精益质量、精益设备、精益成本、精益物流、精益现场的业务管理模式，将"精益思维"贯彻到企业生产管理中。横向通过现场统一管理平台、PCS 统一控制平台、一体化集成平台实现各信息系统横向贯通和无缝衔接，全面提升管理扁平化水平。基于"三一"数据集成思路和业务闭环思路，将全厂信息资源形成合力，搭建"管理支持视窗"，通过对数据的整合和深挖，采用多维度的数据分析方式，为多个管理层级提供决策支撑。

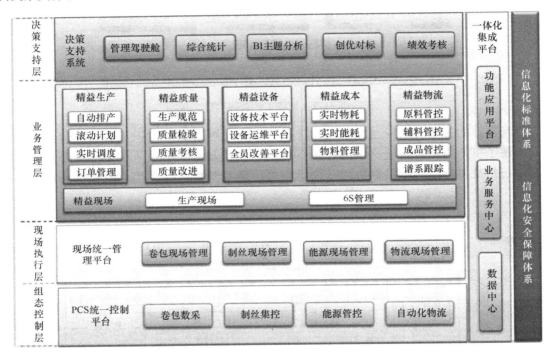

图 31-4　信息化总体架构

　　许昌卷烟厂智能工厂在规划设计之初就考虑到了未来的"智慧化转型"，最终实现的将是打造出以数据驱动的智慧工厂。构建智能工厂是过程而不是最终目的，要以"数据驱动的智能工厂"为核心，通过对企业数据资源管理与数据演变服务的过程，来实现企业由数字化向智能化的演变，从而最终实现智慧化转型，指导企业未来智慧工厂的建设方向，有效提升企业的制造能力、服务能力、创新能力和竞争能力。基于此，数据驱动的智能工厂构建思路如图 31-5 所示。

　　许昌卷烟厂以数据驱动的智能工厂构建主要从获取数据到全面应用四个演进阶段开展不同的建设内容。

　　1）获取数据阶段，是基于基础物联网建设，实现生产现场人、机、料、法、环及制造使能的业务管理的过程数据实时采集和存储，实现泛在感知的无处不在，将企业生产过程"隐性数据"转变为可识别的显性数据。

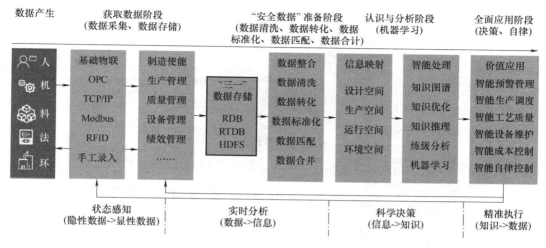

图 31-5　数据驱动的智能工厂构建思路

2）"安全数据"准备阶段，是基于大数据技术、数据存储及整合技术，将已经识别的显性数据进行清洗、转化、标准化、匹配与合并处理，实现企业数据资源的有效整合、实时分析、有效验证，将原始数据向安全信息服务转化提供支撑。

3）认识与分析阶段，是将企业数据信息向知识服务转化的实现过程，是通过数据的信息映射，构架企业面向智慧化的分析与知识服务模型，形成具有价值服务的知识体系，从而提供企业生产与经营的科学决策支撑平台。

4）全面应用阶段，是企业知识转化为服务的具体价值体现，通过具有智慧的知识体系平台支持，提供企业生产、工艺、质量、设备、物流、能源、成本等过程管理的智能化，实现对生产与经营全过程的预警、自控、自律、精准执行。

31.2.2　建设内容

许昌卷烟厂智能工厂的建设，主要通过构建许昌卷烟厂精益管理一体化集成管控平台来实现，主要建设内容如下：

31.2.2.1　精益生产

1. 精益化加工制造体系

精益化加工制造体系（图 31-6）将生产管理业务单元合理划分，按照生产决策、生产计划、生产调度、生产执行、生产监视的层级管理模式，将各层级间业务紧密结合。精益生产的核心是自动排产，系统将工厂信息、排产策略、调度方法等因素进行分类建模，自动排产以模型驱动排产，以排产拉动执行，并以问题为导向在生产结束后将生产过程信息统一归集到决策层，为生产管理人员生产决策提供平台支持。

2. 柔性排产、敏捷调度、高效执行的加工制造模式

精益化加工制造体系的首要环节是生产计划与指挥调度，生产计划与指挥调度分为自动排产、实时调度、进度监控、滚动排产等几个处理单元，以工厂模型为基础，通过对排产算法模型配置，在加工模型支撑下自动生成排产计划，从而实现订单分解、计划下发的全过程自动化运行。

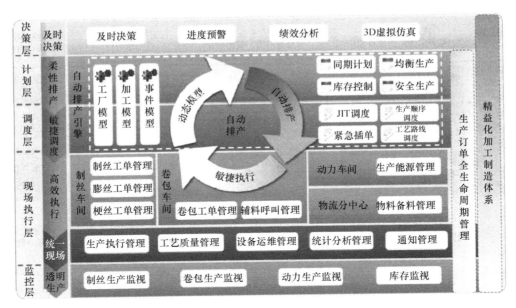

图 31-6　精益化加工制造体系

3. 生产订单全生命周期管理

生产订单全生命周期管理（图 31-7）使计划和生产的业务处理变得操作更加简单、结构更加清晰、流程更加透明，系统将精益化加工制造系统中生产管理部分的功能进行提炼和升华，通过将整个生产过程中各子流程的业务流转信息贯穿关联，完成生产进度的"一站式"管理，系统提供整个月度计划中各批次、工单的实际业务处理进度的具体信息，包括业务下发部门、业务处理部门、业务处理人、业务接收时间、业务处理时间等信息。

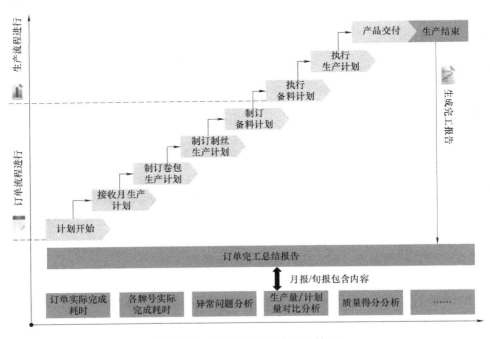

图 31-7　生产订单全生命周期管理

31. 2. 2. 2　精益质量

1. 基于 PDCA 的闭环质量控制

基于 PFMEA + ISA-95 模型架构逐层搭建质量规范模块、质量检验模块、质量分析和全员改进模块，建立 PDCA 控制闭环管控体系（图 31-8）。在计划阶段制定产品工艺标准、技术标准用于指导生产，在执行阶段由相关质检人员严格按照相关技术标准对产品生产各环节进行质量把关，在检查阶段，通过一系列的分析手段（如 SPC 分析、六西格玛分析等）对测量数据进行分析，有利于及时发现并定位问题，在改进阶段，针对发现的问题进行剖析，并且制定改进的方法。针对每一项实施改进方案进行监督跟进，若问题有效得到解决，则形成制度化、规范化的方案并纳入经验库，否则再次剖析问题继续改进。各阶段质量活动紧密相连，相互制约，形成 PDCA 管理的闭环模式，从而达到持续质量改进的目的。

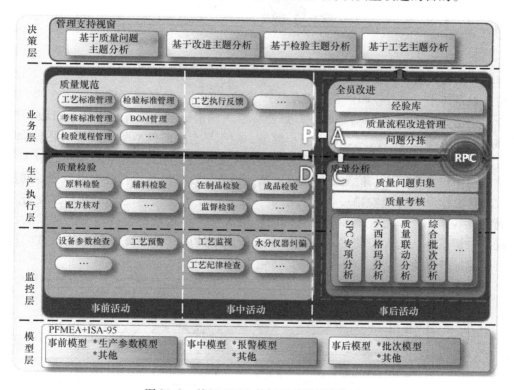

图 31-8　基于 PDCA 的闭环质量管控体系

2. 全员参与的 RPC

基于 PFMEA 管理思想，结合 ISA-95 标准，建立 PDCA 控制闭环管控体系，在管控体系中分析层（C）对测量数据进行多角度精准分析，如 SPC 分析、六西格玛分析、质量联动分析，实现了问题快速定位，并且将导出的问题推送至改进层。改进层（A）对推送来的问题按重要程度、风险大小进行排列，根据问题紧急度，按层级自下而上推送至相关人员进行整改、监督。此外知识经验库将经验知识有效地组织起来，知识之间形成关联关系，帮助用户找到所需的知识，从而有利于知识共享和利用。以分析层、改进层以及经验库知识的沉淀为基础，打造了全员 RPC 体系，如图 31-9 所示。全员 RPC 对现有的质量水平在控制的基础上加以改进，是消除系统性问题的必经之路。

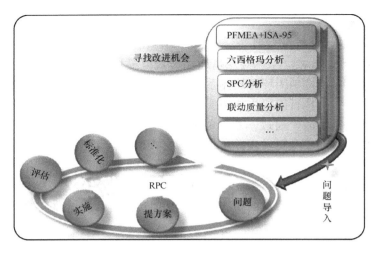

图 31-9　RPC

31.2.2.3　精益设备

精益设备体系（图 31-10）是在全员生产维护（TPM）设备管理模式下建立的 PDCA 闭环业务流体系。以 TPM 活动为基础，以点检标准、润滑标准、保养标准等为计划，建立状态监测模型、可靠性分析模型、定期预检模型，应用平台中的模型驱动技术，根据标准中的周期自动生成预防性维护作业工单，业务人员根据工单要求完成保养、点检和润滑等各项业务活动。利用自动化系统、检测设备及时、高效地收集设备生产运行过程中数据，通过对设备的实时状况监测，合理安排设备运行维护。实现作业的优化调度，充分发挥设备的利用率，满足设备操作、车间管理和厂级管理的多层需求，实现设备运行与生产调度的协同管控，提高对精益制造的保障能力。在高效率、低成本的同时，保障设备工艺参数的稳定运行，有效保证产品质量，进而提升产品均质化水平。

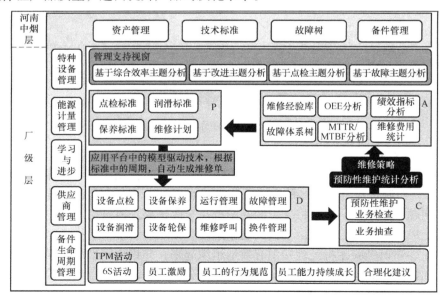

图 31-10　精益设备体系

31.2.2.4　精益成本

按照信息精细化、管理精细化、制造精益化、成本最优化；客观反映过程事实、评价过程现状；反映趋势与规律、反映薄弱环节；利于分析改进、利于成本过程控制原则，构建精益成本管控体系，如图 31-11 所示，实现成本综合管理。通过对生产过程中的直接材料消耗、过程损耗数据的精细化实时收集，根据物价信息对消耗物进行即时统计形成即时化成本，通过对即时化成本的展示、跟踪，比照指标数据即时分析并提供预、报警，即时通知控制人员进行过程干预管控，收到节支降耗效果。通过分析结果对成本进行评价考核，达到循环促进、持续改进的管理要求，力求做到全过程、多视角、全方位节支降耗。

图 31-11　精益成本管控体系

31.2.2.5　精益物流

1. 建立基于精益的全供应链物流信息化管控平台

以消除浪费、持续改进为核心思路，结合精化流程、精确核算、精准运营、精到服务"四精"指导原则，以 PDCA 闭环为优势迭代管理模式，重点凸显全方位感知、全过程控制和以提高效率为目标进行流程持续改进、以提高优质服务为目标进行服务持续改进、以降支为目标进行成本持续改进的"二全""三改进"的设计及实施思路，打造一个优质高效、全面感知、杜绝浪费、持续改进的基于精益的全供应链物流信息化管控平台，如图 31-12所示。

2. 构建全批次物料谱系

物料及生产信息追踪依赖于以工单为单位的物料消耗和产出记录，并且这些数据通过它们之间的逻辑结构有机地组织在一起，形成产品档案，即物料谱系。通过建立全批次物料谱系，如图 31-13 所示，使生产各环节物料流转信息形成有机整体，结合生产过程中形成的工艺、设备、质量、运行的数据，形成贯穿产品生命周期的生命线，为生产跟踪及追踪构建良好的基础。全批次物料谱系的构建以生产过程为基础，涵盖了从原料投料开始到成品烟入库的整个生产过程和各个物流环节。

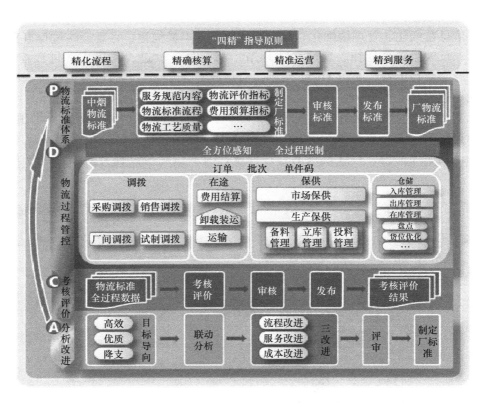

图 31-12 基于精益的全供应链物流信息化管控平台

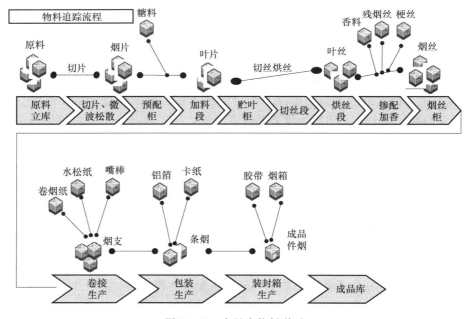

图 31-13 全批次物料谱系

31. 2. 2. 6　精益现场

精益现场管理平台（图 31-14）融合三平台中的现场统一管理平台和 PCS 统一控制平台，在功能上突破狭义的车间现场管理系统定义，将系统功能与厂级 MES 无缝对接，整合车间全部业务管理功能，实现现场与 MES 协同生产、数据共享，同时现场管理平台第一时间接收 MES 指令，从而做到车间对生产计划快速响应、过程信息及时流转，取消了大量纸质单据。

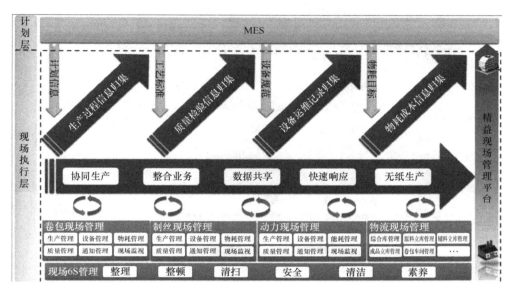

图 31-14　精益现场管理平台

31. 2. 2. 7　一体化集成平台

落实"上下贯通、左右协同、资源共享"的一体化数字工厂要求，整体考虑河南中烟信息系统、许昌卷烟厂厂级信息管理系统，以及各 PCS 的定位与衔接关系，从数据、SOA业务服务、应用功能三个方面规划，搭建成一个集数据存储中心（数据层）、业务服务中心（业务层）、功能应用平台（界面层）为一体的数据规范、可复用性强、可扩展性强的弱耦合一体化集成平台，如图 31-15 所示。

31. 2. 2. 8　管理支持视窗

管理支持视窗（图 31-16）是各层级领导与 MES 的人机交互界面。通过 MES 中数据深化应用平台的有效实施，管理支持视窗通过对生产全过程数据进行整合、分析、展现，有效提供关联生产、工艺、质量、设备运行、设备故障、成本、能源供应、物流等多方面的综合性统计分析及报警数据，分层级、分角色进行内容定制，使厂内领导管理层可及时、快捷、便利地获取厂内生产各个环节的关键信息，通过大量图表等直观方式对数据内容进行展现，为各级管理人员提供关键信息来支撑决策，指导生产工作。

31. 2. 3　实施途径

许昌卷烟厂以数据驱动的智能工厂构建主要基于从获取数据到全面应用的四个演进阶段，可以分为以下两个大的实施阶段。

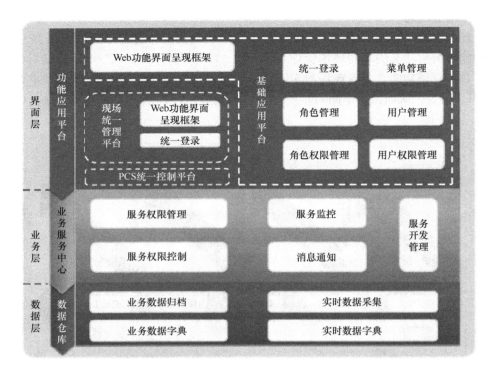

图 31-15 一体化集成平台

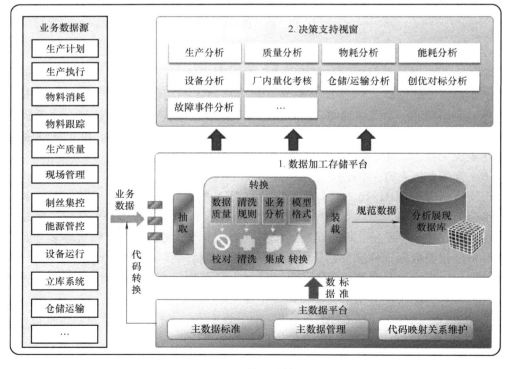

图 31-16 管理支持视窗

31.2.3.1　MES 建设阶段

2013 年 9 月启动"河南中烟工业有限责任公司许昌新厂易地技术改造项目生产执行系统项目";2014 年 5 月完成需求分析及总体设计评审;经过系统开发、软硬件安装部署、系统集成、系统实施等步骤,于 2014 年 7 月 4 日上线运行;由于技术改造搬迁后,业务有了更高的要求和较大的生产变化(如套牌),进行了二次流程优化和设计,例如增加了基础数据管理平台、改进中心、三级四性点检机制,重新改版,于 2016 年 6 月 20 日全面上线,全面支撑了许昌卷烟厂的生产组织、标准质量、设备、物流、现场、产耗成本等业务,并进行了三个月的试运行,使之趋于稳定;自 2016 年 9 月进行正式运行阶段,系统经过长时间的运行,过程中根据用户要求进行了必要持续的调整和优化,系统运行稳定,满足用户需求。

为更好地落实"统一规划、统一设计、分步实施"的实施思路,在易地技术改造信息化建设初期,项目组就在许昌卷烟厂召开了由卷包数采、制丝集控、自动化物流系统、动力能源等系统供应商参加的集成协调会,会议明确了 MES 的系统地位以及整体建设思路,由 MES 引领并指导全部信息化系统建设,明确 MES 与其他系统的功能边界,流程集成方式及信息交互规则,为 MES 与其他相关系统的顺利实施及平滑集成打下了基础。

MES 建设期间共完成 53 个功能模块、683 个功能点,系统使用用户 782 人,功能使用率达到 92%;MES 项目共组织集中培训、现场操作培训 110 余次,培训人员 906 人次,覆盖范围是厂级领导、全体中层干部,以及生产管理部、工艺质量中心、设备管理部、卷包车间、制丝车间、动力车间、物流分中心等与 MES 业务相关的部门人员,覆盖率 100%。至今,MES 功能模块均已上线运行,系统运行稳定,数据完整,用户操作熟练;完成了 MES 建设内容,包括精益生产、精益质量、精益设备、精益成本、精益物流、精益现场和现场管理平台、移动应用平台、管理支持视窗以及最新构建的改进平台。

31.2.3.2　迭代升级智慧化转型阶段

从 2017 年年底,许昌卷烟厂依据河南中烟整体工作安排正式启动信息化系统智慧化转型迭代升级工作,依据许昌卷烟厂 HT-143 信息化规划,以推进《中国制造 2025》落地和两化深度融合为理念,以支撑许昌卷烟厂发展战略和转型升级为目标,以行业和公司信息化规划为指导,以精益管理思想为驱动力,在金叶制造平台整体框架下,按照统一设计、分步实施、系统推进原则,引入"云大物联"等现代信息技术,深化工业大数据应用,全面推进卷烟厂以 MES、数采系统为核心的"智能制造"信息化系统迭代升级,实现上下贯通、左右协同和智慧化转型。整个阶段将于 2020 年年底完成。

31.3　实施效果

在易地技术改造项目建设中,许昌卷烟厂通过新一代信息技术、自动控制、人工智能与物联网等技术与卷烟生产制造的深度融合,打破信息壁垒和业务壁垒,实现上下贯通、左右互联,推动工业技术与信息技术的深度融合,推动互联网与卷烟营销、业务管理、供应链管理的深度融合,最终实现智能制造和智慧管理;逐步完成了基础平台、生产自动化控制系统、物流自动化立库管理系统、数据采集系统、MES 和各类综合管理系统的建设,信息化已全面覆盖工厂生产经营管理的各个重点领域,信息化综合水平不断提高,有力促进了企业转型升级发展。

1. 机器换人，强化智能化基础

许昌卷烟厂易地技术改造过程中积极对接德国领先技术，先后引进了库卡工业机器人和虹霓制丝主机设备等高端智能烟机装备，易地技术改造后，生产线实现了机器人自动开包、机器人自动清洁烟丝箱、风力管道自动输送烟丝和烟支嘴棒、AGV 配送辅料、成品件烟机器人拆码垛等工作，配置了"集中管理，综合与分片监控相结合，分散控制，减少人工"的自动化控制系统，及时提供准确的数据信息，与 MES 对接实现管控一体化，实现了烟叶从生产投料开始到卷烟成品入库的自动流水线作业，彻底改变了生产现场人力搬运、低效生产组织状况。目前卷包车间各种物料已实现全自动实时配送，其余现场如动力车间、制丝车间、物流中心均采用集中控制，现场只剩下少量清理人员和巡检人员，可以做到"黑灯生产"，大大提高了劳动生产率和管理效率。

2. 数据驱动，促进智能化转型

许昌卷烟厂通过利用传感器、RFID、二维码、嵌入式系统等技术配合智能化设备实现数据自动化采集，建立全厂统一的实时数据库，实时采集从制丝到卷包全过程的质量、设备等相关生产过程信息，结合大数据分析技术，实现全方位信息感知，建立车间监控、工序监控、参数监控三层次过程监控模式，利用生产批次、工单、班次等多维度的分析与控制，全方位、多角度地实时监控和分析，实现生产全过程自动化控制，促进信息系统集成度提升，使各生产环节联系更加紧密，以数据为驱动，实现人机一体协同作业，实现了由传统的依赖人力的制造模式向现有的以数据为驱动的智能制造模式转变。

3. 柔性生产，初显智能化管控

许昌卷烟厂通过实施 MES、卷包数采、制丝集控、生产视频融合、智能集成等项目，科学布局卷包设备，实现了卷接与包装连接，形成一体化机组，利用上下游工序自动衔接，将整个制丝、成形、卷接包、原辅材料配送、物料掺兑、成品运输与入库集成为一个整体系统，以生产指挥调度中心为龙头，以各中控室为核心，构建立体的生产单元管控一体化的生产组织指挥调度模式，通过电视、大屏幕显示监控系统、消防控制系统、一卡通系统、语音广播系统、多方对讲系统等手段对联合工房实施全方位管理与控制，初显智能化管控。

技术改造后，生产组织效率大幅提升，由改造前 3～4 次月度的大型生产调度例会减少至目前每月 1 次协调例会；实现了大品牌小规格敏捷生产，对许昌卷烟厂的长远发展将产生重大支撑作用。

4. 降本增效，彰显智能化引擎能力

2017 年，许昌卷烟厂产销规模达到了 54.7 万箱，单箱成本较 2016 年下降 27.5 元，单箱税利增长 10.9%，增加 500 元，实现利润 7 亿元，较 2016 年增长 37.3%，增加 1.8 亿元。2017 年工业总产值 104.14 亿元，同比增加 10.13 亿元，增幅 10.77%。

可见以易地技术改造项目为主的智能化改造工程的建设与顺利投产对许昌卷烟厂的发展发挥了积极的推进作用，许昌卷烟厂充分借助技术改造快速提升了企业核心竞争力，正呈现出蓬勃发展的生机活力。

31.4　总结

许昌卷烟厂通过两化深度融合和智能制造的探索与实践，建立了数据与管理的桥梁和纽

带，是一种理论与实践有机结合的新应用；形成了由要素驱动向创新驱动发展的新思路；全面吸收内化新技术，推动了企业的健康持续发展。

打造智能工厂，实现"中国制造 2025"是一项艰巨而伟大的任务。许昌卷烟厂将坚持国家烟草专卖局提出的"全覆盖、大应用、高智能、强安全"的两化融合发展目标，持续探索、不断实践，不断提升标准化、网络化、智能化水平，为河南烟草转型升级、为智慧烟草构建做出新的更大的贡献。